普通高等院校应用型本科系列教材

主　编　张世梅　寿纪麟　魏战线

副主编　燕秀林　闫　龙　王　枫　任菊成

线性代数
及其应用

Linear Algebra and Its Applications

西安交通大学出版社

XI'AN JIAOTONG UNIVERSITY PRESS

内容提要

本教材是针对应用型本科院校的教学需要编写的，包含了教育部制定的大学本科线性代数的“教学基本要求”的内容，适度降低了理论上的严密性和运算上的技巧性.同时，为贯彻落实2020年5月教育部印发的《高等学校课程思政建设指导纲要》中提出的理学类专业课程要注重科学思维方法的训练和科学伦理的教育的目标要求，本书加强了应用性，加入了课程思政元素.

全书的内容安排仍然采用传统方式，但也做了一些改进.内容安排上以求解线性方程组为研究主线；由求解特殊线性方程组到求解一般线性方程组引入矩阵作为研究工具，进而研究矩阵的内在性质，得出一般线性方程组解的判定定理；将向量空间理论作为工具，给出一般线性方程组解的结构及解法，以此完成行列式、矩阵、向量空间、线性方程组板块内容的教学.

此外，本教材重视线性代数的应用，满足非数学专业的需要，对“线性代数”每个板块内容的基本应用做了详细的介绍.

本教材适用于应用型本科院校各相关专业，也适用于学时较少的其他院校.

图书在版编目(CIP)数据

线性代数及其应用/张世梅，寿纪麟，魏战线主编.—西安：西安交通大学出版社，2023.8(2024.6重印)
ISBN 978-7-5693-3313-8

Ⅰ.①线… Ⅱ.①张… ②寿… ③魏… Ⅲ.①线性代数—高等学校—教材 Ⅳ.①O151.2

中国国家版本馆CIP数据核字(2023)第119744号

书　　名 线性代数及其应用
XIANXING DAISHU JI QI YINGYONG
主　　编 张世梅　寿纪麟　魏战线
副 主 编 燕秀林　闫　龙　王　枫　任菊成
责任编辑 王　欣
责任校对 陈　昕
封面设计 任加盟

出版发行 西安交通大学出版社
(西安市兴庆南路1号　邮政编码710048)
网　　址 http://www.xjtupress.com
电　　话 (029)82668357　82667874(市场营销中心)
(029)82668315(总编办)
传　　真 (029)82668280
印　　刷 西安明瑞印务有限公司

开　　本 720mm×1000mm　1/16　**印张** 14　**字数** 251千字
版次印次 2023年8月第1版　2024年6月第2次印刷
书　　号 ISBN 978-7-5693-3313-8
定　　价 38.60元

如发现印装质量问题，请与市场营销中心联系。
订购热线：(029)82665248　(029)82667874
投稿热线：(029)82664954
读者信箱：1410465857@qq.com

前 言

近年来,随着我国的高等教育从精英教育转为大众化教育到今天的普及化教育及国家要求,一大批应用型本科院校应运而生,为了适应这一层次本科院校的人才培养目标,我们总结了多年来线性代数课程教学的经验,对寿纪麟、魏战线编著的《线性代数》进行了改编,该书 2007 年 2 月出版第 1 版,2010 年 6 月根据教学需要进行了一次改编,形成第 2 版,十余年的时间印刷了多次.这些年的教学实践验证了该书的编写原则——在教学内容上贯彻“少而精”的原则、适当减弱理论上的严密性和运算上的技巧性、文字上的易读性——是基本可行且符合教学实际的.当然,随着社会的发展和新时代对人才的需求,书中一些缺点、错误和不够完善的地方也表现出来,需要加以修正或改写.

本书基本内容部分保持了第 2 版的原貌,在呈现形式上有所改变,力争从实际应用引出数学概念,最后回到更多实际问题的解决中;行文上做到一气呵成,适时渗透课程思政.

本书除了前面提出的特色,本次改编增加的几个特色有:

1.在绪论中介绍了“线性代数”的发展简史.数学的历史是重要的,它是文明史的有价值的组成部分.人类的进步和科学思想的发展是同步的.一门科学的历史是这门科学最宝贵的部分之一,因为科学只能赋予我们知识,而历史却能赋予我们智慧.学习伟大的数学家们的思想,使今天的学生能够看到某些论题在过去是怎样被发现并解决的,引导学生们形成正确的世界观、人生观、价值观和科学观.

2.在满足教学基本要求的前提下,突出应用性,使学生学会应用数学思想、概念和方法处理工程实践和经济管理中遇到的实际问题.例如在每章通过例题增设“应用举例”,选取一些实际问题中生动有趣的例子,让学生对线性代数应用的广泛性有所了解,学会将抽象的概念与具体的对象联系起来,并最终解决实际问题.

3. 强调内容的实际背景与几何直观阐述，对基本概念的引入尽量采用启发式，力求理论推导简单明了，突出重点，分散难点，尤其对一些难度较大的定理略去了证明；另外，通过引入 MATLAB 解决线性代数中的有关问题，使读者体会到线性代数不仅具有严密的理论体系，而且还具有有趣的实验操作性.

本次修订、编写工作由西安交通大学城市学院张世梅教授主持. 燕秀林、闫龙、王枫、任菊成等老师参与了修订、编写方案的讨论和制定，以及相应章节的修订、编写工作.

在教材修订、编写过程中，西安交通大学城市学院领导和数学教学部领导及同仁给予了大力支持，并提出了许多宝贵意见和建议，对此我们表示衷心的感谢.

本书的教学时数不得低于 32 学时，如讲解加“ * ”号内容，则需增加课时. 本书可供应用型本科院校工科、经管类等专业使用.

编者

2022 年 8 月于西安

目　录

第 0 章 绪 论

数学发展到今天,已经成为拥有一百多个主要分支学科的庞大的科学体系.大体说来,数学中研究数的部分属于代数学的范畴;研究形的部分,属于几何学的范畴;沟通数与形,且涉及极限运算的部分,属于分析学的范畴.这三大类数学构成了整个数学的本体与核心.在这一核心的周围,由于数学通过数与形这两个概念与其他科学互相渗透,从而出现了许多边缘学科和交叉学科.

数学三大核心领域可分为十几门主要分支学科.其中,代数学包括算术、初等代数、高等代数、数论、抽象代数等数学分支;几何学包括初等几何、射影几何、解析几何、非欧几何、拓扑学等数学分支;分析学包括微积分、微分方程、微分几何、函数论、泛函分析等数学分支.下面通过线性代数主要概念的形成,简要介绍线性代数学科的发展历史.

"线性代数"是高等代数的重要组成部分.我们知道,研究关联多个因素的量所引起的问题,需要使用多元函数.如果所研究的关联性是线性的,那么就称这个问题为线性问题.历史上线性代数的第一个问题是解线性方程组,而线性方程组理论的发展又促成了作为工具的矩阵论和行列式理论的创立与发展,这些内容已成为线性代数教材的主要部分.最初的线性方程组问题大都是来源于生活实践,正是实际问题刺激了线性代数这一学科的诞生与发展.另外,近现代数学分析与几何学等数学分支的要求也促使线性代数进一步发展.线性代数中有许多重要概念,下面概述其中主要概念的形成过程.

0.1 行列式

行列式(Determinant)起源于线性方程组的求解,它最早是一种速记的表达式,现在已经是数学中一种非常有用的工具.行列式是由德国数学家莱布尼茨(Leibniz)和日本数学家关孝和提出的.1693 年 4 月,莱布尼茨在写给洛必达(L'Hospital)的一封信中提出了行列式,并给出了方程组的系数行列式为零的条件.与他同时代的日本数学家关孝和在其著作《解伏题之法》中也提出了行列式的概念与算法.《解伏题之法》的意思就是“解行列式问题的方法”,书中对行列式的概念和它的展开已经有了清楚的叙述.

1750 年,瑞士数学家克拉默(Cramer)在其著作《线性代数分析导言》中,对行列式的定义和展开法则给出了比较完整、明确的阐述,并给出了现在我们所称的解线性方程组的克拉默法则.后来,数学家贝祖(Bezout)将确定行列式每一项符号的方法进行了系统化,利用系数行列式概念指出了如何判断一个齐次线性方程组有非零解.总之,在很长一段时间内,行列式只是作为解线性方程组的一种工具,并没有人意识到它可以独立于线性方程组之外,单独形成一门理论加以研究.

在行列式的发展史上,第一个对行列式理论做出连贯的逻辑阐述,即把行列式理论与线性方程组求解相分离的人,是法国数学家范德蒙德(Vandermonde),他给出了用二阶子式和它们的余子式来展开行列式的法则.对于行列式理论,他是奠基人.1772 年,拉普拉斯(Laplace)在一篇论文中证明了范德蒙德提出的一些规则,推广了他展开行列式的方法.

继范德蒙德之后,在行列式的理论方面,另一位做出突出贡献的就是著名法国数学家柯西(Cauchy).1815 年,柯西在一篇论文中给出了行列式的第一个系统的、几乎与近代线性代数相同的处理.其中主要结论之一是行列式的乘法定理.另外,他第一个把行列式的元素排成方阵,采用双足标记法;引进了行列式特征方程的术语;给出了相似行列式的概念;改进了拉普拉斯的行列式展开定理并给出了一个证明;等等.

19 世纪的前 50 多年中,对行列式的理论始终不渝的研究者之一是西尔维斯特(Sylvester),他还在 1850 年提出了矩阵(Matrix)的概念.西尔维斯特出生在伦敦的一个犹太人家庭,曾在剑桥大学学习,由于宗教的原因,他没能在那里获得学位.之后,在都柏林圣三一学院获得博士学位.西尔维斯特是一个活泼、敏感、热情,甚至容易激动的人,然而由于是犹太人的缘故,他受到剑桥大学的不平等对待,西尔维斯特用火一般的热情介绍他的学术思想,并且在代数学方面取得了重要的成就.他的重要成就之一是改进了从一个 n 次和一个 m 次的多项式中消去 x 的方法,他称之为配析法(Dialyic Method),并给出“形成的行列式为零,是这两个多项式方程有公共根的充分必要条件”这一结果,但没有给出证明.西尔维斯特曾经在伍尔维奇的皇家军事学院担任了 15 年的数学教授,曾在巴尔的摩新成立的约翰斯霍普金斯大学担任数学系主任,并在那里创建了《美国数学杂志》,开创了美国的研究生数学教育.

继柯西之后,在行列式理论方面最多产的是德国数学家雅可比(Jacobi),他提出了函数行列式,即雅可比行列式(Jacobian Determinant),指出函数行列式在多重积分的变量替换中的作用,给出了函数行列式的导数公式.雅可比的著名论文《论行列式的形成与性质》标志着行列式系统理论的形成.行列式在数学分析、几何学、线性方程组理论、二次型理论等多方面的应用,促使其自身在19世纪得到了很大发展.整个19世纪都有行列式的新成果产生.除了一般行列式的大量定理之外,许多有关特殊行列式的定理也相继产生.这一时期,人们讨论的行列式的阶数通常不大,行列式在解析几何及数学的其他分支中都扮演着很重要的角色.

如今,由于计算机和计算软件的发展,在常见的高阶行列式计算中,行列式的数值意义已经不大.但是,它依然可以给出构成行列式的数表的重要信息.

0.2 矩阵

矩阵(Matrix)是线性代数中的一个重要的基本概念,是代数学的一个主要研究对象,也是数学研究和应用的一个重要工具.

早在公元一世纪,在《九章算术》中用矩阵形式解方程组的方法已相当成熟,魏晋时期,数学家刘徽在《九章算术注》中进一步完善,给出了完整的演算程序.但那时的矩阵概念仅是用来作为线性方程组系数的排列形式解决实际问题,并没有建立独立完善的矩阵理论.

18世纪末到19世纪中叶,这种排列形式在线性方程组和行列式计算中应用日益广泛.矩阵正式作为数学中的研究对象出现,则是在行列式的研究发展起来后.在逻辑上,矩阵的概念应先于行列式的概念,然而在历史上它们出现的顺序正好相反."矩阵"这个词是由西尔维斯特首先使用的,他是为了将数字的矩形阵列区别于行列式而发明了这个术语.矩阵这个课题在其名称诞生之前就已经发展得很好了,这从行列式的大量工作中已明显表现出来.矩阵的许多基本性质也是在行列式的发展中建立起来的.1850年,西尔维斯特指出,矩阵"表示由 m 行 n 列元素组成的矩形排列",由该排列,"我们能够形成各种行列式组".

矩阵这个术语之后由西尔维斯特的朋友凯莱(Cayley)在论文中首次使用,其英文原意是指可以引起其他事情的源头.英国数学家凯莱被公认为是矩阵论的创立者,因为他首先把矩阵作为一个独立的数学概念提出来,并首先发表了关于这个概念的一系列文章,凯莱将其同研究线性变换下的不变量相结合,首先引进用字母表示矩阵的简化记号.

1858年,他发表了关于这一课题的第一篇论文《矩阵论的研究报告》,系统地阐述了关于矩阵的理论.文中他定义了矩阵的相等,给出了矩阵相乘、相加、相减等运算法则,以及矩阵的转置、矩阵的逆等一系列基本概念,在论文中首次把矩阵方程与只含有一个变量的简单一元方程做类比,把线性方程组的解用系数矩阵的逆和右端项的乘积来表示,他还指出了矩阵加法的可交换性与可结合性.另外,凯莱还给出了方阵的特征方程、特征根(特征值),以及有关矩阵的一些基本结论.

1855年,埃尔米特(Hermite)证明了别的数学家发现的一些矩阵的特征根的特殊性质.后来,克勒布施(Clebsch)、布克海姆(Buchheim)等证明了对称矩阵的特征根性质.泰伯(Taber)引入矩阵的迹的概念并给出了一些有关的结论.

在矩阵论的发展史上,弗罗贝尼乌斯(Frobenius)的贡献是不可磨灭的.他讨论了最小多项式问题,引进了矩阵的秩、不变因子和初等因子、正交矩阵、矩阵的相似变换、合同矩阵等概念,以合乎逻辑的形式整理了不变因子和初等因子的理论,并讨论了正交矩阵与合同矩阵的一些重要性质.1854年,若尔当(Jordan)研究了矩阵化为标准型的问题,通过若尔当标准型(今称)对矩阵进行了基本的分类.1892年,梅茨勒(Metzler)引进了矩阵的超越函数概念并将其写成矩阵的幂级数的形式.傅里叶(Fourier)、瑟尔(Searle)和庞加莱(Poincare)的著作中还讨论了无限阶矩阵的问题,这些研究是为了适应方程发展的需要而开展的.

矩阵理论既是学习经典数学的基础,又是一门有很大使用价值的数学理论,已成为现代科技领域处理大量有限维空间形式与数量关系的强有力的工具.作为一种基本工具,矩阵论在应用数学与工程技术学科,如微分方程、概率统计、最优化、运筹学、计算数学、控制论与系统理论等领域有着广泛的应用.

0.3 向量

向量(Vector)最初被应用于物理学.很多物理量如力、速度、位移、电场强度、磁感应强度等都是向量.大约公元前350年前,古希腊著名学者亚里士多德(Aristotle)就知道了力可以表示成向量,两个力的组合作用可用著名的平行四边形法则来得到."向量"一词来自力学、解析几何中的有向线段.向量这个术语作为现代数学、物理学中的一个重要概念,首先是由哈密顿(Hamilton)使用的,他是第一个用向量表示有向线段的数学家.

从数学发展史来看,历史上很长一段时间,空间的向量结构并未被数学家们所认识,直到19世纪末20世纪初,人们才把空间的性质与向量运算联系起来,使向量成为具有一套优良运算通性的数学体系.

向量能够进入数学并得到发展，首先应从复数的几何表示谈起. 18 世纪末期，挪威测量学家韦塞尔(Wessel)首次利用坐标平面上的点来表示复数，并利用具有几何意义的复数运算来定义向量的运算. 把坐标平面上的点用向量表示出来，并把向量的几何表示用于研究几何问题与三角问题. 人们逐步接受了复数，也学会了利用复数来表示和研究平面中的向量，向量就这样平静地进入了数学中. 但复数的利用是受限制的，因为它仅能用于表示平面.

1842 年，英国数学家哈密顿发明了四元数(包括数量部分和向量部分)，以代表空间的向量，四元数系统的创立是数学上的一次真正革新，它是历史上第一次构造的不满足乘法交换律的数系，对于代数学的发展是革命性的. 他的工作为向量代数和向量分析的建立奠定了基础.

哈密顿创立四元数之后，他的继承者泰特(Tait)进一步发展了四元数，把四元数系统推广至物理应用中. 从数学的角度看，在几何物理中任何能通过四元数的应用来处理的问题，同样也能用笛卡儿的坐标方法来解决. 另外，由于四元数在很多情形下不能直接应用于物理学，并没有对物理学带来实质性的方便，因此，当时的物理学家们仍然习惯于使用笛卡儿方法，而不是四元数方法. 随着 19 世纪中叶物理学的发展，特别是电磁理论的飞速发展和天文学的发展，情况发生了明显变化，物理学家、天文学家们在研究有关的科学问题时，每天被迫处理大量的向量实体. 如果再使用笛卡儿方法来处理这些问题，那么他们每天都要面临大量繁琐的计算. 这就需要一种新的方便有效的数学方法，向量理论也正是在这种情形下应运而生.

电磁理论的提出者，英国的数学物理学家麦克斯韦(Maxwell)把四元数的数量部分和向量部分分开处理，从而创造了大量的向量分析.

1844 年，格拉斯曼(Grassmann)写了著名的《线性扩张论》(*The Calculus of Extension*). 格拉斯曼将人们熟知的二维和三维的向量概念扩展到任意维度 n，这大大扩展了空间的思想；格拉斯曼还提出了后来的矩阵、线性代数、向量和张量分析. 1878 年，在《动力学原本》(*Elements of Dynamics*)中，克利福德(Clifford)把两个四元数的乘积拆分成两个很不相同的向量乘积，他称之为数量积(现在也称为点乘)和向量积(现在也称为叉乘).

现代意义下的向量分析系统，以及同四元数的正式分裂，是英国的吉布斯(Gibbs)和赫维赛德(Heaviside)于 19 世纪 80 年代各自独立完成的. 独立于四元数的向量理论的创立是 19 世纪 80 年代物理学和数学等领域的重要成就，它的产生与 17 世纪微积分的创立一样并不是偶然的，其中既有丰富的历史背景，又包含着数学家个人的才识. 他们提出，一个向量不过是四元数的向量部分，但独立于任何四元数. 他们明确了向量的含义,定义了向量的有关运算,并把向量代数推广到变向量的向量微积分,从此,向量的方法被引入分析和解析几何,并逐步完善,成为一套优良的数学工具,向量理论的产生以其运算的简洁性和实用性为物理学的发展提供了强有力的工具,到 19 世纪末,它已经得到物理学家和数学家们的普遍认可.

0.4 线性方程组

线性方程组(System of Linear Equations)的解法,早在中国古代的数学著作《九章算术》方程章中已做了比较完整的论述. 其中所述方法实质上相当于现代的对方程组的增广矩阵施行初等行变换从而消去未知量的方法,即高斯消元法. 在西方,线性方程组的研究是在 17 世纪后期由莱布尼茨开创的. 他曾研究了含有两个未知量的三个线性方程组成的方程组. 麦克劳林(Maclaurin)在 18 世纪上半叶研究了具有二、三、四个未知量的线性方程组,得到了现在称为克拉默法则的定理. 克拉默不久也发表了这个法则. 18 世纪下半叶,法国数学家贝祖对线性方程组理论进行了一系列研究,证明了 n 元齐次线性方程组有非零解的条件是系数行列式等于零.

19 世纪,英国数学家史密斯(Smith)和道奇森(Dodgson)继续研究线性方程组理论. 史密斯是牛津大学的一位几何学教授,是对线性方程组的理论做出重要贡献的科学家之一. 他引进了方程组的增广矩阵的概念. 在 1861 年的论文中,史密斯发展了齐次线性方程组的通解概念,他用不定指标、独立解的概念建立了齐次线性方程组完全解集合的概念,证明了任何解都是独立解的线性组合,并进一步指出,要解决非齐次线性方程组 $\boldsymbol{Ax}=\boldsymbol{b}$,只需找到一个特解 $\boldsymbol{\eta}^*$,任何解都可以表示成该特解 $\boldsymbol{\eta}^*$ 与对应的齐次线性方程组 $\boldsymbol{Ax}=\boldsymbol{0}$ 的通解 $\boldsymbol{\xi}$ 的和的形式.

史密斯并没有考虑独立方程的个数比实际方程的个数小的情况,这是由道奇森解决的,他在 1867 年发表的《行列式初论》一书中不仅讨论了线性方程组 $\boldsymbol{Ax}=\boldsymbol{b}$ 的 $m\times n$ 矩阵 $\boldsymbol{A}$,还讨论了该方程组的增广矩阵 $(\boldsymbol{A},\boldsymbol{b})$ 来研究方程组是否是相容的,提出了一个确定一般线性方程组解集性质的定理,并用构造的方法给出了证明. 道奇森证明了 n 个未知数 m 个方程的方程组相容的充要条件是系数矩阵与增广矩阵的秩相同. 这正是现代线性方程组理论中的重要结论之一.

该定理已经隐含了秩的思想,但道吉森并没有抽象出矩阵秩的概念. 1879 年,弗罗贝尼乌斯从前辈的研究中提炼出了在线性代数中非常重要的两个概念:矩阵的秩、线性无关性. 他写道:“如果一个矩阵的所有 $r+1$ 阶子式为0,但至少有一个 r 阶子式不为0,那么就称 r 为矩阵的秩.”同年,弗罗贝尼乌斯研究了史密斯提出的“真正独立的方程”的意义,把这种性质定义为方程和表示方程组的 n 元组(即向量组)的线性无关性. 尽管弗罗贝尼乌斯已经完成了线性方程组的解的性质和各种特殊类型的矩阵的性质的研究,但是直到20世纪初期,才开始用矩阵术语来组织编写教科书,并且直到20世纪40年代,人们才认识到矩阵和向量空间的线性变换之间的关系,才把向量空间抽象地提出来,形成了今天的线性代数教学内容体系.

大量的科学技术问题,最终往往归结为解线性方程组,因此在线性方程组的数值解法得到发展的同时,线性方程组解的结构等理论性工作也取得了令人满意的进展. 现在,线性方程组的数值解法在计算数学中占有重要地位.

0.5 线性代数的进一步发展

一个数域上的 n 元二次齐次多项式称为该数域上的 n 元二次型(Quadratic Form),也称为“二次形式”. 二次型是线性代数教材中的后继内容,为了后面的学习,这里对于二次型的发展历史也进行简单介绍.

二次型的系统研究是从18世纪开始的,它起源于对二次曲线和二次曲面的分类问题的讨论. 将二次曲线和二次曲面的方程变形,选有主轴方向的轴作为坐标轴以简化方程,这个问题是在18世纪引进的. 柯西在其著作中给出结论:当方程是标准型时,二次曲面用二次项的符号来进行分类,然而,那时并不太清楚,在化简成标准型时,为何总是得到同样数目的正项和负项. 西尔维斯特回答了这个问题,他给出了 n 个变数的二次型的惯性定律,但没有证明. 这个定律后被雅可比重新提出和证明. 1801年,高斯在《算术研究》中引进了二次型的正定、负定、半正定、半负定等术语.

前面已经提到,二次型化简的进一步研究涉及二次型或行列式的特征方程的概念. 特征方程的概念隐含地出现在欧拉(Euler)的著作中,拉格朗日(Lagrange)在其关于线性微分方程组的著作中首先明确地给出了这个概念. 而三个变数的二次型的特征值的实性则是由阿谢特(Hachette)、蒙日(Monge)和泊松(Poisson)建立的.

柯西在他人著作的基础上,着手研究化简变数的二次型问题,并证明了特征方程在直角坐标系任何变换下的不变性. 后来,他又证明了 n 个变数的两个二次型能用同一个线性变换同时化成平方和.

1851 年,西尔维斯特在研究二次曲线和二次曲面的切触和相交时需要考虑这种二次曲线和二次曲面束的分类.他在分类方法中引进了初等因子和不变因子的概念,但他没有证明"不变因子组成两个二次型的不变量的完全集"这一结论.

1858 年,魏尔斯特拉斯(Weierstrass)对同时化两个二次型成平方和给出了一个一般的方法,并证明,如果二次型之一是正定的,那么即使某些特征根相等,这个化简也是可能的.魏尔斯特拉斯比较系统地完成了二次型的理论并将其推广到双线性型.

0.6 线性代数的扩展

求根问题是方程理论的一个中心课题.16 世纪,数学家们得到了三次方程和四次方程的求根公式.更高次方程的求根公式是否存在,成为当时的数学家们探讨的又一个问题.这个问题花费了数学家们大量的时间和精力,屡次失败,总是无法突破.

18 世纪下半叶,拉格朗日认真总结分析了前人失败的经验,深入研究了高次方程的根与置换之间的关系,提出了预解式概念,并预见到预解式和各根在排列置换下的形式不变性有关.但他最终没能解决高次方程问题.拉格朗日的弟子鲁菲尼(Ruffini)也做了许多努力,但都以失败告终.高次方程的根式解的讨论,在挪威杰出数学家阿贝尔(Abel)那里取得了很大进展.阿贝尔只活到 27 岁,他一生贫病交加,却留下了许多创造性工作.1824 年,阿贝尔证明了次数大于四次的一般代数方程不可能有根式解.但问题仍没有彻底解决,因为有些特殊方程可以用根式求解.因此,高于四次的代数方程何时没有根式解,是需要进步一解决的问题.这一问题由法国数学家伽罗瓦(Galois)全面透彻地给予解决.

伽罗瓦仔细研究了拉格朗日和阿贝尔的著作,建立了方程的根的"容许"置换,提出了置换群的概念,得到了代数方程用根式解的充分必要条件是置换群的自同构群可解.从这种意义上,我们说伽罗瓦是群论的创立者.伽罗瓦出身于巴黎附近一个富裕的家庭,幼时受到良好的家庭教育,只可惜,这位天才的数学家英年早逝.1832 年 5 月,由于政治和爱情的纠葛,他在一次决斗中被打死,年仅 21 岁.

置换群的概念和结论是最终产生抽象群的第一个主要来源.抽象群产生的第二个主要来源则是戴德金(Dedekind)和克罗内克(Kronecker)的有限群及有限交换群的抽象定义,以及凯莱(Cayley)关于有限抽象群的研究工作.另外,克莱因(Klein)和庞加莱给出了无限变换群和其他类型的无限群.19 世纪 70 年代,李

(Lie)开始研究连续变换群，并建立了连续群的一般理论，这些工作构成抽象群论的第三个主要来源.

1882—1883 年，戴克(Dyck)的论文把上述三个主要来源的工作纳入抽象群的概念之中，建立了(抽象)群的定义. 到 19 世纪 80 年代，数学家们终于成功地概括出抽象群论的公理体系.

20 世纪 80 年代，群的概念已经普遍地被认为是数学及其许多应用中最基本的概念之一. 它不但渗透到诸如几何学、代数拓扑学、函数论、泛函分析及其他许多数学分支中而起着重要的作用，还形成了一些新理论，如拓扑群、李群、代数群等，它们还具有与群结构相联系的其他结构，如拓扑、解析流形、代数簇等，并在结晶学、理论物理、量子化学、编码学、自动机理论等方面，都有重要作用.

第①章

行列式

行列式(Determinant)是线性代数的一个基本工具,在很多问题的研究中都要用到行列式.在初等代数中,为了求解二元及三元线性方程组(即关于未知量的一次方程组),引入了二阶和三阶行列式,并用二阶(三阶)行列式简明地表达了一类二元(三元)线性方程组的解.

本章将把类似的讨论及求解方法推广到 n 元线性方程组,为此,先要引入 n 阶行列式的概念和定义;进而讨论 n 阶行列式的基本性质及常用的计算方法;最后介绍求解 n 元线性方程组的克拉默法则.克拉默法则只是行列式的一个应用,在本书后面关于逆矩阵、矩阵的秩、方阵的特征值等问题的讨论中,行列式都是必不可少的研究工具.

1.1 行列式的定义

行列式的研究源于对线性方程组的研究.在中学,我们学过用消元法解二元一次方程组和三元一次方程组等.

1.1.1 二元线性方程组与二阶行列式

如下面二元一次方程组

$$\begin{cases} a_{11}x_1 + a_{12}x_2 = b_1 \\ a_{21}x_1 + a_{22}x_2 = b_2 \end{cases} \tag{1.1}$$

可以用消元法来求它的解.为了消去未知数 x_2,上述方程组的两个方程两端分别乘以 a_{22} 和 a_{12},然后相减,得

$$(a_{11}a_{22} - a_{12}a_{21})x_1 = b_1a_{22} - a_{12}b_2$$

同理可消去未知数 x_1,方程两端分别乘以 a_{21} 和 a_{11},然后相减,得

$$(a_{11}a_{22} - a_{12}a_{21})x_2 = a_{11}b_2 - b_1a_{21}$$

当 $a_{11}a_{22}-a_{12}a_{21}\neq 0$ 时，可得方程组(1.1)的解为

$$x_1=\frac{b_1a_{22}-a_{12}b_2}{a_{11}a_{22}-a_{12}a_{21}},\quad x_2=\frac{a_{11}b_2-b_1a_{21}}{a_{11}a_{22}-a_{12}a_{21}} \tag{1.2}$$

为了便于记忆方程组(1.1)的解，我们引入二阶行列式这一新概念，也是一种新的工具. 事实上，人类的历史就是不断解决新的问题，并在解决问题的过程中创造新的工具，进而不断向前发展的过程. 二阶行列式是由 4 个数 $a_{ij}\ (i,j=1,2)$ 排成 2(横)行、2(竖)列的算式

$$\begin{vmatrix} a_{11} & a_{12} \\ a_{21} & a_{22} \end{vmatrix} \tag{1.3}$$

并用它来表示数 $a_{11}a_{22}-a_{12}a_{21}$，即**二阶行列式**定义为

$$\begin{vmatrix} a_{11} & a_{12} \\ a_{21} & a_{22} \end{vmatrix}=a_{11}a_{22}-a_{12}a_{21} \tag{1.4}$$

其中 a_{ij} 称为行列式的**元素**. a_{ij} 的两个下标表示该元素在行列式中的位置，第 1 个下标 i 为行标，表示该元素位于行列式第 i 行；第 2 个下标为列标 j，表明该元素位于行列式第 j 列.

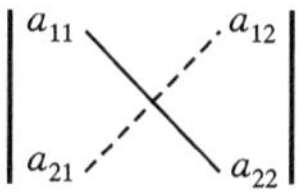

图 1.1

式(1.4)右端可用下述方法记忆. 如图 1.1 所示，实线表示行列式的**主对角线**，虚线表示行列式的**副对角线**，二阶行列式可定义为：主对角线元素 a_{11} 和 a_{22} 的乘积减去副对角线元素 a_{12} 和 a_{21} 的乘积，所得的差就是二阶行列式(1.3)的值.

利用二阶行列式，式(1.2)可以表示为

$$x_1=\frac{\begin{vmatrix} b_1 & a_{12} \\ b_2 & a_{22} \end{vmatrix}}{\begin{vmatrix} a_{11} & a_{12} \\ a_{21} & a_{22} \end{vmatrix}},\qquad x_2=\frac{\begin{vmatrix} a_{11} & b_1 \\ a_{21} & b_2 \end{vmatrix}}{\begin{vmatrix} a_{11} & a_{12} \\ a_{21} & a_{22} \end{vmatrix}} \tag{1.5}$$

其中，分母是由方程组(1.1)的系数按它们在原来方程组中的位置和次序所排成的二阶行列式，称为方程组(1.1)的**系数行列式**. 于是，可把方程组(1.1)的上述解法总结为：如果方程组(1.1)的系数行列式

$$D=\begin{vmatrix} a_{11} & a_{12} \\ a_{21} & a_{22} \end{vmatrix}=a_{11}a_{22}-a_{12}a_{21}\neq 0$$

则方程组(1.1)有唯一解

$$x_1=\frac{D_1}{D},\quad x_2=\frac{D_2}{D} \tag{1.6}$$

其中，D_j 是将系数行列式 D 的第 j 列元素依次用方程组右端的常数项替换后所得的二阶行列式($j=1,2$)，即

$$D_1=\begin{vmatrix} b_1 & a_{12} \\ b_2 & a_{22} \end{vmatrix},\qquad D_2=\begin{vmatrix} a_{11} & b_1 \\ a_{21} & b_2 \end{vmatrix}$$

例 1.1 求解线性方程组

$$\begin{cases} 2x_1+3x_2=5 \\ x_1-4x_2=-14 \end{cases}$$

解 方程组系数行列式

$$D=\begin{vmatrix} 2 & 3 \\ 1 & -4 \end{vmatrix}=2\times(-4)-3\times 1=-11\neq 0$$

所以，方程组有唯一解.

$$D_1=\begin{vmatrix} 5 & 3 \\ -14 & -4 \end{vmatrix}=5\times(-4)-3\times(-14)=22$$

$$D_2=\begin{vmatrix} 2 & 5 \\ 1 & -14 \end{vmatrix}=2\times(-14)-5\times 1=-33$$

代入式(1.6)，得方程组的唯一解为

$$x_1=\frac{D_1}{D}=-2,\quad x_2=\frac{D_2}{D}=3$$

利用行列式对方程组(1.1)的上述讨论，其解的表示形式简洁优美，而且方便实用. 那么，能否将这一结果推广到由 n 个方程、n 个未知量组成的线性方程组上去呢？答案是肯定的.

1.1.2 三阶行列式

解二元线性方程组产生二阶行列式的概念，类似地，解三元线性方程组产生三阶行列式的概念.

对于由 3 个方程 3 个未知量组成的线性方程组

$$\begin{cases} a_{11}x_1+a_{12}x_2+a_{13}x_3=b_1 \\ a_{21}x_1+a_{22}x_2+a_{23}x_3=b_2 \\ a_{31}x_1+a_{32}x_2+a_{33}x_3=b_3 \end{cases} \tag{1.7}$$

由消元法，当 $a_{11}a_{22}a_{33}+a_{12}a_{23}a_{31}+a_{13}a_{21}a_{32}-a_{11}a_{23}a_{32}-a_{12}a_{21}a_{33}-a_{13}a_{22}a_{31}\neq 0$ 时，有

$$
\begin{cases}
x_1 = \dfrac{b_1a_{22}a_{33}+a_{12}a_{23}b_3+a_{13}b_2a_{32}-b_1a_{23}a_{32}-a_{12}b_2a_{33}-a_{13}a_{22}b_3}{a_{11}a_{22}a_{33}+a_{12}a_{23}a_{31}+a_{13}a_{21}a_{32}-a_{11}a_{23}a_{32}-a_{12}a_{21}a_{33}-a_{13}a_{22}a_{31}} \\
x_2 = \dfrac{a_{11}b_2a_{33}+b_1a_{23}a_{31}+a_{13}a_{21}b_3-a_{11}a_{23}b_3-b_1a_{21}a_{33}-a_{13}b_2a_{31}}{a_{11}a_{22}a_{33}+a_{12}a_{23}a_{31}+a_{13}a_{21}a_{32}-a_{11}a_{23}a_{32}-a_{12}a_{21}a_{33}-a_{13}a_{22}a_{31}} \\
x_3 = \dfrac{a_{11}a_{22}b_3+a_{12}b_2a_{31}+b_1a_{21}a_{32}-a_{11}b_2a_{32}-a_{12}a_{21}b_3-b_1a_{22}a_{31}}{a_{11}a_{22}a_{33}+a_{12}a_{23}a_{31}+a_{13}a_{21}a_{32}-a_{11}a_{23}a_{32}-a_{12}a_{21}a_{33}-a_{13}a_{22}a_{31}}
\end{cases}
$$

为了便于记忆，我们引入记号：

$$
\begin{aligned}
D= & \begin{vmatrix} a_{11} & a_{12} & a_{13} \\ a_{21} & a_{22} & a_{23} \\ a_{31} & a_{32} & a_{33} \end{vmatrix} \\
= & a_{11}a_{22}a_{33}+a_{12}a_{23}a_{31}+a_{13}a_{21}a_{32}-a_{11}a_{23}a_{32}-a_{12}a_{21}a_{33}-a_{13}a_{22}a_{31} \quad (1.8)
\end{aligned}
$$

$$
\begin{aligned}
D_1= & \begin{vmatrix} b_1 & a_{12} & a_{13} \\ b_2 & a_{22} & a_{23} \\ b_3 & a_{32} & a_{33} \end{vmatrix} \\
= & b_1a_{22}a_{33}+a_{12}a_{23}b_3+a_{13}b_2a_{32}-b_1a_{23}a_{32}-a_{12}b_2a_{33}-a_{13}a_{22}b_3
\end{aligned}
$$

$$
\begin{aligned}
D_2= & \begin{vmatrix} a_{11} & b_1 & a_{13} \\ a_{21} & b_2 & a_{23} \\ a_{31} & b_3 & a_{33} \end{vmatrix} \\
= & a_{11}b_2a_{33}+b_1a_{23}a_{31}+a_{13}a_{21}b_3-a_{11}a_{23}b_3-b_1a_{21}a_{33}-a_{13}b_2a_{31}
\end{aligned}
$$

$$
\begin{aligned}
D_3= & \begin{vmatrix} a_{11} & a_{12} & b_1 \\ a_{21} & a_{22} & b_2 \\ a_{31} & a_{32} & b_3 \end{vmatrix} \\
= & a_{11}a_{22}b_3+a_{12}b_2a_{31}+b_1a_{21}a_{32}-a_{11}b_2a_{32}-a_{12}b_3a_{21}-b_1a_{22}a_{31}
\end{aligned}
$$

则当 $D\neq 0$ 时，方程组(1.7)有唯一解：$x_1=\dfrac{D_1}{D}, x_2=\dfrac{D_2}{D}, x_3=\dfrac{D_3}{D}$.

我们把式(1.8)称为**三阶行列式**.

上述三阶行列式共由六项组成，前三项均取正号，分别是图1.2中三条实连线上元素的乘积，后三项均取负号，分别是图 1.2 中虚连线上元素的乘积.

类似地，我们希望用 n 阶行列式表示 n 元线性方程组的解. 那么，当 $n\geqslant 4$ 时，行列式还满足对角线法则吗？

讨论四元线性方程组

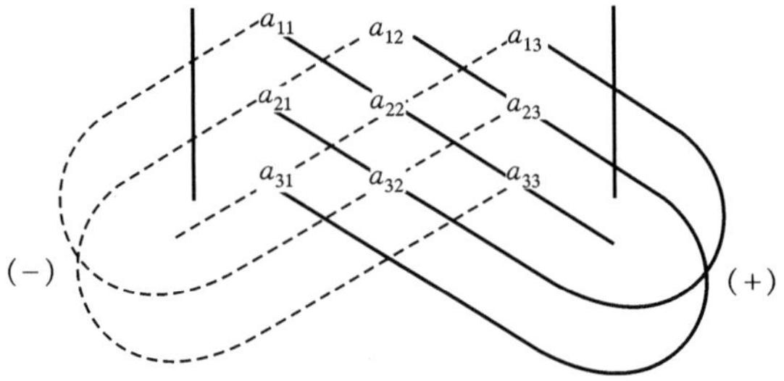

图 1.2

$$\begin{cases}a_{11}x_1+a_{12}x_2+a_{13}x_3+a_{14}x_4=b_1\\a_{21}x_1+a_{22}x_2+a_{23}x_3+a_{24}x_4=b_2\\a_{31}x_1+a_{32}x_2+a_{33}x_3+a_{34}x_4=b_3\\a_{41}x_1+a_{42}x_2+a_{43}x_3+a_{44}x_4=b_4\end{cases}\tag{1.9}$$

类似地,引入四阶行列式记号

$$D=\begin{vmatrix}a_{11}&a_{12}&a_{13}&a_{14}\\a_{21}&a_{22}&a_{23}&a_{24}\\a_{31}&a_{32}&a_{33}&a_{34}\\a_{41}&a_{42}&a_{43}&a_{44}\end{vmatrix}\quad D_1=\begin{vmatrix}b_1&a_{12}&a_{13}&a_{14}\\b_2&a_{22}&a_{23}&a_{24}\\b_3&a_{32}&a_{33}&a_{34}\\b_4&a_{42}&a_{43}&a_{44}\end{vmatrix}\quad D_2=\begin{vmatrix}a_{11}&b_1&a_{13}&a_{14}\\a_{21}&b_2&a_{23}&a_{24}\\a_{31}&b_3&a_{33}&a_{34}\\a_{41}&b_4&a_{43}&a_{44}\end{vmatrix}$$

$$D_3=\begin{vmatrix}a_{11}&a_{12}&b_1&a_{14}\\a_{21}&a_{22}&b_2&a_{24}\\a_{31}&a_{32}&b_3&a_{34}\\a_{41}&a_{42}&b_4&a_{44}\end{vmatrix}\quad D_4=\begin{vmatrix}a_{11}&a_{12}&a_{13}&b_1\\a_{21}&a_{22}&a_{23}&b_2\\a_{31}&a_{32}&a_{33}&b_3\\a_{41}&a_{42}&a_{43}&b_4\end{vmatrix}$$

要使结论"当 $D\neq0$ 时,方程组(1.9)有唯一解:$x_1=\frac{D_1}{D}$,$x_2=\frac{D_2}{D}$,$x_3=\frac{D_3}{D}$,$x_4=\frac{D_4}{D}$"成立,那么四阶行列式是否能满足对角线法则?

由消元法求解四元线性方程组可知,如果用四阶行列式表示方程组的解,那么 D 应是 24 项的代数和,但四阶行列式只有 8 条对角线,所以不能用对角线法则定义四阶以上行列式. 也就是说,**只有二阶、三阶行列式满足对角线法则,四阶及四阶以上行列式不满足对角线法则!** 从而我们需要用其他方式定义 n 阶行列式.

1.1.3 二阶和三阶行列式的关系

现在我们将式(1.8)进行整理和变形,并用低一阶的行列式来表示如下:

$$D=a_{11}(a_{22}a_{33}-a_{23}a_{32})-a_{12}(a_{21}a_{33}-a_{23}a_{31})+a_{13}(a_{21}a_{32}-a_{22}a_{31})$$

$$= a_{11}\begin{vmatrix} a_{22} & a_{23} \\ a_{32} & a_{33} \end{vmatrix} - a_{12}\begin{vmatrix} a_{21} & a_{23} \\ a_{31} & a_{33} \end{vmatrix} + a_{13}\begin{vmatrix} a_{21} & a_{22} \\ a_{31} & a_{32} \end{vmatrix}$$

$$= a_{11}M_{11} - a_{12}M_{12} + a_{13}M_{13}$$

其中 M_{11} 是原三阶行列式 D 中划掉元素 a_{11} 处所在的第 1 行和第 1 列的所有元素后所剩余下来的低一阶(二阶)的行列式. 称 M_{11} 为元素 a_{11} 的余子式. 同理,M_{12} 和 M_{13} 分别是 a_{12} 和 a_{13} 的余子式. 一般地,称 M_{ij} 为元素 a_{ij} 的**余子式**,即划掉元素 a_{ij} 所在第 i 行和第 j 列元素余下来的低一阶的行列式. 为了进一步使表达式规范化,引入

$$A_{ij} = (-1)^{i+j}M_{ij}$$

A_{ij} 称为元素 a_{ij} 的**代数余子式**. 利用代数余子式,三阶行列式的值可表示为

$$D = a_{11}A_{11} + a_{12}A_{12} + a_{13}A_{13} = \sum_{j=1}^{3} a_{1j}A_{1j} \tag{1.10}$$

例如,$\begin{vmatrix} 1 & 2 & 3 \\ 4 & 3 & 1 \\ 3 & 2 & 6 \end{vmatrix}$ 中,元素 a_{12} 的余子式和代数余子式分别是

$$M_{12} = \begin{vmatrix} 4 & 1 \\ 3 & 6 \end{vmatrix} = 21, \quad A_{12} = (-1)^{1+2}M_{12} = -21$$

根据式(1.10),三阶行列式也可以定义为:**三阶行列式等于第 1 行元素分别与对应的代数余子式的乘积之和**,简称为**三阶行列式按第 1 行展开**.

例 1.2　计算三阶行列式

$$D = \begin{vmatrix} 2 & -2 & 3 \\ 1 & 6 & 0 \\ 3 & 2 & 1 \end{vmatrix}$$

解　由定义式(1.8),得

$$\begin{aligned} D &= 2\times 6\times 1 + (-2)\times 0\times 3 + 3\times 2\times 1 - \\ &\quad 3\times 6\times 3 - (-2)\times 1\times 1 - 2\times 2\times 0 \\ &= -34 \end{aligned}$$

也可由定义式(1.10),得

$$D = 2\times(-1)^{1+1}\begin{vmatrix} 6 & 0 \\ 2 & 1 \end{vmatrix} + (-2)\times(-1)^{1+2}\begin{vmatrix} 1 & 0 \\ 3 & 1 \end{vmatrix} + 3\times(-1)^{1+3}\begin{vmatrix} 1 & 6 \\ 3 & 2 \end{vmatrix} = -34$$

一般地,由定义式(1.10),可得三阶行列式的计算公式为

$$D=\begin{vmatrix} a_{11} & a_{12} & a_{13} \\ a_{21} & a_{22} & a_{23} \\ a_{31} & a_{32} & a_{33} \end{vmatrix}$$

$$=a_{11}(-1)^{1+1}\begin{vmatrix} a_{22} & a_{23} \\ a_{32} & a_{33} \end{vmatrix}+a_{12}(-1)^{1+2}\begin{vmatrix} a_{21} & a_{23} \\ a_{31} & a_{33} \end{vmatrix}+a_{13}(-1)^{1+3}\begin{vmatrix} a_{21} & a_{22} \\ a_{31} & a_{32} \end{vmatrix}$$

以上定义了二阶和三阶行列式. 特别是对三阶行列式规范化表示后，三阶行列式按第 1 行展开的公式(1.10)实质上是由 3 个二阶行列式项来表示三阶行列式. 这种由低一阶行列式项来表示高一阶行列式的方法称为**递归法**，正是这种递归法启发人们将行列式的定义推广到一般的 n 阶行列式的情况.

1.1.4 n 阶行列式的定义

定义 1.1 (n 阶行列式) n 阶行列式是由 n^2 个数 $a_{ij}(i,j=1,2,\cdots,n)$ 排成 n 行、n 列的算式

$$D=\begin{vmatrix} a_{11} & a_{12} & \cdots & a_{1n} \\ a_{21} & a_{22} & \cdots & a_{2n} \\ \vdots & \vdots & & \vdots \\ a_{n1} & a_{n2} & \cdots & a_{nn} \end{vmatrix} \tag{1.11}$$

可简记成 $\det(a_{ij})_{n\times n}$ 或 $\det(a_{ij})$，并用它来表示一个数.

> **注意**：不要把一阶行列式 $|a_{11}|$ 与 a_{11} 的绝对值相混淆

当 $n=1$ 时，规定

$$D=|a_{11}|\xlongequal{\text{def}}a_{11}$$

当 $n=2,3,\cdots$ 时，用以下公式递归地定义 n 阶行列式的值为

$$D\xlongequal{\text{def}}a_{11}A_{11}+a_{12}A_{12}+\cdots+a_{1n}A_{1n}=\sum_{j=1}^{n}a_{1j}A_{1j} \tag{1.12}$$

其中，$A_{1j}=(-1)^{1+j}M_{1j}$，而 M_{1j} 是删去 D 中第 1 行元素和第 j 列元素后所形成的 $n-1$ 阶行列式，即

$$M_{1j}=\begin{vmatrix} a_{21} & \cdots & a_{2,j-1} & a_{2,j+1} & \cdots & a_{2n} \\ a_{31} & \cdots & a_{3,j-1} & a_{3,j+1} & \cdots & a_{3n} \\ \vdots & & \vdots & \vdots & & \vdots \\ a_{n1} & \cdots & a_{n,j-1} & a_{n,j+1} & \cdots & a_{nn} \end{vmatrix},\quad j=1,2,\cdots,n$$

定义 1.2 (余子式与代数余子式) 在 n 阶行列式 $D=\det(a_{ij})$ 中，称删去 a_{ij} 所

在的第 i 行元素和第 j 列元素后所形成的 $n-1$ 阶行列式为 a_{ij} 的**余子式**,记为 M_{ij},而称

$$A_{ij}=(-1)^{i+j}M_{ij}$$

为 a_{ij} 的**代数余子式**. 在 n 阶行列式(1.11)中,称元素 $a_{11},a_{22},\cdots,a_{nn}$ 所在的对角线为行列式的**主对角线**,相应地称 $a_{11},a_{22},\cdots,a_{nn}$ 为行列式的**主对角线元素**;另一条对角线(即从右上角到左下角的对角线)称为行列式的副对角线,位于副对角线上的元素称为行列式的副对角线元素.

> **注意**:n 阶行列式代表一个数,以后在不致发生混淆时,对于 n 阶行列式与它的值我们不予严格区分.

例 1.3 计算四阶行列式 $D=\begin{vmatrix}3&4&0&-2\\-1&0&1&0\\1&0&3&1\\0&1&0&0\end{vmatrix}$.

解 由行列式的定义,得

$$D=\begin{vmatrix}3&4&0&-2\\-1&0&1&0\\1&0&3&1\\0&1&0&0\end{vmatrix}=a_{11}A_{11}+a_{12}A_{12}+a_{13}A_{13}+a_{14}A_{14}$$

$$=3\times\begin{vmatrix}0&1&0\\0&3&1\\1&0&0\end{vmatrix}+(-4)\times\begin{vmatrix}-1&1&0\\1&3&1\\0&0&0\end{vmatrix}+0+2\times\begin{vmatrix}-1&0&1\\1&0&3\\0&1&0\end{vmatrix}$$

$$=3\times1-0+0+2\times4=11$$

例 1.4 证明:下三角行列式[主对角线上(下)的元素全为零的行列式称为下(上)三角行列式]

$$D=\begin{vmatrix}a_{11}&0&\cdots&0\\a_{21}&a_{22}&\cdots&0\\\vdots&\vdots&&\vdots\\a_{n1}&a_{n2}&\cdots&a_{nn}\end{vmatrix}=a_{11}a_{22}\cdots a_{nn}$$

即下三角行列式等于主对角线元素的乘积.

证 对行列式的阶数 n 用数学归纳法. 当 $n=2$ 时,结论显然成立. 假设结论对 $n-1$ 阶下三角行列式成立,则由定义 1.1,得 n 阶下三角行列式

$$D=\begin{vmatrix} a_{11} & 0 & \cdots & 0 \\ a_{21} & a_{22} & \cdots & 0 \\ \vdots & \vdots & & \vdots \\ a_{n1} & a_{n2} & \cdots & a_{nn} \end{vmatrix} = a_{11}(-1)^{1+1}M_{11} = a_{11}\begin{vmatrix} a_{22} & \cdots & 0 \\ \vdots & & \vdots \\ a_{n2} & \cdots & a_{nn} \end{vmatrix}$$

$$= a_{11}a_{22}(-1)^{1+1}\begin{vmatrix} a_{33} & \cdots & 0 \\ \vdots & & \vdots \\ a_{n3} & \cdots & a_{nn} \end{vmatrix} = \cdots = a_{11}a_{22}\cdots a_{nn}$$

作为下三角行列式的特例，可知**对角行列式**（主对角线以外的元素全为零的行列式）的值也等于它的主对角线元素之积，即

$$D=\begin{vmatrix} a_{11} & 0 & \cdots & 0 \\ 0 & a_{22} & \cdots & 0 \\ \vdots & \vdots & & \vdots \\ 0 & 0 & \cdots & a_{nn} \end{vmatrix} = a_{11}a_{22}\cdots a_{nn}$$

同理可证，副对角线以上的元素全为零的行列式

$$D=\begin{vmatrix} 0 & \cdots & 0 & a_{1n} \\ 0 & \cdots & a_{2,n-1} & a_{2n} \\ \vdots & & \vdots & \vdots \\ a_{n1} & \cdots & a_{n,n-1} & a_{nn} \end{vmatrix} = (-1)^{\frac{n(n-1)}{2}} a_{1n}a_{2,n-1}\cdots a_{n1}$$

注意：这种行列式并不都等于其副对角线元素之积．事实上，当 $n=4k$，或 $n=4k+1$时，它等于副对角线元素之积；而当 $n=4k-2$，或 $n=4k-1$ 时，它等于副对角线元素之积的负值($k=1,2,\cdots$)．

1.2 行列式的性质与计算

一般来讲，根据行列式的定义去计算 n 阶行列式，当 n 较大时，计算量很大．为了更好地解决行列式的计算，下面学习行列式的性质，并通过这些性质来掌握行列式运算的基本规律．

1.2.1 行列式的性质

定义 1.3(转置行列式) 把行列式 D 的行和列依次对换所得到的新的行列式称为原行列式 D 的**转置行列式**，记为 D^{T}（或 D'），即

若 $D=\begin{vmatrix} a_{11} & a_{12} & \cdots & a_{1n} \\ a_{21} & a_{22} & \cdots & a_{2n} \\ \vdots & \vdots & & \vdots \\ a_{n1} & a_{n2} & \cdots & a_{nn} \end{vmatrix}$，则 $D^{T}=\begin{vmatrix} a_{11} & a_{21} & \cdots & a_{n1} \\ a_{12} & a_{22} & \cdots & a_{n2} \\ \vdots & \vdots & & \vdots \\ a_{1n} & a_{2n} & \cdots & a_{nn} \end{vmatrix}$.

反之，行列式 D 也是行列式 D^{T} 的转置行列式，即行列式 D 与行列式 D^{T} 互为转置行列式.

性质 1.1 行列式与它的转置行列式相等，即 $D=D^{T}$.

性质 1.1 表明，行列式中行和列具有完全相同的属性，行具有的属性，列也成立.

性质 1.2 互换行列式任意两行(或两列)的位置，行列式的值变为相反数.

性质 1.3 行列式 D 可以按它的任意一行(或列)展开，即

$$D = a_{i1}A_{i1} + a_{i2}A_{i2} + \cdots + a_{in}A_{in} = \sum_{j=1}^{n} a_{ij}A_{ij}, \quad i = 1,2,\cdots,n \qquad (1.13)$$

或

$$D = a_{1j}A_{1j} + a_{2j}A_{2j} + \cdots + a_{nj}A_{nj} = \sum_{i=1}^{n} a_{ij}A_{ij}, \quad j = 1,2,\cdots,n \qquad (1.14)$$

称式(1.13)为**行列式按第 i 行展开式**. 式(1.14)为**行列式按第 j 列展开式**. 下面以行展开式为例加以证明.

证 将 D 的第 i 行依次与它的前面 1 行做相邻两行位置的互换，直至第 i 行来到第 1 行，由性质 1.2，得

$$D = (-1)^{i-1}\begin{vmatrix} a_{i1} & a_{i2} & \cdots & a_{in} \\ a_{11} & a_{12} & \cdots & a_{1n} \\ \vdots & \vdots & & \vdots \\ a_{i-1,1} & a_{i-1,2} & \cdots & a_{i-1,n} \\ a_{i+1,1} & a_{i+1,2} & \cdots & a_{i+1,n} \\ \vdots & \vdots & & \vdots \\ a_{n1} & a_{n2} & \cdots & a_{nn} \end{vmatrix}$$

上式右端行列式的第 1 行元素所对应的余子式 M_{1j} $(j=1,\cdots,n)$ 正是未互换前原行列式 D 中第 i 行元素所对应的余子式 M_{ij} $(j=1,2,\cdots,n)$，利用定义 1.1，将上式右端的行列式按第 1 行展开，得

$$\begin{aligned} D &= (-1)^{i-1}[a_{i1}(-1)^{1+1}M_{i1} + a_{i2}(-1)^{1+2}M_{i2} + \cdots + a_{in}(-1)^{1+n}M_{in}] \\ &= a_{i1}(-1)^{i+1}M_{i1} + a_{i2}(-1)^{i+2}M_{i2} + \cdots + a_{in}(-1)^{i+n}M_{in} \\ &= a_{i1}A_{i1} + a_{i2}A_{i2} + \cdots + a_{in}A_{in} \end{aligned}$$

性质 1.3 表明,行列式可以按任意一行(或列)展开计算,利用该性质计算 n 阶行列式时,相当于计算 n 个 $n-1$ 阶行列式,因此,把性质 1.3 计算行列式的方法也称为**降阶法**.

例如计算行列式 $D=\begin{vmatrix} 2 & -2 & 3 \\ 1 & 6 & 0 \\ 3 & 2 & 1 \end{vmatrix}$. 由性质 1.3,分别选取含有 0 元素的第 2 行和第 3 列展开计算:

按第 2 行展开有 $D=1\times(-1)^{2+1}\begin{vmatrix} -2 & 3 \\ 2 & 1 \end{vmatrix}+6\times(-1)^{2+2}\begin{vmatrix} 2 & 3 \\ 3 & 1 \end{vmatrix}+0\times(-1)^{2+3}\begin{vmatrix} 2 & -2 \\ 3 & 2 \end{vmatrix}=-34$

按第 3 列展开有 $D=3\times(-1)^{1+3}\begin{vmatrix} 1 & 6 \\ 3 & 2 \end{vmatrix}+0\times(-1)^{2+3}\begin{vmatrix} 2 & -2 \\ 3 & 2 \end{vmatrix}+1\times(-1)^{3+3}\begin{vmatrix} 2 & -2 \\ 1 & 6 \end{vmatrix}=-34$

按其他行和列的展开计算,请读者自行验证.

性质 1.4 若行列式中某行(或列)有公因子 k,则可以将 k 提到行列式符号外面,即

$$\begin{vmatrix} a_{11} & a_{12} & \cdots & a_{1n} \\ \vdots & \vdots & & \vdots \\ ka_{i1} & ka_{i2} & \cdots & ka_{in} \\ \vdots & \vdots & & \vdots \\ a_{n1} & a_{n2} & \cdots & a_{nn} \end{vmatrix} = k\begin{vmatrix} a_{11} & a_{12} & \cdots & a_{1n} \\ \vdots & \vdots & & \vdots \\ a_{i1} & a_{i2} & \cdots & a_{in} \\ \vdots & \vdots & & \vdots \\ a_{n1} & a_{n2} & \cdots & a_{nn} \end{vmatrix} \tag{1.15}$$

性质 1.4 也可理解为用一个数 k 乘以行列式,等于用 k 乘以行列式中的某一行(或列)的每一个元素.

证 将式(1.15)左端行列式按第 i 行展开,得

$$M = ka_{i1}A_{i1} + ka_{i2}A_{i2} + \cdots + ka_{in}A_{in} = k\sum_{j=1}^{n}a_{ij}A_{ij} = kD$$

在上式中若取 $k=0$,可得

推论 1.1 若行列式 D 的某一行(或列)的元素全为零,则该行列式 $D=0$.

性质 1.5 若行列式中某一行(或列)的元素表现为两个元素和的形式,则行列式可拆为两个行列式,即

$$
\begin{vmatrix} a_{11} & a_{12} & \cdots & a_{1n} \\ \vdots & \vdots & & \vdots \\ a_{i1}+b_{i1} & a_{i2}+b_{i2} & \cdots & a_{in}+b_{in} \\ \vdots & \vdots & & \vdots \\ a_{n1} & a_{n2} & \cdots & a_{nn} \end{vmatrix}
$$

$$
= \begin{vmatrix} a_{11} & a_{12} & \cdots & a_{1n} \\ \vdots & \vdots & & \vdots \\ a_{i1} & a_{i2} & \cdots & a_{in} \\ \vdots & \vdots & & \vdots \\ a_{n1} & a_{n2} & \cdots & a_{nn} \end{vmatrix} + \begin{vmatrix} a_{11} & a_{12} & \cdots & a_{1n} \\ \vdots & \vdots & & \vdots \\ b_{i1} & b_{i2} & \cdots & b_{in} \\ \vdots & \vdots & & \vdots \\ a_{n1} & a_{n2} & \cdots & a_{nn} \end{vmatrix} \tag{1.16}
$$

证　式(1.16)左端行列式按第 i 行展开，得

$$
\begin{aligned}
M &= (a_{i1}+b_{i1})A_{i1}+(a_{i2}+b_{i2})A_{i2}+\cdots+(a_{in}+b_{in})A_{in} \\
&= (a_{i1}A_{i1}+\cdots+a_{in}A_{in})+(b_{i1}A_{i1}+\cdots+b_{in}A_{in}) \\
&= \sum_{j=1}^{n} a_{ij}A_{ij}+\sum_{j=1}^{n} b_{ij}A_{ij} = \text{右端}
\end{aligned}
$$

需要注意的是，一般情况下，下式是不成立的.

$$
\begin{vmatrix} a_{11}+b_{11} & a_{12}+b_{12} \\ a_{21}+b_{21} & a_{22}+b_{22} \end{vmatrix} \neq \begin{vmatrix} a_{11} & a_{12} \\ a_{21} & a_{22} \end{vmatrix} + \begin{vmatrix} b_{11} & b_{12} \\ b_{21} & b_{22} \end{vmatrix}
$$

性质 1.6　若行列式 D 中有两行(或列)的元素对应相等，则 $D=0$.

证　设 D 中第 i 行和第 j 行元素对应相同，将该两行互换，所得行列式仍然与原行列式相同，但由性质 1.2，互换任意两行(或两列)，行列式要改变一次符号，因此有 $D=-D \Rightarrow D=0$.

推论 1.2　若行列式 D 中有两行(或两列)的元素对应成比例，则 $D=0$.

证　利用性质 1.4 和性质 1.6 可证.

性质 1.7　行列式 D 中某一行(或列)每个元素的 k 倍，加到另一行(或列)的对应元素上去，行列式的值不变，即

$$
\begin{vmatrix} a_{11} & a_{12} & \cdots & a_{1n} \\ \vdots & \vdots & & \vdots \\ a_{i1} & a_{i2} & \cdots & a_{in} \\ \vdots & \vdots & & \vdots \\ a_{j1} & a_{j2} & \cdots & a_{jn} \\ \vdots & \vdots & & \vdots \\ a_{n1} & a_{n2} & \cdots & a_{nn} \end{vmatrix} = \begin{vmatrix} a_{11} & a_{12} & \cdots & a_{1n} \\ \vdots & \vdots & & \vdots \\ a_{i1} & a_{i2} & \cdots & a_{in} \\ \vdots & \vdots & & \vdots \\ ka_{i1}+a_{j1} & ka_{i2}+a_{j2} & \cdots & ka_{in}+a_{jn} \\ \vdots & \vdots & & \vdots \\ a_{n1} & a_{n2} & \cdots & a_{nn} \end{vmatrix} \tag{1.17}
$$

证 由性质 1.5,上式中右端的行列式可拆为两个行列式,即

$$\begin{vmatrix} a_{11} & a_{12} & \cdots & a_{1n} \\ \vdots & \vdots & & \vdots \\ a_{i1} & a_{i2} & \cdots & a_{in} \\ \vdots & \vdots & & \vdots \\ ka_{i1}+a_{j1} & ka_{i2}+a_{j2} & \cdots & ka_{in}+a_{jn} \\ \vdots & \vdots & & \vdots \\ a_{n1} & a_{n2} & \cdots & a_{nn} \end{vmatrix}$$

$$=\begin{vmatrix} a_{11} & a_{12} & \cdots & a_{1n} \\ \vdots & \vdots & & \vdots \\ a_{i1} & a_{i2} & \cdots & a_{in} \\ \vdots & \vdots & & \vdots \\ ka_{i1} & ka_{i2} & \cdots & ka_{in} \\ \vdots & \vdots & & \vdots \\ a_{n1} & a_{n2} & \cdots & a_{nn} \end{vmatrix} + \begin{vmatrix} a_{11} & a_{12} & \cdots & a_{1n} \\ \vdots & \vdots & & \vdots \\ a_{i1} & a_{i2} & \cdots & a_{in} \\ \vdots & \vdots & & \vdots \\ a_{j1} & a_{j2} & \cdots & a_{jn} \\ \vdots & \vdots & & \vdots \\ a_{n1} & a_{n2} & \cdots & a_{nn} \end{vmatrix}$$

$$=\begin{vmatrix} a_{11} & a_{12} & \cdots & a_{1n} \\ \vdots & \vdots & & \vdots \\ a_{i1} & a_{i2} & \cdots & a_{in} \\ \vdots & \vdots & & \vdots \\ a_{j1} & a_{j2} & \cdots & a_{jn} \\ \vdots & \vdots & & \vdots \\ a_{n1} & a_{n2} & \cdots & a_{nn} \end{vmatrix}$$

由推论 1.2 可知,右端第一个行列式值为 0.

性质 1.8 行列式 D 中第 $i(i=1,\cdots,n)$ 行元素分别乘以第 $j(j=1,\cdots,n)$ 行元素所对应的代数余子式 $A_{jk}(k=1,\cdots,n)$,当 $i=j$ 时,值为 D,也就是行列式按照第 i 行展开;当 $i\neq j$ 时,值为 0. 即

$$a_{i1}A_{j1}+\cdots+a_{in}A_{jn}=\begin{cases} D, & i=j \\ 0, & i\neq j \end{cases} \tag{1.18}$$

同理行列式 D 中第 $i(i=1,\cdots,n)$ 列元素分别乘以第 $j(j=1,\cdots,n)$ 列元素所对应的代数余子式 $A_{kj}(k=1,\cdots,n)$,当 $i=j$ 时,值为 D,也就是行列式按照第 i 列展开;当 $i\neq j$ 时,值为 0. 即

$$a_{1i}A_{1j}+\cdots+a_{ni}A_{nj}=\begin{cases}D, & i=j\\ 0, & i\neq j\end{cases}\tag{1.19}$$

1.2.2 行列式的计算

下面通过一些具体例子，来说明计算行列式的一些常用方法. 其基本思想是利用行列式的性质，通过一些变换，将复杂行列式化成较简单的行列式来计算.

为了简明地表示对行列式所做的变换，我们引入以下记号：用“$r_i\leftrightarrow r_j$”表示互换行列式的第 i 行与第 j 行的位置；用“kr_i”表示用数 k 乘行列式的第 i 行；用“$r_i\div k$”表示从第 i 行提出公因子 k；用“r_j+kr_i”表示行列式第 j 行加上第 i 行的 k 倍. 对行列式的列所做的变换用类似的记号，只是将其中的字母“r”换成“c”. 利用这些变换，可以简化行列式的计算.

例 1.5　证明：上三角行列式的值等于其主对角线元素之积，即

$$D=\begin{vmatrix}a_{11} & a_{12} & a_{13} & \cdots & a_{1n}\\ 0 & a_{22} & a_{23} & \cdots & a_{2n}\\ 0 & 0 & a_{33} & \cdots & a_{3n}\\ \vdots & \vdots & \vdots & & \vdots\\ 0 & 0 & 0 & \cdots & a_{nn}\end{vmatrix}=a_{11}a_{22}\cdots a_{nn}$$

证　由行列式的性质 1.1 及例 1.4，得

$$D=D^{\mathrm{T}}=\begin{vmatrix}a_{11} & 0 & 0 & \cdots & 0\\ a_{12} & a_{22} & 0 & \cdots & 0\\ a_{13} & a_{23} & a_{33} & \cdots & 0\\ \vdots & \vdots & \vdots & & \vdots\\ a_{1n} & a_{2n} & a_{3n} & \cdots & a_{nn}\end{vmatrix}=a_{11}a_{22}\cdots a_{nn}$$

既然上(下)三角行列式的计算非常简单，那么，能否利用行列式的性质将行列式化成上(下)三角行列式，从而求得其值呢？请看下例.

例 1.6　计算行列式 $D=\begin{vmatrix}3 & -3 & 7 & 1\\ 1 & -1 & 3 & 1\\ 4 & -5 & 10 & 3\\ 2 & -4 & 5 & 2\end{vmatrix}$.

解法 1(利用“三角化”计算行列式)　利用行列式的性质把 D 化成上三角行列式的方法通常是从 D 的左起第 1 列开始，依次把每一列中位于主对角线下边的元素都化成零，就把行列式化成了上三角行列式. 利用行列式的性质 1.2、性质 1.4

和性质 1.7,得

$$D\xlongequal{r_1\leftrightarrow r_2}-\begin{vmatrix}1&-1&3&1\\3&-3&7&1\\4&-5&10&3\\2&-4&5&2\end{vmatrix}\xlongequal[r_4-2r_1]{\substack{r_2-3r_1\\r_3-4r_1}}-\begin{vmatrix}1&-1&3&1\\0&0&-2&-2\\0&-1&-2&-1\\0&-2&-1&0\end{vmatrix}$$

$$\xlongequal{r_2\leftrightarrow r_3}\begin{vmatrix}1&-1&3&1\\0&-1&-2&-1\\0&0&-2&-2\\0&-2&-1&0\end{vmatrix}\xlongequal{r_4-2r_2}\begin{vmatrix}1&-1&3&1\\0&-1&-2&-1\\0&0&-2&-2\\0&0&3&2\end{vmatrix}$$

$$\xlongequal[r_3\div(-2)]{r_2\div(-1)}2\begin{vmatrix}1&-1&3&1\\0&1&2&1\\0&0&1&1\\0&0&3&2\end{vmatrix}\xlongequal{r_4-3r_3}2\begin{vmatrix}1&-1&3&1\\0&1&2&1\\0&0&1&1\\0&0&0&-1\end{vmatrix}=-2$$

上述计算中,先做了变换 $r_1\leftrightarrow r_2$,其目的是把 a_{11} 换成 1,从而用变换 $r_i+(-a_{i1})r_1$,便可把元素 $a_{i1}(i=2,3,4)$化成零. 如果不先做变换 $r_1\leftrightarrow r_2$,则由于原来的 $a_{11}=3$,因而要把 $a_{i1}(i=2,3,4)$化成零,就要做变换 $r_i+\left(-\dfrac{a_{i1}}{3}\right)r_1$,这样计算时就比较麻烦. 第 2 步是把依次所做的变换 $r_2-3r_1,r_3-4r_1,r_4-2r_1$ 写在了一起,而且等号右端是三次变换的最后结果(以后都这样约定). 第 3 步所做变换 $r_2\leftrightarrow r_3$,是为了把 a_{22} 换成非零元素,从而利用变换 $r_4+\left(-\dfrac{a_{42}}{a_{22}}\right)r_2$,便可把元素 a_{42} 化成零.

从上述解法可以看出,利用行列式的 3 种变换"$r_i\leftrightarrow r_j$","$r_i\div k$"及"r_j+kr_i"总可以把一个元素是数字的行列式化成上三角行列式,而且这个方法比直接按定义计算要简单得多,所以这种方法有一定的普遍性.

解法 2(用降阶法计算行列式) 一般来说,低阶行列式比高阶行列式容易计算,因而降阶法也是计算行列式的一种常用方法. 但究竟按哪一行(列)来展开行列式呢? 从按第 i 行展开的公式

$$D=\sum_{j=1}^{n}a_{ij}A_{ij}=\sum_{j=1}^{n}a_{ij}(-1)^{i+j}M_{ij}$$

来看,如果 D 的第 i 行元素都不为零,就要计算 n 个 $n-1$ 阶行列式 $M_{i1},M_{i2},\cdots,M_{in}$,计算量一般仍很大;而如果 D 的第 i 行有零元素,例如 $a_{il}=0$,则由于$a_{il}A_{il}=0$,从而就不必去计算 A_{il},也就减少了计算量;特别地,如果 D 的第 i 行只有 1 个元素

$a_{ij}\neq0$，而其他元素全为零，则有 $D=a_{ij}A_{ij}$，这时就只需计算 1 个 $n-1$ 阶行列式 M_{ij}. 所以，用降阶法计算行列式时，应该选择零元素较多的行（列）来展开，必要时，可先把行列式某行（列）较多的元素化成零后，再按该行（列）展开行列式.

现在，用降阶法来计算本例的行列式：

$$D=\begin{vmatrix}3&-3&7&1\\1&-1&3&1\\4&-5&10&3\\2&-4&5&2\end{vmatrix}\xlongequal{c_2+c_1}\begin{vmatrix}3&0&7&1\\1&0&3&1\\4&-1&10&3\\2&-2&5&2\end{vmatrix}\xlongequal{r_4-2r_3}\begin{vmatrix}3&0&7&1\\1&0&3&1\\4&-1&10&3\\-6&0&-15&-4\end{vmatrix}$$

$$\xlongequal{\text{按第 2 列展开}}-1(-1)^{3+2}\begin{vmatrix}3&7&1\\1&3&1\\-6&-15&-4\end{vmatrix}\xlongequal[c_2-3c_3]{c_1-c_3}\begin{vmatrix}2&4&1\\0&0&1\\-2&-3&-4\end{vmatrix}$$

$$\xlongequal{\text{按第 2 行展开}}(-1)^{2+3}\begin{vmatrix}2&4\\-2&-3\end{vmatrix}$$

$$\xlongequal[r_2\div(-1)]{r_1\div 2}2\begin{vmatrix}1&2\\2&3\end{vmatrix}=-2$$

数字行列式的计算方法较多，读者可试用两种其他展开方法来计算例 1.6 中的行列式.

例 1.7　计算 n 阶行列式

$$D_n=\begin{vmatrix}a&b&b&\cdots&b\\b&a&b&\cdots&b\\b&b&a&\cdots&b\\\vdots&\vdots&\vdots&&\vdots\\b&b&b&\cdots&a\end{vmatrix}$$

解　这个行列式的特点是主对角线上的元素全是 a，其余元素全是 b，因此每列元素之和都是 $a+(n-1)b$. 注意到这一事实后，把行列式的第 $2,3,\cdots,n$ 行都加到第 1 行上去，则第 1 行各元素都变成了 $a+(n-1)b$，提出这个公因子后，则得

$$D_n=[a+(n-1)b]\begin{vmatrix}1&1&1&\cdots&1\\b&a&b&\cdots&b\\b&b&a&\cdots&b\\\vdots&\vdots&\vdots&&\vdots\\b&b&b&\cdots&a\end{vmatrix}$$

> **注意**：例 1.7 提供了每列（行）元素之和都相等的行列式的常用的计算方法.

现在，再把第 1 列的(-1)倍分别加到其他各列，就把行列式化成了下三角行列式

[也可以把第 1 行的$(-b)$倍分别加到后面各行,从而把行列式化成上三角行列式],得

$$D_n=[a+(n-1)b]\begin{vmatrix} 1 & 0 & 0 & \cdots & 0 \\ b & a-b & 0 & \cdots & 0 \\ b & 0 & a-b & \cdots & 0 \\ \vdots & \vdots & \vdots & & \vdots \\ b & 0 & 0 & \cdots & a-b \end{vmatrix}$$

$$=[a+(n-1)b](a-b)^{n-1}$$

例 1.8 证明:

$$\begin{vmatrix} x^2+1 & xy & xz \\ xy & y^2+1 & yz \\ xz & yz & z^2+1 \end{vmatrix}=x^2+y^2+z^2+1$$

证明 这是一个含有变量的行列式,展开计算后是一个代数式,证明过程主要运用性质 1.4、性质 1.5 和性质 1.6.

$$D\xlongequal{\text{性质 1.5}}\begin{vmatrix} x^2 & xy & xz \\ xy & y^2+1 & yz \\ xz & yz & z^2+1 \end{vmatrix}+\begin{vmatrix} 1 & xy & xz \\ 0 & y^2+1 & yz \\ 0 & yz & z^2+1 \end{vmatrix}$$

$$=x\begin{vmatrix} x & y & z \\ xy & y^2+1 & yz \\ xz & yz & z^2+1 \end{vmatrix}+\begin{vmatrix} 1 & xy & xz \\ 0 & y^2+1 & yz \\ 0 & yz & z^2+1 \end{vmatrix}$$

$$=x\begin{vmatrix} x & y & z \\ xy & y^2+1 & yz \\ xz & yz & z^2+1 \end{vmatrix}+\begin{vmatrix} y^2+1 & yz \\ yz & z^2+1 \end{vmatrix}$$

$$\xlongequal[r_3-zr_1]{r_2-yr_1}x\begin{vmatrix} x & y & z \\ 0 & 1 & 0 \\ 0 & 0 & 1 \end{vmatrix}+\begin{vmatrix} y^2+1 & yz \\ yz & z^2+1 \end{vmatrix}$$

$$=x^2+\begin{vmatrix} y^2 & yz \\ yz & z^2+1 \end{vmatrix}+\begin{vmatrix} 1 & yz \\ 0 & z^2+1 \end{vmatrix}$$

$$=x^2+\begin{vmatrix} y^2 & yz \\ yz & z^2 \end{vmatrix}+\begin{vmatrix} y^2 & 0 \\ yz & 1 \end{vmatrix}+z^2+1$$

$$=x^2+y^2+z^2+1$$

例 1.9　求方程 $\begin{vmatrix} x & -1 & -1 \\ -2 & x+1 & -1 \\ 4 & -2 & x+2 \end{vmatrix}=0$ 的根,其中 x 为未知数.

解　容易看出,所求方程是一个关于 x 的三次代数方程. 如果直接展开,计算量较大. 因此,我们选择先对行列式的第 3 列化简.

$$\text{左式}=\begin{vmatrix} x & -1 & -1 \\ -2 & x+1 & -1 \\ 4 & -2 & x+2 \end{vmatrix} \xlongequal[r_3+(x+2)r_1]{r_2-r_1} \begin{vmatrix} x & -1 & -1 \\ -(x+2) & x+2 & 0 \\ x(x+2)+4 & -(x+4) & 0 \end{vmatrix}$$

$$\xlongequal{\text{按第 3 列展开}} (-1)\begin{vmatrix} -(x+2) & x+2 \\ x(x+2)+4 & -(x+4) \end{vmatrix}$$

$$\xlongequal{c_1+c_2} (-1)\begin{vmatrix} 0 & x+2 \\ x(x+1) & -(x+4) \end{vmatrix} = x(x+1)(x+2)$$

则原方程为

$$x(x+1)(x+2)=0$$

故 $x=0,x=-1,x=-2$ 是该方程的三个根.

例 1.10　证明:$n(n\geqslant 2)$阶范德蒙德(Vandermonde)行列式

$$D_n=\begin{vmatrix} 1 & 1 & \cdots & 1 \\ a_1 & a_2 & \cdots & a_n \\ a_1^2 & a_2^2 & \cdots & a_n^2 \\ \vdots & \vdots & & \vdots \\ a_1^{n-1} & a_2^{n-1} & \cdots & a_n^{n-1} \end{vmatrix} = \prod_{1\leqslant j<i\leqslant n}(a_i-a_j) \tag{1.20}$$

其中“$\prod$”为连乘号,$\prod\limits_{1\leqslant j<i\leqslant n}(a_i-a_j)$ 表示所有的形如$(a_i-a_j)(1\leqslant j<i\leqslant n)$ 的因子的乘积. 例如对四阶范德蒙德行列式,由式(1.20),就有

$$\begin{vmatrix} 1 & 1 & 1 & 1 \\ a_1 & a_2 & a_3 & a_4 \\ a_1^2 & a_2^2 & a_3^2 & a_4^2 \\ a_1^3 & a_2^3 & a_3^3 & a_4^3 \end{vmatrix} = (a_2-a_1)(a_3-a_1)(a_4-a_1)(a_3-a_2)(a_4-a_2)(a_4-a_3)$$

* **证**　对行列式的阶数 n 使用数学归纳法. 由于

$$D_2=\begin{vmatrix} 1 & 1 \\ a_1 & a_2 \end{vmatrix} = a_2-a_1 = \prod_{1\leqslant j<i\leqslant 2}(a_i-a_j)$$

所以,当 $n=2$ 时结论正确. 假设对于 $n-1$ 阶范德蒙德行列式的结论成立,现在来证 n 阶的情形. 为此,设法把 D_n 降阶:从第 $n-1$ 行开始(向上),依次把每行的

$(-a_1)$倍加至下一行，得

$$D_n=\begin{vmatrix}1 & 1 & 1 & \cdots & 1\\ 0 & a_2-a_1 & a_3-a_1 & \cdots & a_n-a_1\\ 0 & a_2(a_2-a_1) & a_3(a_3-a_1) & \cdots & a_n(a_n-a_1)\\ \vdots & \vdots & \vdots & & \vdots\\ 0 & a_2^{n-2}(a_2-a_1) & a_3^{n-2}(a_3-a_1) & \cdots & a_n^{n-2}(a_n-a_1)\end{vmatrix}$$

按第 1 列展开，然后提出每列的公因子，得

$$D_n=(a_2-a_1)(a_3-a_1)\cdots(a_n-a_1)\begin{vmatrix}1 & 1 & \cdots & 1\\ a_2 & a_3 & \cdots & a_n\\ \vdots & \vdots & & \vdots\\ a_2^{n-2} & a_3^{n-2} & \cdots & a_n^{n-2}\end{vmatrix}$$

上式右端的行列式是一个 $n-1$ 阶的范德蒙德行列式，由归纳假设，它等于 $\prod\limits_{2\leqslant j<i\leqslant n}(a_i-a_j)$，于是得

$$\begin{aligned}D_n&=(a_2-a_1)(a_3-a_1)\cdots(a_n-a_1)\prod_{2\leqslant j<i\leqslant n}(a_i-a_j)\\&=\prod_{1\leqslant j<i\leqslant n}(a_i-a_j)\end{aligned}$$

所以，式(1.20)对任意正整数 $n(n\geqslant 2)$均成立.

从以上几例可以看出，计算阶数较高的行列式的基本方法，是利用行列式的性质进行化简. 其中，又以化为三角形行列式和降阶法最为常用. 对于每个具体的行列式，还应注意观察其特点，以便根据其特点采取适当的化简方法.

1.3 克拉默法则

在引入行列式概念时，我们就希望能够利用行列式给出线性方程组的公式解，即 1.1 节所讲的利用二、三阶行列式求解二、三元线性方程组的方法，现在我们将其推广到利用 n 阶行列式求解 n 元线性方程组上去，这个法则就是著名的克拉默法则(Cramer rule).

定理 1.1 (克拉默法则) 对于由 n 个方程、n 个未知量组成的线性方程组

$$\begin{cases}a_{11}x_1+a_{12}x_2+\cdots+a_{1n}x_n=b_1\\ a_{21}x_1+a_{22}x_2+\cdots+a_{2n}x_n=b_2\\ \quad\vdots\\ a_{n1}x_1+a_{n2}x_2+\cdots+a_{nn}x_n=b_n\end{cases}\tag{1.21}$$

其中，$x_1,x_2,\cdots,x_n$ 为未知量；a_{ij} 为第 i 个方程中未知量 x_j 的系数，$i,j=1,\cdots,n$；$b_1,\cdots,b_n$ 为常数项. 如果它的系数行列式

$$D=\begin{vmatrix} a_{11} & a_{12} & \cdots & a_{1n} \\ a_{21} & a_{22} & \cdots & a_{2n} \\ \vdots & \vdots & & \vdots \\ a_{n1} & a_{n2} & \cdots & a_{nn} \end{vmatrix}\neq 0$$

则方程组(1.21)有唯一解

$$x_1=\frac{D_1}{D},\quad x_2=\frac{D_2}{D},\quad \cdots,\quad x_n=\frac{D_n}{D} \tag{1.22}$$

其中，D_j 是将 D 的第 j 列元素 $a_{1j},a_{2j},\cdots,a_{nj}$ 依次用方程组右端的常数项 $b_1,b_2,\cdots,b_n$ 替换后得到的 n 阶行列式，即

$$D_j=\begin{vmatrix} a_{11} & \cdots & a_{1,j-1} & b_1 & a_{1,j+1} & \cdots & a_{1n} \\ a_{21} & \cdots & a_{2,j-1} & b_2 & a_{2,j+1} & \cdots & a_{2n} \\ \vdots & & \vdots & \vdots & \vdots & & \vdots \\ a_{n1} & \cdots & a_{n,j-1} & b_n & a_{n,j+1} & \cdots & a_{nn} \end{vmatrix},\quad j=1,2,\cdots,n$$

证　首先来证式(1.22)是方程组(1.21)的解，即要证明

$$a_{i1}\frac{D_1}{D}+a_{i2}\frac{D_2}{D}+\cdots+a_{in}\frac{D_n}{D}=b_i,\quad i=1,2,\cdots,n \tag{1.23}$$

我们来证明式(1.23)成立：

$$\begin{aligned} \text{左端}&=\frac{1}{D}\sum_{j=1}^{n}a_{ij}D_j && (\text{将 } D_j \text{ 按第 } j \text{ 列展开}) \\ &=\frac{1}{D}\sum_{j=1}^{n}a_{ij}(\sum_{k=1}^{n}b_kA_{kj}) && (\text{利用双重求和符号的可交换性}) \\ &=\frac{1}{D}\sum_{k=1}^{n}b_k(\sum_{j=1}^{n}a_{ij}A_{kj}) && [\text{利用式(1.18)，只留下 } k=i \text{ 的一项}] \\ &=\frac{1}{D}b_i\sum_{j=1}^{n}a_{ij}A_{ij}=\frac{1}{D}b_iD=b_i=\text{右端} \end{aligned}$$

其次还要证解的唯一性，即方程组(1.21)的任一解必如式(1.22)所示. 用 D 的第 j 列元素的代数余子式 $A_{1j},A_{2j},\cdots,A_{nj}$ 分别乘方程组(1.21)的 n 个方程的两端，然后把 n 个方程的两端分别相加，得

$$(\sum_{k=1}^{n}a_{k1}A_{kj})x_1+\cdots+(\sum_{k=1}^{n}a_{kj}A_{kj})x_j+\cdots+(\sum_{k=1}^{n}a_{kn}A_{kj})x_n=\sum_{k=1}^{n}b_kA_{kj}$$

根据式(1.19)可知，上式中 x_j 的系数等于 D，其余 $x_l(l\neq j)$ 的系数均为零；而等式

右端(为 D_j 按第 j 列的展开式)等于 D_j,于是有

$$Dx_j = D_j, j = 1,2,\cdots,n$$

由已知条件 $D\neq 0$,即得 $x_j=\dfrac{D_j}{D}, j=1,2,\cdots,n$. 所以,式(1.22)是方程组(1.21)的唯一解.

对于方程组(1.21),当常数项 $b_1=b_2=\cdots=b_n=0$ 时

$$\begin{cases} a_{11}x_1 + a_{12}x_2 + \cdots + a_{1n}x_n = 0 \\ a_{21}x_1 + a_{22}x_2 + \cdots + a_{2n}x_n = 0 \\ \quad\vdots \\ a_{n1}x_1 + a_{n2}x_2 + \cdots + a_{nn}x_n = 0 \end{cases} \tag{1.24}$$

称为 ***n* 元齐次线性方程组**;而方程组(1.21)右端常数项不全为 0 时称为 ***n* 元非齐次线性方程组**.

例 1.11 用克拉默法则求解方程组

$$\begin{cases} 2x_1 - x_2 + x_3 = 0 \\ 3x_1 + 2x_2 - 5x_3 = 17 \\ x_1 + 3x_2 - 2x_3 = 13 \end{cases}$$

解 由于方程组的系数行列式

$$D = \begin{vmatrix} 2 & -1 & 1 \\ 3 & 2 & -5 \\ 1 & 3 & -2 \end{vmatrix} = 28 \neq 0$$

所以方程组有唯一解. 计算可得

$$D_1 = \begin{vmatrix} 0 & -1 & 1 \\ 17 & 2 & -5 \\ 13 & 3 & -2 \end{vmatrix} = 56, \quad D_2 = \begin{vmatrix} 2 & 0 & 1 \\ 3 & 17 & -5 \\ 1 & 13 & -2 \end{vmatrix} = 84$$

$$D_3 = \begin{vmatrix} 2 & -1 & 0 \\ 3 & 2 & 17 \\ 1 & 3 & 13 \end{vmatrix} = -28$$

将 D,D_1,D_2,D_3 代入式(1.22),得方程组的唯一解为 $x_1=2, x_2=3, x_3=-1$.

一般来说,用克拉默法则求线性方程组的解时,计算量是比较大的. 对于具体的数字线性方程组,当未知数较多时往往可用计算机来求解. 用计算机求解线性方程组,目前已经有了一整套成熟的方法.

克拉默法则在一定条件下给出了线性方程组解的存在性、唯一性,与其在计算

方面的作用相比，具有更重大的理论价值. 撇开求解公式(1.22)，克拉默法则可叙述为下面的定理：

定理 1.2　如果线性方程组(1.21)的系数行列式 $D\neq 0$，则该方程组有解，且解是唯一的.

在解题或证明中，常用到定理 1.2 的逆否定理：

定理 1.2'　如果线性方程组(1.21)无解或有多解，则它的系数行列式 $D=0$.

由于齐次线性方程组必有零解 $x_j=0(j=1,\cdots,n)$，因此主要讨论齐次线性方程组(1.24)何时只有零解，何时有非零解. 把定理 1.2 应用于齐次线性方程组(1.24)，可得到下列结论：

定理 1.3　如果齐次线性方程组(1.24)的系数行列式 $D\neq 0$，则该方程组只有零解.

定理 1.3'　如果齐次线性方程组(1.24)有非零解，则它的系数行列式 $D=0$.

我们还可以证明，如果齐次线性方程组的系数行列式 $D=0$，则齐次线性方程组有非零解.

例 1.12　问 λ 为何值时，线性方程组

$$\begin{cases}\lambda x_1+x_2+x_3=0\\ x_1+\lambda x_2+x_3=0\\ x_1+x_2+\lambda x_3=0\end{cases}\tag{1.25}$$

只有零解？

解　要使线性方程组有唯一解，由克拉默法则，它的系数行列式必不等于零. 而

$$D=\begin{vmatrix}\lambda & 1 & 1\\ 1 & \lambda & 1\\ 1 & 1 & \lambda\end{vmatrix}\xlongequal[r_1+r_3]{r_1+r_2}\begin{vmatrix}\lambda+2 & \lambda+2 & \lambda+2\\ 1 & \lambda & 1\\ 1 & 1 & \lambda\end{vmatrix}=(\lambda+2)\begin{vmatrix}1 & 1 & 1\\ 1 & \lambda & 1\\ 1 & 1 & \lambda\end{vmatrix}$$

$$\xlongequal[r_3-r_1]{r_2-r_1}(\lambda+2)\begin{vmatrix}1 & 1 & 1\\ 0 & \lambda-1 & 0\\ 0 & 0 & \lambda-1\end{vmatrix}=(\lambda+2)(\lambda-1)^2$$

由 $D\neq 0$ 知，当 $\lambda\neq 1,\lambda\neq -2$ 时，方程组只有零解.

例 1.13　如果齐次线性方程组 $\begin{cases}kx+y+z=0\\ x+ky-z=0\\ 2x-y+z=0\end{cases}$ 有非零解，k 应取什么值？

解　齐次线性方程组有非零解的充要条件是系数行列式 $D=0$，即

$$\begin{vmatrix} k & 1 & 1 \\ 1 & k & -1 \\ 2 & -1 & 1 \end{vmatrix} = 0$$

而

$$\begin{vmatrix} k & 1 & 1 \\ 1 & k & -1 \\ 2 & -1 & 1 \end{vmatrix} = (k+1)(k-4)$$

从而当 $k=-1$ 或者 $k=4$ 时，$D=0$，齐次线性方程组有非零解.

现在我们来看行列式知识在解决实际问题中的应用，并用计算机程序实现.

例 1.14(工资互付问题)

【课本知识】行列式的计算、方程组建立、方程组求解.

【问题介绍】互付工资问题是多方合作、相互提供劳动过程中产生的. 比如，农忙季节，多户农民组成互助组，共同完成各户的耕、种、收等农活. 又如，木工、电工、油漆工等组成互助组，共同完成各家的装潢工作. 由于不同工种的劳动量有所不同，为了均衡各方的利益，就要计算互付工资的标准. 具体实例如下.

现有一个木工、电工、油漆工，相互装修他们的房子，他们有如下协议：

(1)每人工作 10 d(包括在自己家的时间)，安排见表 1.1；

(2)每人的日工资一般的市场价为 60～80 元；

(3)日工资数应使每人的总收入和总支出相等.

表 1.1　工作天数

在谁家	工人		
	木工	电工	油漆工
木工家	2	1	6
电工家	4	5	1
油漆工家	4	4	3

求每人的日工资.

【问题求解】假设每人每天工作时间长度相同，无论谁在谁家干活都按正常情况工作，既不偷懒，也不加班，并设木工、电工、油漆工的日工资分别为 x,y,z 元，则各家应付工资和各人应得收入如表 1.2 所示.

表 1.2　各家应付工资和各人应得收入

在谁家	工人			
	木工	电工	油漆工	各家应付工资
木工家	$2x$	$1y$	$6z$	$2x+y+6z$
电工家	$4x$	$5y$	$1z$	$4x+5y+z$
油漆工家	$4x$	$4y$	$3z$	$4x+4y+3z$
各人应得收入	$10x$	$10y$	$10z$	

由此可得：

$$\begin{cases}2x+y+6z=10x\\4x+5y+z=10y\\4x+4y+3z=10z\end{cases}$$

即

$$\begin{cases}-8x+y+6z=0\\4x-5y+z=0\\4x+4y-7z=0\end{cases}$$

用 MATLAB 求解：

输入

```
>>A = [ - 8,1,6;4, - 5,1;4,4, - 7];
>>T = null(A,'r');format rat,  T'
```

执行后得

```
ans =
31/36   8/9   1
```

可见，上述齐次线性方程组的通解为 $\boldsymbol{T}=k(31/36,8/9,1)^{\mathrm{T}}$，因而根据“每人的日工资一般的市场价为 60～80 元”可知

$$60\leqslant\frac{31}{36}k<\frac{8}{9}k<k\leqslant 80$$

即$\frac{31}{36}k\leqslant k\leqslant 80$，木工、电工、油漆工的日工资分别为$\frac{31}{36}k$ 元、$\frac{8}{9}k$ 元、k 元，其中$\frac{2160}{31}\leqslant k\leqslant 80$.

为了简便起见，可取 $k=72$，于是木工、电工、油漆工的日工资分别为 62 元、64 元、72 元.

事实上，各人都不必付自己工资，这时各家应付工资和各人应得收入如表 1.3 所示.

表 1.3 各家应付工资和各人应得收入

在谁家	工人			
	木工	电工	油漆工	各家应付工资
木工家	0	$1y$	$6z$	$x+6z$
电工家	$4x$	0	$1z$	$4x+z$
油漆工家	$4x$	$4y$	0	$4x+4y$
各人应得收入	$8x$	$5y$	$7z$	

由此可得

$$\begin{cases} y+6z=8x \\ 4x+z=5y \\ 4x+4y=7z \end{cases}$$

即

$$\begin{cases} -8x+y+6z=0 \\ 4x-5y+z=0 \\ 4x+4y-7z=0 \end{cases}$$

可见，这样得到的方程组与前面得到的方程组是一样的.

需要注意的是，克拉默法则在处理线性方程组时有很大的局限性. 首先，它不能适用于方程组中方程的个数与未知量的个数不相同的一般情况. 其次，当未知量 n 较大时，要计算 $n+1$ 个 n 阶行列式时，计算量相当大. 所以，在具体求解方程组时很少用克拉默法则.

另外，克拉默法则只告诉我们，当系数行列式 $D\neq 0$ 时，方程组存在唯一解. 但是，它并没有告诉我们当 $D=0$ 时，究竟是否有解？若有解，有多少解？而线性方程组的基本问题恰恰要我们回答下列的问题，即什么时候有解？什么时候无解？什么时候会有很多的解？在行列式的理论和克拉默法则中很难找到满意的答案. 所以，我们必须寻求别的方法来解决. 从下章开始的矩阵理论和方法是能够回答这些问题的极有效的工具.

习题一

(A)

1. 利用公式(1.6)求解方程组

$$\begin{cases}3x_1+2x_2=6\\5x_1+3x_2=8\end{cases}$$

2. 设 D 为四阶行列式，A_{ij} 为 D 中 a_{ij} 的代数余子式.

(1) $D=\begin{vmatrix}1&-1&0&2\\3&5&-8&9\\2&0&-4&2\\1&2&10&4\end{vmatrix}$

求 A_{22} 和 A_{34}.

(2) $D=\begin{vmatrix}1&0&0&0\\1&1&1&1\\2&1&0&7\\2&4&1&8\end{vmatrix}$

求 $A_{31}+A_{32}+A_{33}+A_{34}$.

3. 计算下列行列式.

(1) $\begin{vmatrix}2&1&4\\-4&3&7\\4&6&10\end{vmatrix}$

(2) $\begin{vmatrix}4&1&2&4\\1&2&0&2\\10&5&2&0\\0&1&1&7\end{vmatrix}$

(3) $\begin{vmatrix}-ab&ac&ae\\bd&-cd&de\\bf&cf&-ef\end{vmatrix}$

(4) $\begin{vmatrix}a&1&0&0\\-1&b&1&0\\0&-1&c&1\\0&0&-1&d\end{vmatrix}$

4. 证明下列等式.

(1) $\begin{vmatrix}a^2&ab&b^2\\2a&a+b&2b\\1&1&1\end{vmatrix}=(a-b)^3$

(2) $\begin{vmatrix}a_1+b_1x&a_1x+b_1&c_1\\a_2+b_2x&a_2x+b_2&c_2\\a_3+b_3x&a_3x+b_3&c_3\end{vmatrix}=(1-x^2)\begin{vmatrix}a_1&b_1&c_1\\a_2&b_2&c_2\\a_3&b_3&c_3\end{vmatrix}$

(3) $\begin{vmatrix} a^2 & (a+1)^2 & (a+2)^2 & (a+3)^2 \\ b^2 & (b+1)^2 & (b+2)^2 & (b+3)^2 \\ c^2 & (c+1)^2 & (c+2)^2 & (c+3)^2 \\ d^2 & (d+1)^2 & (d+2)^2 & (d+3)^2 \end{vmatrix}=0$

(4) $\begin{vmatrix} a & a^2 & a^3 \\ b & b^2 & b^3 \\ c & c^2 & c^3 \end{vmatrix}=abc(c-a)(c-b)(b-a)$

5. 计算下列 n 阶行列式.

(1) $\begin{vmatrix} a & 0 & \cdots & 0 & 1 \\ 0 & a & \cdots & 0 & 0 \\ \vdots & \vdots & & \vdots & \vdots \\ 0 & 0 & \cdots & a & 0 \\ 1 & 0 & \cdots & 0 & a \end{vmatrix}$，其中主对角线上的元素都是 a，其他未写出的元素都是 0.

(2) $\begin{vmatrix} 0 & 1 & 1 & \cdots & 1 \\ 1 & 0 & 1 & \cdots & 1 \\ 1 & 1 & 0 & \cdots & 1 \\ \vdots & \vdots & \vdots & & \vdots \\ 1 & 1 & 1 & \cdots & 0 \end{vmatrix}$　　(3) $\begin{vmatrix} x & a & \cdots & a \\ a & x & \cdots & a \\ \vdots & \vdots & & \vdots \\ a & a & \cdots & x \end{vmatrix}$

(4) $\begin{vmatrix} 1+a_1 & 1 & \cdots & 1 \\ 1 & 1+a_2 & \cdots & 1 \\ \vdots & \vdots & & \vdots \\ 1 & 1 & \cdots & 1+a_n \end{vmatrix}$，其中$(a_1a_2\cdots a_n\neq 0)$

6. 用克拉默法则求解下列方程组.

(1) $\begin{cases} 2x_1-x_2-x_3=4 \\ 3x_1+4x_2-2x_3=11 \\ 3x_1-2x_2+4x_3=11 \end{cases}$　　(2) $\begin{cases} x_1+x_2+x_3+x_4=5 \\ x_1+2x_2-x_3+4x_4=-2 \\ 2x_1-3x_2-x_3-5x_4=-2 \\ 3x_1+x_2+2x_3+11x_4=0 \end{cases}$

7. λ 为何值时，下列方程组有唯一解.

(1) $\begin{cases} \lambda x_1+x_2+x_3=0 \\ x_1+\lambda x_2+x_3=0 \\ 3x_1-x_2+x_3=0 \end{cases}$　　(2) $\begin{cases} (1-\lambda)x_1-2x_2+4x_3=0 \\ 2x_1+(3-\lambda)x_2+x_3=0 \\ x_1+x_2+(1-\lambda)x_3=0 \end{cases}$

(B)

1. 计算行列式.

(1) $\begin{vmatrix} x & y & x+y \\ y & x+y & x \\ x+y & x & y \end{vmatrix}$　　(2) $\begin{vmatrix} 1 & 1 & 1 \\ a & b & c \\ a^3 & b^3 & c^3 \end{vmatrix}$

2. 利用范德蒙德行列式计算 $n+1$ 阶行列式.

$$D_{n+1}=\begin{vmatrix} a^n & (a-1)^n & \cdots & (a-n)^n \\ a^{n-1} & (a-1)^{n-1} & \cdots & (a-n)^{n-1} \\ \vdots & \vdots & & \vdots \\ a & a-1 & \cdots & a-n \\ 1 & 1 & \cdots & 1 \end{vmatrix}$$

3. 证明：

$$D_{2n}=\begin{vmatrix} a_n & & & & & b_n \\ & \ddots & & & \iddots & \\ & & a_1 & b_1 & & \\ & & c_1 & d_1 & & \\ & \iddots & & & \ddots & \\ c_n & & & & & d_n \end{vmatrix}=\prod_{i=1}^{n}(a_id_i-b_ic_i)$$

其中，不在两条对角线上的元素都是 0.

4. 问 λ,μ 为何值时，下列方程组只有零解：$x_1=0,x_2=0,x_3=0$.

$$\begin{cases} \lambda x_1+x_2+x_3=0 \\ x_1+\mu x_2+x_3=0 \\ x_1+2\mu x_2+x_3=0 \end{cases}$$

复习题一

1. 填空题.

(1) 三阶行列式 $D_3=\begin{vmatrix} 0 & 0 & 1 \\ 0 & 2 & 0 \\ 3 & 0 & 0 \end{vmatrix}=$________.

(2) 设 $\begin{vmatrix} a & b & 0 \\ -b & a & 0 \\ 100 & 0 & -1 \end{vmatrix}=0$，则 $a=$________，$b=$________.

(3) 设 $\begin{vmatrix} 2 & 1 & -1 \\ 1 & 1 & 1 \\ 4 & -1 & 0 \end{vmatrix}$，则 $A_{31}+A_{32}+A_{33}=$________.

(4) 四阶行列式 $\begin{vmatrix} 1 & 2 & 0 & 0 \\ 3 & 4 & 0 & 0 \\ 0 & 0 & 5 & 4 \\ 0 & 0 & 4 & 5 \end{vmatrix}=$________.

(5) 若齐次线性方程组

$$\begin{cases} \lambda x_1+x_2+x_3=0 \\ x_1+\lambda x_2+x_3=0 \\ x_1+x_2+x_3=0 \end{cases}$$

只有零解，则 λ 应满足的条件是________.

2. 选择题.

(1) 设 D_n 为 n 阶行列式，则 $D_n=0$ 的必要条件是(　　).

(A) D_n 中有两行(列)元素对应成比例

(B) D_n 中有一行(列)元素为零

(C) D_n 中各行元素之和为零，或 D_n 中各列元素之和为零

(D) 以 D_n 为系数行列式的齐次线性方程组有非零解，即 x_i 不全为零的解.

(2) 四阶行列式

$$\begin{vmatrix} a_1 & 0 & 0 & b_1 \\ 0 & a_2 & b_2 & 0 \\ 0 & b_3 & a_3 & 0 \\ b_4 & 0 & 0 & a_4 \end{vmatrix}$$

的值等于(　　).

(A) $a_1a_2a_3a_4-b_1b_2b_3b_4$　　(B) $a_1a_2a_3a_4+b_1b_2b_3b_4$

(C) $(a_1a_2-b_1b_2)(a_3a_4-b_3b_4)$　　(D) $(a_2a_3-b_2b_3)(a_1a_4-b_1b_4)$

(3) 行列式

$$\begin{vmatrix} a_1+b & a_1+c & 1 \\ a_2+b & a_2+c & 1 \\ a_3+b & a_3+c & 0 \end{vmatrix}$$

之值为(　　).

(A) 0　　(B) $b-c$　　(C) $(c-b)(a_2-a_1)$　　(D) $b(a_2-a_1)$

(4) 若

$$D=\begin{vmatrix} a_{11} & a_{12} & a_{13} \\ a_{21} & a_{22} & a_{23} \\ a_{31} & a_{32} & a_{33} \end{vmatrix}=1, \quad D_1=\begin{vmatrix} 5a_{11} & 4a_{11}-a_{12} & a_{13} \\ 5a_{21} & 4a_{21}-a_{22} & a_{23} \\ 5a_{31} & 4a_{31}-a_{32} & a_{33} \end{vmatrix}$$

则 D_1 等于(　　).

(A) 5　　(B) -5　　(C) 20　　(D) -20

(5) 记行列式

$$\begin{vmatrix} x-2 & x-1 & x-2 & x-3 \\ 2x-2 & 2x-1 & 2x-2 & 2x-3 \\ 3x-3 & 3x-2 & 4x-5 & 3x-5 \\ 4x & 4x-3 & 5x-7 & 4x-3 \end{vmatrix}$$

为 $f(x)$,则方程 $f(x)=0$ 的根的个数为(　　).

(A) 1　　(B) 2　　(C) 3　　(D) 4

3. 计算下列行列式.

(1) $\begin{vmatrix} 3 & 2 & 1 & 1 \\ 2 & 3 & 5 & 9 \\ -1 & 2 & 5 & -2 \\ 1 & 0 & -1 & 3 \end{vmatrix}$　　(2) $\begin{vmatrix} 1 & 1 & 2 & 3 \\ 1 & 2-x^2 & 2 & 3 \\ 2 & 3 & 1 & 5 \\ 2 & 3 & 1 & 9-x^2 \end{vmatrix}$

4. 计算行列式.

$$D=\begin{vmatrix} -a_1 & a_1 & 0 & 0 & 0 \\ 0 & -a_2 & a_2 & 0 & 0 \\ 0 & 0 & -a_3 & a_3 & 0 \\ 0 & 0 & 0 & -a_4 & a_4 \\ 1 & 1 & 1 & 1 & 1 \end{vmatrix}$$

5. 解线性方程组.

$$\begin{cases}2x_1 + x_2 + x_3 + x_4 = 1 \\ x_1 + x_2 + 2x_3 + 4x_4 = \dfrac{1}{2} \\ 2x_1 - x_2 + x_3 - x_4 = 1 \\ 2x_1 + 3x_2 + 4x_3 + 27x_4 = 1\end{cases}$$

6. 论述题.

(1) 余子式与代数余子式有什么特点？它们之间有什么联系？

(2) 学习克拉默法则的意义是什么？

第②章

矩阵及其运算

矩阵(Matrix)是求解线性方程组的基本工具,是线性代数的主要研究对象之一,是使数据有序排列的数学表示.它使庞大且杂乱无章的数据变得简单而有序.矩阵运算是线性代数的基本内容.目前,矩阵的理论与方法已广泛应用于自然科学、工程技术和经济管理等领域,是解决线性问题的有力工具.本章主要介绍矩阵的基本概念及其基本运算.矩阵理论是线性代数的基础,因此本章的学习对后面各章的学习是十分重要的.

2.1 矩阵的概念及其基本运算

2.1.1 矩阵的概念

引例 1 假设某班 3 名学生的必修课成绩如下:

学生	科目				
	思想政治	大学英语	高等数学	大学物理	计算机基础
A	85	75	90	80	88
B	80	71	80	86	78
C	95	85	76	85	83

学生的各门课成绩按原来顺序排列,可组成一个 3 行 5 列的数表:

$$\begin{bmatrix} 85 & 75 & 90 & 80 & 88 \\ 80 & 71 & 80 & 86 & 78 \\ 95 & 85 & 76 & 85 & 83 \end{bmatrix} \tag{2.1}$$

引例 2 在平面直角坐标系中,坐标轴绕原点沿逆时针方向旋转 θ 角(图

2.1),点 M 的新坐标(x',y')和旧坐标(x,y)之间的关系[①]为

$$\begin{cases} x = \cos\theta x' - \sin\theta y' \\ y = \sin\theta x' + \cos\theta y' \end{cases} \tag{2.2}$$

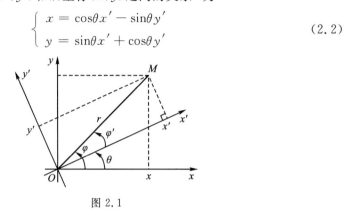

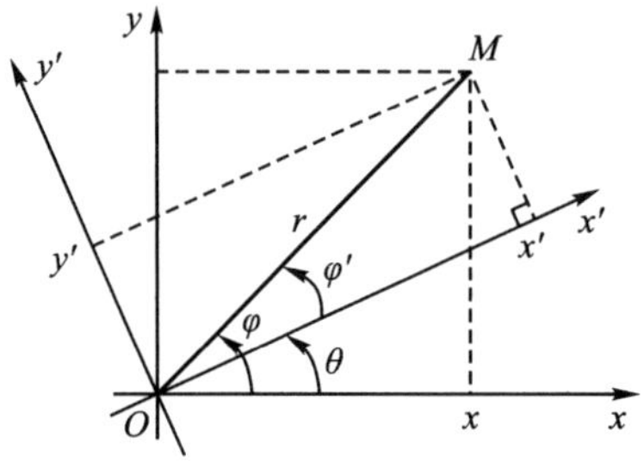

图 2.1

显然,由 x',y'的系数所形成的矩形数表

$$\begin{bmatrix} \cos\theta & -\sin\theta \\ \sin\theta & \cos\theta \end{bmatrix} \tag{2.3}$$

可以完全刻画新旧坐标之间的这种关系. 矩形数表(2.3)在研究平面直角坐标系旋转变换(2.2)的性质,及二次曲线方程的化简中十分有用.

数学上把一个矩形数表称为一个矩阵. 在自然科学、工程技术和生产实践中有许多实际问题的数学表述和研究都要用到矩阵,从而促使了矩阵概念的产生,及对其理论及应用的深入研究.

定义 2.1(矩阵) 由 $m\times n$ 个数 $a_{ij}(i=1,\cdots,m;j=1,\cdots,n)$按一定顺序排成的 m 行、n 列的矩形数表(为表示它是一整体,加一个方括号)

$$\begin{bmatrix} a_{11} & a_{12} & \cdots & a_{1n} \\ a_{21} & a_{22} & \cdots & a_{2n} \\ \vdots & \vdots & & \vdots \\ a_{m1} & a_{m2} & \cdots & a_{mn} \end{bmatrix} \tag{2.4}$$

称为 ***m* 行 *n* 列的矩阵**,简称 **$m\times n$ 矩阵**,一般用粗斜体英文字母 $\boldsymbol{A},\boldsymbol{B},\boldsymbol{C},\cdots$表示,这 $m\times n$ 个数称为矩阵 $\boldsymbol{A}$ 的元素. 数 a_{ij} 位于矩阵的第 i 行第 j 列,称为**矩阵的**

---

① 在图 2.1 中,设 $|OM|=r$,则有

$$\begin{cases} x = r\cos\varphi \\ y = r\sin\varphi \end{cases}, \quad \begin{cases} x' = r\cos\varphi' \\ y' = r\sin\varphi' \end{cases}$$

由于 $\varphi=\varphi'+\theta$,所以

$$x = r\cos\varphi = r\cos(\varphi'+\theta) = r(\cos\varphi'\cos\theta - \sin\varphi'\sin\theta) = (r\cos\varphi')\cos\theta - (r\sin\varphi')\sin\theta = \cos\theta x' - \sin\theta y'$$

同理可得 $y=\sin\theta x'+\cos\theta y'$.

(i,j)元素. 以数 a_{ij} 为(i,j)元素的 $m\times n$ 矩阵可记为$(a_{ij})_{m\times n}$. $m\times n$ 的矩阵 $\boldsymbol{A}$ 可记为 $A_{m\times n}$.

元素是实数的矩阵为**实矩阵**,例如

$$\begin{bmatrix} 1 & 2 & 3 \\ 4 & 5 & 6 \end{bmatrix}$$

是一个 2×3 的实矩阵.

元素是复数的矩阵称为**复矩阵**,例如

$$\begin{bmatrix} 1 & 2 & 3\mathrm{i} \\ -\mathrm{i} & 2 & 2 \\ 1 & 2 & 1 \end{bmatrix}$$

是一个 3×3 的复矩阵.本书中的矩阵都指实矩阵(除非有特殊说明).

当 $m=n$ 时,矩阵 $\boldsymbol{A}=(a_{ij})_{n\times n}$ 称为 **n 阶方阵**或 **n 阶矩阵**. 例如代表平面上坐标旋转变换的矩阵(2.3)就是一个二阶方阵. 对于方阵 $\boldsymbol{A}=(a_{ij})_{n\times n}$,称元素 a_{11}, a_{22},…,a_{nn}所在的对角线为 $\boldsymbol{A}$ 的**主对角线**,而称元素 a_{1n},$a_{2,n-1}$,…,a_{n1}所在的对角线为 $\boldsymbol{A}$ 的**副(或次)对角线**. 相应地,称位于主(副)对角线上的元素为主(副)对角线元素.

下面介绍几种重要的特殊矩阵.

1. 行矩阵与列矩阵

只有一行的矩阵称为**行矩阵**(也称**行向量**)

$$\boldsymbol{A}=\begin{bmatrix} a_1 & a_2 & \cdots & a_n \end{bmatrix}$$

称 $\boldsymbol{A}$ 为一个**行矩阵**或 n 维**行向量**.

只有一列的矩阵称为**列矩阵**(也称**列向量**)

$$\boldsymbol{B}=\begin{bmatrix} b_1 \\ b_2 \\ \vdots \\ b_m \end{bmatrix}$$

称 $\boldsymbol{B}$ 为一个**列矩阵**或 m 维**列向量**.

2. 零矩阵

所有元素均为零的矩阵,称为零矩阵, 记为 $\boldsymbol{O}$

$$\boldsymbol{O}=\begin{bmatrix} 0 & 0 & \cdots & 0 \\ 0 & 0 & \cdots & 0 \\ \vdots & \vdots & & \vdots \\ 0 & 0 & \cdots & 0 \end{bmatrix}$$

$m\times n$ 零矩阵记为 $\boldsymbol{O}_{m\times n}$.

3. 对角矩阵和单位矩阵

主对角线以外的元素全为零的 n 阶方阵

$$\boldsymbol{D}=\begin{bmatrix} d_1 & 0 & \cdots & 0 \\ 0 & d_2 & \cdots & 0 \\ \vdots & \vdots & & \vdots \\ 0 & 0 & \cdots & d_n \end{bmatrix}$$

称为 ***n* 阶对角矩阵**，它也可简记为 $\boldsymbol{D}=\mathrm{diag}(d_1,d_2,\cdots,d_n)$.

当 $d_1=d_2=\cdots=d_n=1$ 时，称此方阵为单位矩阵，记为 $\boldsymbol{E}$ 或 $\boldsymbol{I}$.

$$\boldsymbol{E}=\begin{bmatrix} 1 & 0 & \cdots & 0 \\ 0 & 1 & \cdots & 0 \\ \vdots & \vdots & & \vdots \\ 0 & 0 & \cdots & 1 \end{bmatrix}$$

4. 上(下)三角矩阵

方阵中主对角线以下(上)元素均为零的方阵，称为**上(下)三角矩阵**. 例如，矩阵

$$\begin{bmatrix} 1 & 2 & 3 & 4 \\ 0 & 1 & 7 & 3 \\ 0 & 0 & 3 & 7 \\ 0 & 0 & 0 & 1 \end{bmatrix}$$

就是一个四阶上三角矩阵.

从矩阵的定义可以看出，矩阵可以是各种各样的矩形数表. 为了判断矩阵的异同以及后面定义矩阵运算的需要，我们引入矩阵相等的概念. 简单地说，所谓两个矩阵相等，就是它们“完全相同”，用精确的数学语言来说就是：

定义 2.2 (矩阵相等) 设矩阵 $\boldsymbol{A}=(a_{ij})_{m\times n}$，$\boldsymbol{B}=(b_{ij})_{m\times n}$，若 $\boldsymbol{A}$ 与 $\boldsymbol{B}$ 的行数与列数都分别相等，则称矩阵 $\boldsymbol{A}$ 与 $\boldsymbol{B}$ 为**同型矩阵**. 如果上述两个同型矩阵 $\boldsymbol{A}$ 与 $\boldsymbol{B}$ 的对应元素都相等，即 $a_{ij}=b_{ij}(i=1,\cdots,m;j=1,\cdots,n)$，则称 $\boldsymbol{A}$ 与 $\boldsymbol{B}$ **相等**，记为$\boldsymbol{A}=\boldsymbol{B}$.

> **注意**：两个不同型的矩阵必不相等. **特别注意**，两个不同型的零矩阵是不相等的(虽然它们的元素都是零)，两个阶数不同的单位矩阵也是不相等的(虽然它们的形状相似).

例如

$$\begin{bmatrix} a+b & 3 \\ 0 & d \end{bmatrix} = \begin{bmatrix} 1 & a-b \\ c & 8 \end{bmatrix}$$

意味着 $a+b=1, a-b=3, c=0, d=8$,因此有 $a=2, b=-1, c=0, d=8$.

2.1.2 矩阵举例

例 2.1 三个商店销售某厂生产的四种不同产品,其售价可列成矩阵

$$\mathbf{A} = \begin{bmatrix} a_{11} & a_{12} & a_{13} & a_{14} \\ a_{21} & a_{22} & a_{23} & a_{24} \\ a_{31} & a_{32} & a_{33} & a_{34} \end{bmatrix}$$

其中 a_{ij} 表示第 i 店销售第 j 种产品的单价.

例 2.2 m 个变量 $x_1, x_2, \cdots, x_m$ 和 n 个变量 $y_1, y_2, \cdots, y_n$ 之间的关系式

$$\begin{cases} x_1 = a_{11}y_1 + a_{12}y_2 + \cdots + a_{1n}y_n \\ x_2 = a_{21}y_1 + a_{22}y_2 + \cdots + a_{2n}y_n \\ \quad \vdots \\ x_m = a_{m1}y_1 + a_{m2}y_2 + \cdots + a_{mn}y_n \end{cases} \tag{2.5}$$

称为一个从变量 $y_1, y_2, \cdots, y_n$ 到 $x_1, x_2, \cdots, x_m$ 的线性变换,其中 a_{ij} 为常数. 线性变换(2.5)的系数构成矩阵

$$\mathbf{A} = \begin{bmatrix} a_{11} & a_{12} & \cdots & a_{1n} \\ a_{21} & a_{22} & \cdots & a_{2n} \\ \vdots & \vdots & & \vdots \\ a_{m1} & a_{m2} & \cdots & a_{mn} \end{bmatrix}$$

$\mathbf{A}$ 称为线性变换(2.5)的系数矩阵. 显然,给定某一个线性变换,就能确定系数矩阵. 反之,给定系数矩阵 $\mathbf{A}$,就给出了由它确定的线性变换. 因此,线性变换与矩阵之间是一一对应的关系.

> **注意**:矩阵与行列式有本质区别. 矩阵是按行按列排成的矩形数表,而行列式是行数列数相等的数表(方阵)的元素作某种运算(所有不同行不同列元素乘积的代数和)的记号.

下面引入矩阵的基本运算,并讨论这些运算的基本性质. 矩阵的运算也是现实世界中数量关系的一种反映,它是矩阵理论中最基本的内容之一. 正是由于矩阵各种运算的引入,才使矩阵理论获得了广泛的应用.

2.1.3 矩阵的运算

1. 矩阵的加法

引例 3 某工厂生产五种货物,它在上半年和下半年向三家商场发送货物的

数量可用矩阵表示：

$$A=\begin{bmatrix}185&175&90&180&88\\180&171&180&86&178\\195&185&96&185&83\end{bmatrix},B=\begin{bmatrix}105&170&98&182&108\\183&161&130&186&186\\185&155&98&85&183\end{bmatrix}$$

则工厂在一年内向各商场发送货物的数量为

$$\begin{bmatrix}185&175&90&180&88\\180&171&180&86&178\\195&185&96&185&83\end{bmatrix}+\begin{bmatrix}105&170&98&182&108\\183&161&130&186&186\\185&155&98&85&183\end{bmatrix}$$

$$=\begin{bmatrix}185+105&175+170&90+98&180+182&88+108\\180+183&171+161&180+130&86+186&178+186\\195+185&185+155&96+98&185+85&83+183\end{bmatrix}$$

由此引入矩阵的加法.

定义 2.3（矩阵加法） 设两个同型矩阵 $\boldsymbol{A}=(a_{ij})_{m\times n}$ 和 $\boldsymbol{B}=(b_{ij})_{m\times n}$，规定 $\boldsymbol{A}$ 与 $\boldsymbol{B}$ 的和为 $\boldsymbol{A}$ 与 $\boldsymbol{B}$ 的对应元素相加所得到的 $m\times n$ 矩阵，记为 $\boldsymbol{A}+\boldsymbol{B}$，即 $\boldsymbol{A}+\boldsymbol{B}=(a_{ij}+b_{ij})_{m\times n}$，例如

$$\begin{bmatrix}1&2&2\\3&1&0\end{bmatrix}+\begin{bmatrix}2&-1&6\\3&3&-2\end{bmatrix}=\begin{bmatrix}3&1&8\\6&4&-2\end{bmatrix}$$

> 注意：只有当 $\boldsymbol{A}$ 与 $\boldsymbol{B}$ 为同型矩阵时才能相加.

矩阵的加法运算满足下列运算规律：

(1) $\boldsymbol{A}+\boldsymbol{B}=\boldsymbol{B}+\boldsymbol{A}$ （交换律）

(2) $(\boldsymbol{A}+\boldsymbol{B})+\boldsymbol{C}=\boldsymbol{A}+(\boldsymbol{B}+\boldsymbol{C})$ （结合律）

2. 矩阵的数乘

在引例 3 中，若将上半年的发货量提高一倍，则上半年该厂家发货量应该为

$$2\times\begin{bmatrix}185&175&90&180&88\\180&171&180&86&178\\195&185&96&185&83\end{bmatrix}=\begin{bmatrix}2\times185&2\times175&2\times90&2\times180&2\times88\\2\times180&2\times171&2\times180&2\times86&2\times178\\2\times195&2\times185&2\times96&2\times185&2\times83\end{bmatrix}$$

这样我们便有：

定义 2.4 （矩阵数乘）设矩阵 $\boldsymbol{A}=(a_{ij})_{m\times n}$，$k$ 为常数，称 $(ka_{ij})_{m\times n}$ 为数 k 与矩阵 $\boldsymbol{A}$ 的乘积，记为 $k\boldsymbol{A}$. 即

$$k\boldsymbol{A}=\begin{bmatrix}ka_{11}&ka_{12}&\cdots&ka_{1n}\\ka_{21}&ka_{22}&\cdots&ka_{2n}\\\vdots&\vdots&&\vdots\\ka_{m1}&ka_{m2}&\cdots&ka_{mn}\end{bmatrix}$$

称为**数乘矩阵**.

数乘运算满足下列运算规律.

(1) $(kl)\boldsymbol{A}=k(l\boldsymbol{A})=l(k\boldsymbol{A})$　　　　　　　　(结合律)

(2) $k(\boldsymbol{A}+\boldsymbol{B})=k\boldsymbol{A}+k\boldsymbol{B}$, $(k+l)\boldsymbol{A}=k\boldsymbol{A}+l\boldsymbol{A}$　　　　　　　　(分配律)

设矩阵 $\boldsymbol{A}=(a_{ij})_{m\times n}$,记

$$-\boldsymbol{A}=(-1)\cdot\boldsymbol{A}=\begin{bmatrix}-a_{11} & -a_{12} & \cdots & -a_{1n}\\ -a_{21} & -a_{22} & \cdots & -a_{2n}\\ \vdots & \vdots & & \vdots\\ -a_{m1} & -a_{m2} & \cdots & -a_{mn}\end{bmatrix}$$

则 $-\boldsymbol{A}$ 称为 $\boldsymbol{A}$ 的负矩阵,显然有 $\boldsymbol{A}+(-\boldsymbol{A})=\boldsymbol{O}$.

由此规定矩阵的减法为

$$\boldsymbol{A}-\boldsymbol{B}=\boldsymbol{A}+(-\boldsymbol{B})=(a_{ij}-b_{ij})_{m\times n}$$

例 2.3　已知矩阵 $\boldsymbol{X}$ 满足关系 $2\boldsymbol{A}+5\boldsymbol{X}-\boldsymbol{B}=\boldsymbol{O}$,其中 $\boldsymbol{A}=\begin{bmatrix}2 & 0\\ -1 & 3\end{bmatrix}$, $\boldsymbol{B}=\begin{bmatrix}1 & 2\\ 3 & 4\end{bmatrix}$,求矩阵 $\boldsymbol{X}$.

解　方程可变形为 $5\boldsymbol{X}=\boldsymbol{B}-2\boldsymbol{A}$

$$\boldsymbol{B}-2\boldsymbol{A}=\begin{bmatrix}1 & 2\\ 3 & 4\end{bmatrix}-2\begin{bmatrix}2 & 0\\ -1 & 3\end{bmatrix}=\begin{bmatrix}-3 & 2\\ 5 & -2\end{bmatrix}$$

于是

$$\boldsymbol{X}=\frac{1}{5}(\boldsymbol{B}-2\boldsymbol{A})\begin{bmatrix}-\frac{3}{5} & \frac{2}{5}\\ 1 & -\frac{2}{5}\end{bmatrix}$$

3. 矩阵的乘法

引例 4　设甲、乙两家公司生产Ⅰ,Ⅱ,Ⅲ三种型号的计算机,月产量(单位:台)为 $\begin{pmatrix}25 & 20 & 20\\ 15 & 10 & 30\end{pmatrix}\begin{matrix}甲\\ 乙\end{matrix}$,若这三种型号的计算机每台的利润(单位:万元/台)为 $\begin{pmatrix}0.1\\ 0.2\\ 0.5\end{pmatrix}\begin{matrix}Ⅰ\\ Ⅱ\\ Ⅲ\end{matrix}$,则这两家公司的月利润(单位:万元)应为

$$\begin{pmatrix}25 & 20 & 20\\ 15 & 10 & 30\end{pmatrix}\begin{pmatrix}0.1\\ 0.2\\ 0.5\end{pmatrix}=\begin{pmatrix}25\times0.1+20\times0.2+20\times0.5\\ 15\times0.1+10\times0.2+30\times0.5\end{pmatrix}=\begin{pmatrix}16.5\\ 18.5\end{pmatrix}\begin{matrix}甲\\ 乙\end{matrix}$$

甲公司每月的利润为 16.5 万元，乙公司每月的利润为 18.5 万元. 由此可得以下定义.

定义 2.5（矩阵乘法） 设 $\boldsymbol{A}=(a_{ij})_{m\times s}$ 是一个 $m\times s$ 矩阵，$\boldsymbol{B}=(b_{ij})_{s\times n}$ 是一个 $s\times n$ 矩阵，则规定矩阵 $\boldsymbol{A}$ 与 $\boldsymbol{B}$ 的乘积是一个 $m\times n$ 的矩阵 $\boldsymbol{C}=(c_{ij})_{m\times n}$，其中 $\boldsymbol{C}$ 的位于(i,j)位置的元素是由 $\boldsymbol{A}$ 的第 i 行和 $\boldsymbol{B}$ 的第 j 列元素对应相乘相加的结果，即

$$c_{ij}=a_{i1}b_{1j}+a_{i2}b_{2j}+\cdots+a_{is}b_{sj}=\sum_{k=1}^{s}a_{ik}b_{kj},\quad i=1,\cdots,m;j=1,\cdots,n$$

记作 $\boldsymbol{C}=\boldsymbol{AB}$.

关于矩阵乘法的定义，必须注意以下两点：

(1) 因为乘积矩阵 $\boldsymbol{AB}$ 的(i,j)元素规定为左边矩阵 $\boldsymbol{A}$ 的第 i 行元素与右边矩阵 $\boldsymbol{B}$ 的第 j 列对应元素的乘积之和，所以只有当左边矩阵的列数等于右边矩阵的行数时，它们才可以相乘，否则不能相乘；

(2) 乘积矩阵的行数等于左边矩阵的行数，乘积矩阵的列数等于右边矩阵的列数. 矩阵 $\boldsymbol{A}_{m\times s}$ 与 $\boldsymbol{B}_{s\times n}$ 相乘可用图 2.2 来表示，当内部的两个数字相同时，$\boldsymbol{AB}$ 就有意义，此时外边的两个数字就分别给出了乘积矩阵 $\boldsymbol{AB}$ 的行数和列数.

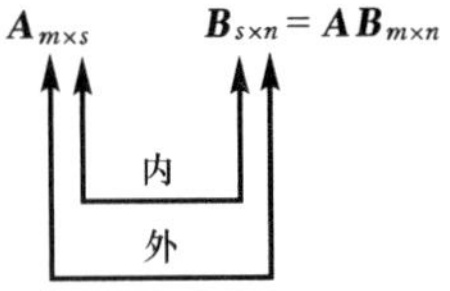

图 2.2

例 2.4 设矩阵

$$\boldsymbol{A}=\begin{bmatrix}1 & 2 & 3\\ 1 & 3 & -2\end{bmatrix},\boldsymbol{B}=\begin{bmatrix}1 & 2\\ 2 & 1\\ 2 & -1\end{bmatrix}$$

求 $\boldsymbol{AB}$ 和 $\boldsymbol{BA}$.

解 因为 $\boldsymbol{AB}$ 中左边矩阵 $\boldsymbol{A}$ 的列数等于右边矩阵 $\boldsymbol{B}$ 的行数，所以可以发生乘法运算，且乘积结果是与左边矩阵 $\boldsymbol{A}$ 行数相同、与右边矩阵 $\boldsymbol{B}$ 列数相同的矩阵，即一个 2×2 的矩阵，根据定义

$$\boldsymbol{AB}=\begin{bmatrix}1\times1+2\times2+3\times2 & 1\times2+2\times1+3\times(-1)\\ 1\times1+3\times2+(-2)\times2 & 1\times2+3\times1+(-2)\times(-1)\end{bmatrix}=\begin{bmatrix}11 & 1\\ 3 & 7\end{bmatrix}$$

同理，$\boldsymbol{BA}$ 中左边矩阵 $\boldsymbol{B}$ 的列数等于右边矩阵 $\boldsymbol{A}$ 的行数，所以也可以发生乘法运算，且乘积结果是与左边矩阵 $\boldsymbol{B}$ 行数相同，与右边矩阵 $\boldsymbol{A}$ 列数相同的矩阵，即一个 3×3 的矩阵，

$$BA=\begin{bmatrix}1\times1+2\times1 & 1\times2+2\times3 & 1\times3+2\times(-2)\\ 2\times1+1\times1 & 2\times2+1\times3 & 2\times3+1\times(-2)\\ 2\times1+(-1)\times1 & 2\times2+(-1)\times3 & 2\times3+(-1)\times(-2)\end{bmatrix}=\begin{bmatrix}3 & 8 & -1\\ 3 & 7 & 4\\ 1 & 1 & 8\end{bmatrix}$$

注意到 $\boldsymbol{AB}\neq\boldsymbol{BA}$.

例 2.5　设矩阵

$$\boldsymbol{A}=\begin{bmatrix}1 & 0\\ 1 & 0\end{bmatrix},\boldsymbol{B}=\begin{bmatrix}0 & 0\\ 1 & 1\end{bmatrix}$$

求 $\boldsymbol{AB}$ 和 $\boldsymbol{BA}$.

解　$\boldsymbol{AB}=\begin{bmatrix}1 & 0\\ 1 & 0\end{bmatrix}\begin{bmatrix}0 & 0\\ 1 & 1\end{bmatrix}=\begin{bmatrix}0 & 0\\ 0 & 0\end{bmatrix}=\boldsymbol{O},\boldsymbol{BA}=\begin{bmatrix}0 & 0\\ 1 & 1\end{bmatrix}\begin{bmatrix}1 & 0\\ 1 & 0\end{bmatrix}=\begin{bmatrix}0 & 2\\ 0 & 0\end{bmatrix}$

注意到 $\boldsymbol{AB}\neq\boldsymbol{BA}$.

从以上几例可以看出：

(1)矩阵乘法一般不满足交换律，即 $\boldsymbol{AB}\neq\boldsymbol{BA}$；

(2)两个非零矩阵相乘，可能是零矩阵，故不能从 $\boldsymbol{AB}=\boldsymbol{O}$ 推出 $\boldsymbol{A}=\boldsymbol{O}$ 或 $\boldsymbol{B}=\boldsymbol{O}$.

(3)此外，矩阵乘法一般也不满足消去律，即不能从 $\boldsymbol{AC}=\boldsymbol{BC}$ 必然推出 $\boldsymbol{A}=\boldsymbol{B}$.

例如，设 $\boldsymbol{A}=\begin{bmatrix}1 & 2\\ 0 & 3\end{bmatrix},\boldsymbol{B}=\begin{bmatrix}1 & 0\\ 0 & 4\end{bmatrix},\boldsymbol{C}=\begin{bmatrix}1 & 1\\ 0 & 0\end{bmatrix}$有

$$\boldsymbol{AC}=\begin{bmatrix}1 & 2\\ 0 & 3\end{bmatrix}\begin{bmatrix}1 & 1\\ 0 & 0\end{bmatrix}=\begin{bmatrix}1 & 1\\ 0 & 0\end{bmatrix}=\begin{bmatrix}1 & 0\\ 0 & 4\end{bmatrix}\begin{bmatrix}1 & 1\\ 0 & 0\end{bmatrix}=\boldsymbol{BC}$$

但 $\boldsymbol{A}\neq\boldsymbol{B}$.

(4)对于单位矩阵 $\boldsymbol{I}$，容易证明 $\boldsymbol{I}_m\boldsymbol{A}_{m\times n}=\boldsymbol{A}_{m\times n}\boldsymbol{I}_n=\boldsymbol{A}_{m\times n}$，简写为 $\boldsymbol{IA}=\boldsymbol{AI}=\boldsymbol{A}$. 可见，单位矩阵 $\boldsymbol{I}$ 在矩阵的乘法运算中的作用类似于实数乘法中的 1.

矩阵乘法满足下列运算规律：

(1) $(\boldsymbol{AB})\boldsymbol{C}=\boldsymbol{A}(\boldsymbol{BC})$　　　(结合律)

(2) $\boldsymbol{A}(\boldsymbol{B}+\boldsymbol{C})=\boldsymbol{AB}+\boldsymbol{AC}$　　　(左分配律)

$(\boldsymbol{A}+\boldsymbol{B})\boldsymbol{C}=\boldsymbol{AC}+\boldsymbol{BC}$　　　(右分配律)

例 2.6 (线性方程组与矩阵)　在中学代数中讨论过二元及三元线性方程组，但在自然科学和工程技术中所遇到的线性方程组，其未知量的数量可能更多，而且方程个数与未知量个数也不一定相等. 因此需要讨论一般的线性方程组. 由 m 个方程、n 个未知量组成的线性方程组一般形式是

$$\begin{cases} a_{11}x_1 + a_{12}x_2 + \cdots + a_{1n}x_n = b_1 \\ a_{21}x_1 + a_{22}x_2 + \cdots + a_{2n}x_n = b_2 \\ \quad \vdots \\ a_{m1}x_1 + a_{m2}x_2 + \cdots + a_{mn}x_n = b_m \end{cases} \tag{2.6}$$

式(2.6)左端未知量的系数依次排列的数阵称为方程组(2.6)的**系数矩阵**,记作

$$\boldsymbol{A} = \begin{bmatrix} a_{11} & a_{12} & \cdots & a_{1n} \\ a_{21} & a_{22} & \cdots & a_{2n} \\ \vdots & \vdots & & \vdots \\ a_{m1} & a_{m2} & \cdots & a_{mn} \end{bmatrix}$$

利用矩阵相等和矩阵乘法的定义,可将方程组(2.6)简写成矩阵形式

$$\begin{bmatrix} a_{11} & a_{12} & \cdots & a_{1n} \\ a_{21} & a_{22} & \cdots & a_{2n} \\ \vdots & \vdots & & \vdots \\ a_{m1} & a_{m2} & \cdots & a_{mn} \end{bmatrix} \begin{bmatrix} x_1 \\ x_2 \\ \vdots \\ x_n \end{bmatrix} = \begin{bmatrix} b_1 \\ b_2 \\ \vdots \\ b_m \end{bmatrix}$$

或

$$\boldsymbol{Ax} = \boldsymbol{b} \tag{2.7}$$

其中,$\boldsymbol{x}$,$\boldsymbol{b}$ 分别是由未知量和方程组右端的常数项组成的列向量

$$\boldsymbol{x} = \begin{bmatrix} x_1 \\ x_2 \\ \vdots \\ x_n \end{bmatrix}, \quad \boldsymbol{b} = \begin{bmatrix} b_1 \\ b_2 \\ \vdots \\ b_m \end{bmatrix}$$

在系数矩阵 $\boldsymbol{A}$ 的右边拼写上向量 $\boldsymbol{b}$,则形成一个 $m\times(n+1)$ 矩阵,记为

$$\overline{\boldsymbol{A}} = \begin{bmatrix} a_{11} & a_{12} & \cdots & a_{1n} & b_1 \\ a_{21} & a_{22} & \cdots & a_{2n} & b_2 \\ \vdots & \vdots & & \vdots & \vdots \\ a_{m1} & a_{m2} & \cdots & a_{mn} & b_m \end{bmatrix}$$

称 $\overline{\boldsymbol{A}}$ 为方程组(2.6)的**增广矩阵**. 显然,线性方程组的增广矩阵与线性方程组是一一对应的.

由式(2.7)可见,若 $x_1=c_1, x_2=c_2, \cdots, x_n=c_n$ 是方程组(2.6)的一个解,则向量

$$\boldsymbol{x}_0 = \begin{bmatrix} c_1 \\ c_2 \\ \vdots \\ c_n \end{bmatrix}$$

就是矩阵方程(2.7)的一个解,反之亦然. 因此,从方程组的矩阵形式看,线性方程组的一个解就是一个向量,称为**解向量**. 把线性方程组表示成矩阵形式,就可以利用矩阵和向量的理论与方法解决线性方程组的问题,这也是后面两章的内容.

这里我们思考一个问题:矩阵能和自己乘吗? 按照矩阵乘法的要求,答案显然是不一定,那么什么矩阵一定能和自己乘呢? 方阵. 下面我们仿照数的幂运算的概念引入方阵幂的定义.

定义 2.6(方阵的幂)　设 $\boldsymbol{A}$ 为 n 阶方阵,$\boldsymbol{A}$ 的 m 次幂为

$$\boldsymbol{A}^m = \underbrace{\boldsymbol{A}\boldsymbol{A}\cdots\boldsymbol{A}}_{m\text{个}}, m \text{ 为正整数}$$

规定 $\boldsymbol{A}^0=\boldsymbol{I}$,显然有 $\boldsymbol{A}^m\boldsymbol{A}^l=\boldsymbol{A}^{m+l}$,$(\boldsymbol{A}^m)^l=\boldsymbol{A}^{ml}$(其中 m、l 为任意非负整数).

> **注意**:由于矩阵乘法不满足交换律,所以:
> $(\boldsymbol{AB})^k \neq \boldsymbol{A}^k\boldsymbol{B}^k$
> $(\boldsymbol{A}+\boldsymbol{B})^2 = \boldsymbol{A}^2+\boldsymbol{AB}+\boldsymbol{BA}+\boldsymbol{B}^2 \neq \boldsymbol{A}^2+2\boldsymbol{AB}+\boldsymbol{B}^2$

例 2.7　设方阵 $\boldsymbol{A}=\begin{bmatrix}1&1\\0&0\end{bmatrix}$,试求 $\boldsymbol{A}^n$.

解　因为

$$\boldsymbol{A}^2=\begin{bmatrix}1&1\\0&0\end{bmatrix}\begin{bmatrix}1&1\\0&0\end{bmatrix}=\begin{bmatrix}1&1\\0&0\end{bmatrix}=\boldsymbol{A}$$

所以

$$\boldsymbol{A}^3=\boldsymbol{A}^2\cdot\boldsymbol{A}=\begin{bmatrix}1&1\\0&0\end{bmatrix}\begin{bmatrix}1&1\\0&0\end{bmatrix}=\begin{bmatrix}1&1\\0&0\end{bmatrix}=\boldsymbol{A},\cdots,\boldsymbol{A}^n=\boldsymbol{A}$$

4. 矩阵的转置

定义 2.7 (矩阵转置)　把矩阵

$$\boldsymbol{A}=\begin{bmatrix}a_{11}&a_{12}&\cdots&a_{1n}\\a_{21}&a_{22}&\cdots&a_{2n}\\\vdots&\vdots&&\vdots\\a_{m1}&a_{m2}&\cdots&a_{mn}\end{bmatrix}$$

的各行依次换成同序数的列所得矩阵称为矩阵 $\boldsymbol{A}$ 的**转置矩阵**,记为 $\boldsymbol{A}^{\mathrm{T}}$,即

$$\boldsymbol{A}^{\mathrm{T}}=\begin{bmatrix}a_{11}&a_{21}&\cdots&a_{m1}\\a_{12}&a_{22}&\cdots&a_{m2}\\\vdots&\vdots&&\vdots\\a_{1n}&a_{2n}&\cdots&a_{mn}\end{bmatrix}$$

例如矩阵

$$A=\begin{bmatrix}1&2&3\\4&3&2\end{bmatrix}$$

其转置矩阵为

$$A^{\mathrm{T}}=\begin{bmatrix}1&4\\2&3\\3&2\end{bmatrix}$$

矩阵的转置满足下列运算规律：

(1) $(\boldsymbol{A}^{\mathrm{T}})^{\mathrm{T}}=\boldsymbol{A}$；

(2) $(\boldsymbol{A}+\boldsymbol{B})^{\mathrm{T}}=\boldsymbol{A}^{\mathrm{T}}+\boldsymbol{B}^{\mathrm{T}}$；

(3) $(k\boldsymbol{A})^{\mathrm{T}}=k\boldsymbol{A}^{\mathrm{T}}$；

(4) $(\boldsymbol{AB})^{\mathrm{T}}=\boldsymbol{B}^{\mathrm{T}}\boldsymbol{A}^{\mathrm{T}}$.

证 只证(4). 设 $\boldsymbol{A}=(a_{ij})_{m\times s}$，$\boldsymbol{B}=(b_{ij})_{s\times n}$，容易看出等式两端的矩阵$(\boldsymbol{AB})^{\mathrm{T}}$和矩阵 $\boldsymbol{B}^{\mathrm{T}}\boldsymbol{A}^{\mathrm{T}}$ 均为 $n\times m$ 矩阵，所以要证明二者相等，只需证明每一个对应元素都相等. 设 $\boldsymbol{AB}$ 的(i,j)元素为 c_{ij}，则

$$c_{ij}=a_{i1}b_{1j}+a_{i2}b_{2j}+\cdots+a_{is}b_{sj} \tag{2.8}$$

由转置的定义，该元素是$(\boldsymbol{AB})^{\mathrm{T}}$ 的(i,j)元素.

设 $\boldsymbol{B}^{\mathrm{T}}\boldsymbol{A}^{\mathrm{T}}$ 的(j,i)元素为 c'_{ji}，则

$$c'_{ji}=b_{1j}a_{i1}+b_{2j}a_{i2}+\cdots+b_{sj}a_{is} \tag{2.9}$$

比较式(2.8)与式(2.9)两式完全相同，从而证明了$(\boldsymbol{AB})^{\mathrm{T}}=\boldsymbol{B}^{\mathrm{T}}\boldsymbol{A}^{\mathrm{T}}$.

定义 2.8(对称矩阵) 若方阵 $\boldsymbol{A}=(a_{ij})_{n\times n}$满足 $\boldsymbol{A}^{\mathrm{T}}=\boldsymbol{A}$，或 $a_{ij}=a_{ji}(i,j=1,2,\cdots,n)$，则称 $\boldsymbol{A}$ 为对称矩阵.

例如，矩阵

$$A=\begin{bmatrix}1&2&-3\\2&0&6\\-3&6&8\end{bmatrix}$$

就是一个三阶对称矩阵.

定义 2.9 反对称矩阵 若方阵 $\boldsymbol{B}=(b_{ij})_{n\times n}$满足 $\boldsymbol{B}^{\mathrm{T}}=-\boldsymbol{B}$，或 $b_{ij}=-b_{ji}(i,j=1,2,\cdots,n)$，则称 $\boldsymbol{B}$ 为反对称矩阵.

在反对称矩阵的定义中取 $j=i$，可得 $b_{ii}=-b_{ii}$，所以 $b_{ii}=0$，即反对称矩阵的主对角线元素全为零. 例如，矩阵

$$B=\begin{bmatrix}0&1&2\\-1&0&-3\\-2&3&0\end{bmatrix}$$

就是一个反对称矩阵.

例 2.8　设 $\boldsymbol{A}=[1\quad 0\quad 1]$,$\boldsymbol{B}=\boldsymbol{I}-\boldsymbol{A}^{\mathrm{T}}\boldsymbol{A}$,$\boldsymbol{C}=\boldsymbol{I}+2\boldsymbol{A}^{\mathrm{T}}\boldsymbol{A}$,求 $\boldsymbol{BC}$.

解
$$\begin{aligned}\boldsymbol{BC}&=(\boldsymbol{I}-\boldsymbol{A}^{\mathrm{T}}\boldsymbol{A})(\boldsymbol{I}+2\boldsymbol{A}^{\mathrm{T}}\boldsymbol{A})\\&=\boldsymbol{I}+2\boldsymbol{A}^{\mathrm{T}}\boldsymbol{A}-\boldsymbol{A}^{\mathrm{T}}\boldsymbol{A}-2(\boldsymbol{A}^{\mathrm{T}}\boldsymbol{A})(\boldsymbol{A}^{\mathrm{T}}\boldsymbol{A})\\&=\boldsymbol{I}+\boldsymbol{A}^{\mathrm{T}}\boldsymbol{A}-2\boldsymbol{A}^{\mathrm{T}}(\boldsymbol{A}\boldsymbol{A}^{\mathrm{T}})\boldsymbol{A}\end{aligned}$$

而

$$\boldsymbol{A}\boldsymbol{A}^{\mathrm{T}}=[1\quad 0\quad 1]\begin{bmatrix}1\\0\\1\end{bmatrix}=2,\quad \boldsymbol{A}^{\mathrm{T}}\boldsymbol{A}=\begin{bmatrix}1\\0\\1\end{bmatrix}[1\quad 0\quad 1]=\begin{bmatrix}1&0&1\\0&0&0\\1&0&1\end{bmatrix}$$

$$\boldsymbol{BC}=\boldsymbol{I}+\boldsymbol{A}^{\mathrm{T}}\boldsymbol{A}-2\boldsymbol{A}^{\mathrm{T}}(\boldsymbol{A}\boldsymbol{A}^{\mathrm{T}})\boldsymbol{A}=\boldsymbol{I}-3\boldsymbol{A}^{\mathrm{T}}\boldsymbol{A}=\begin{bmatrix}-2&0&-3\\0&1&0\\-3&0&-2\end{bmatrix}$$

5. 方阵的行列式

定义 2.10(方阵的行列式)　已知 n 阶方阵 $\boldsymbol{A}$,称 n 阶行列式

$$\begin{vmatrix}a_{11}&a_{12}&\cdots&a_{1n}\\a_{21}&a_{22}&\cdots&a_{2n}\\\vdots&\vdots&&\vdots\\a_{n1}&a_{n2}&\cdots&a_{nn}\end{vmatrix}$$

为方阵 $\boldsymbol{A}$ 的行列式,简记为 $\det(\boldsymbol{A})$ 或 $|\boldsymbol{A}|$.

方阵的行列式满足下列运算规律(设 $\boldsymbol{A}$,$\boldsymbol{B}$ 均为 n 阶方阵,k 为数):

(1) $\det(\boldsymbol{A}^{\mathrm{T}})=\det(\boldsymbol{A})$;

(2) $\det(k\boldsymbol{A})=k^n\det(\boldsymbol{A})$;

(3) $\det(\boldsymbol{AB})=\det(\boldsymbol{A})\cdot\det(\boldsymbol{B})$.

证　(1)和(2)由行列式的性质立即可得.证(3),以 $n=2$ 为例写出证明过程:

$$\begin{aligned}\boldsymbol{AB}&=\begin{bmatrix}a_{11}&a_{12}\\a_{21}&a_{22}\end{bmatrix}\begin{bmatrix}b_{11}&b_{12}\\b_{21}&b_{22}\end{bmatrix}\\&=\begin{vmatrix}a_{11}b_{11}+a_{12}b_{21}&a_{11}b_{12}+a_{12}b_{22}\\a_{21}b_{11}+a_{22}b_{21}&a_{21}b_{12}+a_{22}b_{22}\end{vmatrix}\end{aligned}$$

> **注意**:方阵与行列式是完全不同的两个概念,方阵是一张正方形的数表,而行列式是一个数,方阵的行列式是由这张正方形的数表所确定的一个数.二者在书写符号上不同,矩阵是用括号围起来,而行列式则是两条竖线围起来,两者不可混淆.

$$\begin{aligned}
\det(\boldsymbol{AB}) &= \begin{vmatrix} a_{11}b_{11}+a_{12}b_{21} & a_{11}b_{12}+a_{12}b_{22} \\ a_{21}b_{11}+a_{22}b_{21} & a_{21}b_{12}+a_{22}b_{22} \end{vmatrix} \\
&= \begin{vmatrix} a_{11}b_{11} & a_{11}b_{12} \\ a_{21}b_{11} & a_{21}b_{12} \end{vmatrix} + \begin{vmatrix} a_{11}b_{11} & a_{12}b_{22} \\ a_{21}b_{11} & a_{22}b_{22} \end{vmatrix} + \begin{vmatrix} a_{12}b_{21} & a_{11}b_{12} \\ a_{22}b_{21} & a_{21}b_{12} \end{vmatrix} + \begin{vmatrix} a_{12}b_{21} & a_{12}b_{22} \\ a_{22}b_{21} & a_{22}b_{22} \end{vmatrix} \\
&= b_{11}b_{12}\begin{vmatrix} a_{11} & a_{11} \\ a_{21} & a_{21} \end{vmatrix} + b_{11}b_{22}\begin{vmatrix} a_{11} & a_{12} \\ a_{21} & a_{22} \end{vmatrix} + b_{21}b_{12}\begin{vmatrix} a_{12} & a_{11} \\ a_{22} & a_{21} \end{vmatrix} + b_{21}b_{22}\begin{vmatrix} a_{12} & a_{12} \\ a_{22} & a_{22} \end{vmatrix} \\
&= b_{11}b_{22}\begin{vmatrix} a_{11} & a_{12} \\ a_{21} & a_{22} \end{vmatrix} + b_{21}b_{12}\begin{vmatrix} a_{12} & a_{11} \\ a_{22} & a_{21} \end{vmatrix} \\
&= b_{11}b_{22}\begin{vmatrix} a_{11} & a_{12} \\ a_{21} & a_{22} \end{vmatrix} - b_{21}b_{12}\begin{vmatrix} a_{11} & a_{12} \\ a_{21} & a_{22} \end{vmatrix} \\
&= \begin{vmatrix} a_{11} & a_{12} \\ a_{21} & a_{22} \end{vmatrix}(b_{11}b_{22}-b_{21}b_{12}) \\
&= \begin{vmatrix} a_{11} & a_{12} \\ a_{21} & a_{22} \end{vmatrix}\begin{vmatrix} b_{11} & b_{12} \\ b_{21} & b_{22} \end{vmatrix} \\
&= \det(\boldsymbol{A})\cdot\det(\boldsymbol{B})
\end{aligned}$$

该运算规律可推广如下：

$$\det(\boldsymbol{A}^n)=\underbrace{\det(\boldsymbol{A})\cdot\det(\boldsymbol{A})\cdots\det(\boldsymbol{A})}_{n个}$$

$$\det(\boldsymbol{ABC})=\det(\boldsymbol{A})\det(\boldsymbol{B})\det(\boldsymbol{C})$$

其中矩阵 $\boldsymbol{A},\boldsymbol{B},\boldsymbol{C}$ 均为同阶方阵.

> **注意**：对于 n 阶方阵 $\boldsymbol{A},\boldsymbol{B}$，有 $\det(\boldsymbol{AB})=\det(\boldsymbol{A})\det(\boldsymbol{B})$，但一般地，$\boldsymbol{AB}\neq\boldsymbol{BA}$.

例 2.9 已知 $\boldsymbol{A}$ 是三阶方阵，且 $|\boldsymbol{A}|=-2$，计算：(1) $|2\boldsymbol{A}|$；(2) $\big||\boldsymbol{A}|\boldsymbol{A}\big|$.

解 (1) $|2\boldsymbol{A}|=2^3|\boldsymbol{A}|=8\times(-2)=-16$；

(2) $\big||\boldsymbol{A}|\boldsymbol{A}\big|=|-2\boldsymbol{A}|=(-2)^3|\boldsymbol{A}|=16$.

例 2.10 证明：奇数阶反对称矩阵的行列式为零.

证 设 $\boldsymbol{A}$ 为 $2m-1$ 阶的反对称矩阵. 由 $\boldsymbol{A}^{\mathrm{T}}=-\boldsymbol{A}$，得

$$\det(\boldsymbol{A}) = \det(-\boldsymbol{A}^{\mathrm{T}}) = (-1)^{2m-1}\det(\boldsymbol{A}^{\mathrm{T}}) =-\det(\boldsymbol{A})$$

故 $2\det(\boldsymbol{A})=0$，即 $\det(\boldsymbol{A})=0$.

例 2.11 设方阵 $\boldsymbol{A}$ 满足 $\boldsymbol{AA}^{\mathrm{T}}=\boldsymbol{I}$，且 $\det(\boldsymbol{A})<0$. 证明：$\det(\boldsymbol{A}+\boldsymbol{I})=0$.

证

$$\begin{aligned}
\det(\boldsymbol{A}+\boldsymbol{I})&=\det(\boldsymbol{A}+\boldsymbol{AA}^{\mathrm{T}})=\det[\boldsymbol{A}(\boldsymbol{I}+\boldsymbol{A}^{\mathrm{T}})] \\
&=\det(\boldsymbol{A})\det(\boldsymbol{I}+\boldsymbol{A}^{\mathrm{T}})=\det(\boldsymbol{A})\det(\boldsymbol{I}+\boldsymbol{A}^{\mathrm{T}})^{\mathrm{T}} \\
&=\det(\boldsymbol{A})\det(\boldsymbol{I}+\boldsymbol{A})=\det(\boldsymbol{A})\det(\boldsymbol{A}+\boldsymbol{I})
\end{aligned}$$

移项，得

$$[1-\det(\boldsymbol{A})]\det(\boldsymbol{A}+\boldsymbol{I})=0$$

因为 $\det(\boldsymbol{A})<0$，$1-\det(\boldsymbol{A})>0$，所以 $\det(\boldsymbol{A}+\boldsymbol{I})=0$.

2.2　逆矩阵

上一节介绍了矩阵运算的加、减、乘法运算，那么矩阵是否有除法或类似除法的运算呢？

在数的运算中，有加、减、乘、除四种运算，除法运算实际上是乘法运算的逆运算. 当一个数 $a\neq0$ 时，存在数 $b=\dfrac{1}{a}$(或 a^{-1})，使得 $ab=a\dfrac{1}{a}=a(a^{-1})=1$. 于是当 $ax=c(a\neq0)$ 时，有 $a^{-1}ax=a^{-1}c\Rightarrow x=\dfrac{c}{a}$.

对于矩阵 $\boldsymbol{A}$，是否也存在 $\boldsymbol{A}$ 的逆 $\boldsymbol{A}^{-1}$ 使得

$$\boldsymbol{A}\boldsymbol{A}^{-1}=\boldsymbol{A}^{-1}\boldsymbol{A}=\boldsymbol{I}$$

在解线性方程组

$$\boldsymbol{A}\boldsymbol{x}=\boldsymbol{b}$$

时，是否可用类似方法求解一元线性方程的运算？

在回答这个问题之前，我们先引入可逆矩阵与逆矩阵的概念.

2.2.1　逆矩阵的定义

逆矩阵在矩阵理论中是一个十分重要的概念. 本节介绍逆矩阵的概念与性质以及其简单应用.

定义 2.11 (逆矩阵)　设 $\boldsymbol{A}$ 为 n 阶方阵，若存在 n 阶方阵 $\boldsymbol{B}$，使得 $\boldsymbol{AB}=\boldsymbol{BA}=\boldsymbol{I}$，则称方阵 $\boldsymbol{A}$ 是可逆的，并称 $\boldsymbol{B}$ 为 $\boldsymbol{A}$ 的逆矩阵，记为 $\boldsymbol{B}=\boldsymbol{A}^{-1}$.

例如矩阵

$$\boldsymbol{A}=\begin{bmatrix}3 & 3\\3 & -3\end{bmatrix},\boldsymbol{B}=\begin{bmatrix}\dfrac{1}{6} & \dfrac{1}{6}\\[2ex]\dfrac{1}{6} & -\dfrac{1}{6}\end{bmatrix}$$

满足 $\boldsymbol{AB}=\boldsymbol{BA}=\boldsymbol{I}$，所以 $\boldsymbol{B}$ 为 $\boldsymbol{A}$ 的逆矩阵. 同时 $\boldsymbol{A}$ 为 $\boldsymbol{B}$ 的逆矩阵，记为 $\boldsymbol{A}=\boldsymbol{B}^{-1}$.

从定义 2.11 可见，**只有方阵才有可能存在逆矩阵**. 但是并非任何方阵都是可逆的. 例如矩阵

$$A=\begin{bmatrix}1 & 0\\ 2 & 0\end{bmatrix}$$

就是不可逆的. 这是因为,对于任何二阶方阵 $\boldsymbol{B}=(b_{ij})$,都有

$$\boldsymbol{BA}=\begin{bmatrix}b_{11} & b_{12}\\ b_{21} & b_{22}\end{bmatrix}\begin{bmatrix}1 & 0\\ 2 & 0\end{bmatrix}=\begin{bmatrix}b_{11}+2b_{12} & 0\\ b_{21}+2b_{22} & 0\end{bmatrix}\neq \boldsymbol{I}$$

所以由定义即知 $\boldsymbol{A}$ 是不可逆的.

这里自然要问:若 $\boldsymbol{A}$ 是可逆的,$\boldsymbol{A}$ 的逆矩阵是否唯一?

假设 $\boldsymbol{B}_1,\boldsymbol{B}_2$ 都是 $\boldsymbol{A}$ 的逆矩阵,由定义得

$$\boldsymbol{AB}_1=\boldsymbol{B}_1\boldsymbol{A}=\boldsymbol{I},\boldsymbol{AB}_2=\boldsymbol{B}_2\boldsymbol{A}=\boldsymbol{I}$$

于是

$$\boldsymbol{B}_1=\boldsymbol{B}_1\boldsymbol{I}=\boldsymbol{B}_1\boldsymbol{AB}_2=(\boldsymbol{B}_1\boldsymbol{A})\boldsymbol{B}_2=\boldsymbol{IB}_2=\boldsymbol{B}_2$$

所以 $\boldsymbol{A}$ 的逆矩阵是唯一的.

那么,方阵在什么条件下可逆呢? 如果可逆,如何求逆矩阵?

为了回答这两个问题,先引入伴随矩阵的概念.

定义 2.12(伴随矩阵) 设方阵

$$\boldsymbol{A}=\begin{bmatrix}a_{11} & a_{12} & \cdots & a_{1n}\\ a_{21} & a_{22} & \cdots & a_{2n}\\ \vdots & \vdots & & \vdots\\ a_{n1} & a_{n2} & \cdots & a_{nn}\end{bmatrix}$$

称矩阵

$$\begin{bmatrix}A_{11} & A_{21} & \cdots & A_{n1}\\ A_{12} & A_{22} & \cdots & A_{n2}\\ \vdots & \vdots & & \vdots\\ A_{1n} & A_{2n} & \cdots & A_{nn}\end{bmatrix}$$

为 $\boldsymbol{A}$ 的**伴随矩阵**,记为 $\boldsymbol{A}^*$. 其中 A_{ij} 是行列式 $|\boldsymbol{A}|$ 的各元素的代数余子式.

例 2.12 求方阵

$$\boldsymbol{A}=\begin{bmatrix}3 & 4 & -1\\ 1 & 0 & 3\\ 2 & 5 & -4\end{bmatrix}$$

的伴随矩阵.

解 先求出各元素的代数余子式

$$A_{11}=(-1)^{1+1}\begin{vmatrix}0 & 3\\ 5 & -4\end{vmatrix}=-15,\qquad A_{21}=(-1)^{2+1}\begin{vmatrix}4 & -1\\ 5 & -4\end{vmatrix}=11,$$

$$A_{31}=(-1)^{3+1}\begin{vmatrix}4&-1\\0&3\end{vmatrix}=12,\qquad A_{12}=(-1)^{1+2}\begin{vmatrix}1&3\\2&-4\end{vmatrix}=10,$$

$$A_{22}=(-1)^{2+2}\begin{vmatrix}3&-1\\2&-4\end{vmatrix}=-10,\qquad A_{32}=(-1)^{3+2}\begin{vmatrix}3&-1\\1&3\end{vmatrix}=-10,$$

$$A_{13}=(-1)^{1+3}\begin{vmatrix}1&0\\2&5\end{vmatrix}=5,\qquad A_{23}=(-1)^{2+3}\begin{vmatrix}3&4\\2&5\end{vmatrix}=-7,$$

$$A_{33}=(-1)^{3+3}\begin{vmatrix}3&4\\1&0\end{vmatrix}=-4$$

所以

$$\boldsymbol{A}^*=\begin{bmatrix}A_{11}&A_{21}&A_{31}\\A_{12}&A_{22}&A_{32}\\A_{13}&A_{23}&A_{33}\end{bmatrix}=\begin{bmatrix}-15&11&12\\10&-10&-10\\5&-7&-4\end{bmatrix}$$

关于伴随矩阵,有下面的重要结论.

定理 2.1　设 $\boldsymbol{A}$ 为 n 阶方阵,则

$$\boldsymbol{A}\boldsymbol{A}^*=\boldsymbol{A}^*\boldsymbol{A}=|\boldsymbol{A}|\boldsymbol{I} \tag{2.10}$$

证

$$\boldsymbol{A}\boldsymbol{A}^*=\begin{bmatrix}a_{11}&a_{12}&\cdots&a_{1n}\\a_{21}&a_{22}&\cdots&a_{2n}\\\vdots&\vdots&&\vdots\\a_{n1}&a_{n2}&\cdots&a_{nn}\end{bmatrix}\begin{bmatrix}A_{11}&A_{21}&\cdots&A_{n1}\\A_{12}&A_{22}&\cdots&A_{n2}\\\vdots&\vdots&&\vdots\\A_{1n}&A_{2n}&\cdots&A_{nn}\end{bmatrix}$$

根据性质(1.8)

$$a_{i1}A_{j1}+\cdots+a_{in}A_{jn}=\begin{cases}D, & i=j\\0, & i\neq j\end{cases}$$

$$\boldsymbol{A}\boldsymbol{A}^*=\begin{bmatrix}|\boldsymbol{A}|&0&\cdots&0\\0&|\boldsymbol{A}|&\cdots&0\\\vdots&\vdots&&\vdots\\0&0&\cdots&|\boldsymbol{A}|\end{bmatrix}=|\boldsymbol{A}|\boldsymbol{I}$$

同理可证 $\boldsymbol{A}^*\boldsymbol{A}=|\boldsymbol{A}|\boldsymbol{I}$.

推论 2.1　如果 $n(n\geqslant 2)$阶方阵 $\boldsymbol{A}$ 的行列式 $\det(\boldsymbol{A})\neq 0$,则

$$\det(\boldsymbol{A}^*)=[\det(\boldsymbol{A})]^{n-1} \tag{2.11}$$

证　在公式 $\boldsymbol{A}\boldsymbol{A}^*=\det(\boldsymbol{A})\boldsymbol{I}$ 两端取行列式,并利用方阵的行列式的性质,得

$$\det(\boldsymbol{A})\cdot\det(\boldsymbol{A}^*)=[\det(\boldsymbol{A})]^n$$

因为 $\det(\boldsymbol{A})\neq 0$，上式两端同除 $\det(\boldsymbol{A})$，即得式(2.11).

现在可以给出方阵可逆的充要条件及逆矩阵的计算公式.

定理 2.2（方阵可逆的充要条件） $n(n\geqslant 2)$ 阶方阵 $\boldsymbol{A}$ 可逆的充要条件是 $|\boldsymbol{A}|\neq 0$，且有

$$\boldsymbol{A}^{-1}=\frac{1}{|\boldsymbol{A}|}\boldsymbol{A}^{*} \tag{2.12}$$

证 （必要性）设 $\boldsymbol{A}$ 可逆，则 $\boldsymbol{A}^{-1}$ 存在，且 $\boldsymbol{A}\boldsymbol{A}^{-1}=\boldsymbol{I}\Rightarrow|\boldsymbol{A}\boldsymbol{A}^{-1}|=|\boldsymbol{I}|\Rightarrow|\boldsymbol{A}||\boldsymbol{A}^{-1}|=1$，必然有 $|\boldsymbol{A}|\neq 0$.

（充分性）设 $|\boldsymbol{A}|\neq 0$，由定理2.1可得，$\boldsymbol{A}\boldsymbol{A}^{*}=\boldsymbol{A}^{*}\boldsymbol{A}=|\boldsymbol{A}|\boldsymbol{I}\Rightarrow\boldsymbol{A}\dfrac{\boldsymbol{A}^{*}}{|\boldsymbol{A}|}=\dfrac{\boldsymbol{A}^{*}}{|\boldsymbol{A}|}\boldsymbol{A}=\boldsymbol{I}$，由逆矩阵的定义可知 $\boldsymbol{A}$ 可逆，且 $\boldsymbol{A}^{-1}=\dfrac{1}{|\boldsymbol{A}|}\boldsymbol{A}^{*}$.

当 $|\boldsymbol{A}|\neq 0$ 时，称 $\boldsymbol{A}$ 为**非奇异矩阵**；$|\boldsymbol{A}|=0$ 时，称 $\boldsymbol{A}$ 为**奇异矩阵**. 由定理 2.2 可知，可逆矩阵就是非奇异矩阵.

> **注意：** 一阶方阵 $\boldsymbol{A}=[a_{11}]$，当 $|\boldsymbol{A}|=a_{11}\neq 0$ 时可逆，且 $\boldsymbol{A}^{-1}=\left[\dfrac{1}{a_{11}}\right]$.
>
> 二阶方阵 $\boldsymbol{A}=\begin{bmatrix}a_{11} & a_{12}\\ a_{21} & a_{22}\end{bmatrix}$，当 $|\boldsymbol{A}|=a_{11}a_{22}-a_{12}a_{21}\neq 0$ 时可逆，且
>
> $$\boldsymbol{A}^{-1}=\frac{1}{|\boldsymbol{A}|}\begin{bmatrix}a_{22} & -a_{12}\\ -a_{21} & a_{11}\end{bmatrix}.$$

推论 2.2 若 $\boldsymbol{A}\boldsymbol{B}=\boldsymbol{I}$（或 $\boldsymbol{B}\boldsymbol{A}=\boldsymbol{I}$），$\boldsymbol{A},\boldsymbol{B}$ 为同阶方阵，则 $\boldsymbol{B}=\boldsymbol{A}^{-1}$，$\boldsymbol{A}=\boldsymbol{B}^{-1}$.

证明 由于 $\boldsymbol{A}\boldsymbol{B}=\boldsymbol{I}$，则 $|\boldsymbol{A}||\boldsymbol{B}|=|\boldsymbol{I}|=1$，所以 $|\boldsymbol{A}|\neq 0$，即 $\boldsymbol{A}^{-1}$ 存在，从而

$$\boldsymbol{B}=\boldsymbol{I}\boldsymbol{B}=(\boldsymbol{A}^{-1}\boldsymbol{A})\boldsymbol{B}=\boldsymbol{A}^{-1}(\boldsymbol{A}\boldsymbol{B})=\boldsymbol{A}^{-1}\boldsymbol{I}=\boldsymbol{A}^{-1}$$

逆矩阵满足下列运算规律（$\boldsymbol{A},\boldsymbol{B}$ 均为 n 阶可逆方阵，常数 $k\neq 0$）：

(1) $|\boldsymbol{A}^{-1}|=\dfrac{1}{|\boldsymbol{A}|}$；

(2) $(\boldsymbol{A}^{-1})^{-1}=\boldsymbol{A}$；

(3) $(\boldsymbol{A}^{\mathrm{T}})^{-1}=(\boldsymbol{A}^{-1})^{\mathrm{T}}$；

(4) $(k\boldsymbol{A})^{-1}=\dfrac{1}{k}\boldsymbol{A}^{-1}$；

(5) $(\boldsymbol{A}\boldsymbol{B})^{-1}=\boldsymbol{B}^{-1}\boldsymbol{A}^{-1}$；

(6) $(\boldsymbol{A}^{*})^{-1}=\dfrac{\boldsymbol{A}}{|\boldsymbol{A}|}$，$|\boldsymbol{A}^{*}|=|\boldsymbol{A}|^{n-1}$.

下面只证明(5)和(6).

证 (5)因为 $\boldsymbol{A}\boldsymbol{A}^{-1}=\boldsymbol{I}$，$\boldsymbol{B}\boldsymbol{B}^{-1}=\boldsymbol{I}$，而 $(\boldsymbol{A}\boldsymbol{B})(\boldsymbol{B}^{-1}\boldsymbol{A}^{-1})=\boldsymbol{A}(\boldsymbol{B}\boldsymbol{B}^{-1})\boldsymbol{A}^{-1}=\boldsymbol{A}\boldsymbol{A}^{-1}=$

$\boldsymbol{I}$,故$(\boldsymbol{AB})^{-1}=\boldsymbol{B}^{-1}\boldsymbol{A}^{-1}$.

(6)因为$\boldsymbol{AA}^*=\boldsymbol{A}^*\boldsymbol{A}=|\boldsymbol{A}|\boldsymbol{I}\Rightarrow\frac{\boldsymbol{A}}{|\boldsymbol{A}|}\boldsymbol{A}^*=\boldsymbol{A}^*\frac{\boldsymbol{A}}{|\boldsymbol{A}|}=\boldsymbol{I}$,即$(\boldsymbol{A}^*)^{-1}=\frac{\boldsymbol{A}}{|\boldsymbol{A}|}$. 同时在$\boldsymbol{AA}^*=|\boldsymbol{A}|\boldsymbol{I}$的两端取行列式有

$$|\boldsymbol{AA}^*|=||\boldsymbol{A}|\boldsymbol{I}|\Rightarrow|\boldsymbol{A}||\boldsymbol{A}^*|=|\boldsymbol{A}|^n\Rightarrow|\boldsymbol{A}^*|=|\boldsymbol{A}|^{n-1}$$

性质(5)可推广至多个同阶方阵的情形:$(\boldsymbol{ABC})^{-1}=\boldsymbol{C}^{-1}\boldsymbol{B}^{-1}\boldsymbol{A}^{-1}$.

例 2.13　设

$$\boldsymbol{A}=\begin{bmatrix}5 & -1 & 3\\ 1 & 4 & 1\\ 3 & 0 & 2\end{bmatrix}$$

问:$\boldsymbol{A}$是否可逆? 若可逆,求$\boldsymbol{A}^{-1}$.

解　由于$|\boldsymbol{A}|=3\neq 0$,故$\boldsymbol{A}$可逆,且

$$\boldsymbol{A}^*=\begin{bmatrix}A_{11} & A_{21} & A_{31}\\ A_{12} & A_{22} & A_{32}\\ A_{13} & A_{23} & A_{33}\end{bmatrix}=\begin{bmatrix}8 & 2 & -13\\ 1 & 1 & -2\\ -12 & -3 & 21\end{bmatrix}$$

所以

$$\boldsymbol{A}^{-1}=\frac{\boldsymbol{A}^*}{|\boldsymbol{A}|}=\frac{1}{3}\begin{bmatrix}8 & 2 & -13\\ 1 & 1 & -2\\ -12 & -3 & 21\end{bmatrix}$$

2.2.2　矩阵方程

逆矩阵的一个重要应用是求解线性方程组. 设$\boldsymbol{A}$为n阶可逆方阵,则由克拉默法则知线性方程组$\boldsymbol{Ax}=\boldsymbol{b}$有唯一解. 现在可以利用逆矩阵来求这个解. 事实上,用$\boldsymbol{A}^{-1}$左乘方程组的两端,得

$$\boldsymbol{A}^{-1}\boldsymbol{Ax}=\boldsymbol{A}^{-1}\boldsymbol{b}\qquad\text{即}\qquad\boldsymbol{x}=\boldsymbol{A}^{-1}\boldsymbol{b}$$

这表明,如果$\boldsymbol{x}$为方程组$\boldsymbol{Ax}=\boldsymbol{b}$的解,则必有$\boldsymbol{x}=\boldsymbol{A}^{-1}\boldsymbol{b}$. 另一方面,不难验证$\boldsymbol{x}=\boldsymbol{A}^{-1}\boldsymbol{b}$确实满足方程组$\boldsymbol{Ax}=\boldsymbol{b}$. 因此,当$\boldsymbol{A}$为可逆方阵[即$\det(\boldsymbol{A})\neq 0$]时,方程组$\boldsymbol{Ax}=\boldsymbol{b}$的唯一解为$\boldsymbol{x}=\boldsymbol{A}^{-1}\boldsymbol{b}$. 这与克拉默法则的结果是相同的,只是现在是以向量形式给出方程组的解罢了.

例 2.14　利用逆矩阵求解方程组

$$\begin{cases}4x_1-x_2+3x_3=2\\ -2x_1+x_2+2x_3=0\\ 3x_1-x_2=1\end{cases}$$

解 令

$$\boldsymbol{A}=\begin{bmatrix}4 & -1 & 3\\ -2 & 1 & 2\\ 3 & -1 & 0\end{bmatrix},\boldsymbol{x}=\begin{bmatrix}x_1\\ x_2\\ x_3\end{bmatrix},\boldsymbol{b}=\begin{bmatrix}2\\ 0\\ 1\end{bmatrix}$$

则原方程可写为 $\boldsymbol{Ax}=\boldsymbol{b}$

$$\boldsymbol{A}^{-1}=\begin{bmatrix}-2 & 3 & 5\\ -6 & 9 & 14\\ 1 & -1 & -2\end{bmatrix}$$

则

$$\boldsymbol{x}=\boldsymbol{A}^{-1}\boldsymbol{b}=\begin{bmatrix}-2 & 3 & 5\\ -6 & 9 & 14\\ 1 & -1 & -2\end{bmatrix}\begin{bmatrix}2\\ 0\\ 1\end{bmatrix}=\begin{bmatrix}1\\ 2\\ 0\end{bmatrix}$$

即解为

$$\begin{cases}x_1=1\\ x_2=2\\ x_3=0\end{cases}$$

例 2.15 设矩阵 $\boldsymbol{X}$ 满足矩阵方程 $\boldsymbol{AX}=2\boldsymbol{X}+\boldsymbol{B}$,其中

$$\boldsymbol{A}=\begin{bmatrix}4 & 0 & 0\\ 0 & 1 & -1\\ 0 & 1 & 4\end{bmatrix},\quad \boldsymbol{B}=\begin{bmatrix}3 & 6\\ 1 & 1\\ 2 & -3\end{bmatrix}$$

求矩阵 $\boldsymbol{X}$.

解 由 $\boldsymbol{AX}=2\boldsymbol{X}+\boldsymbol{B}$,得

$$(\boldsymbol{A}-2\boldsymbol{I})\boldsymbol{X}=\boldsymbol{B} \tag{2.13}$$

由于矩阵

$$\boldsymbol{A}-2\boldsymbol{I}=\begin{bmatrix}2 & 0 & 0\\ 0 & -1 & -1\\ 0 & 1 & 2\end{bmatrix},\ |\boldsymbol{A}-2\boldsymbol{I}|=-2\neq 0$$

所以 $\boldsymbol{A}-2\boldsymbol{I}$ 可逆,在式(2.13)两端同时左乘以 $(\boldsymbol{A}-2\boldsymbol{I})^{-1}$,得

$$(\boldsymbol{A}-2\boldsymbol{I})^{-1}(\boldsymbol{A}-2\boldsymbol{I})\boldsymbol{X}=(\boldsymbol{A}-2\boldsymbol{I})^{-1}\boldsymbol{B}$$

$$\boldsymbol{X}=(\boldsymbol{A}-2\boldsymbol{I})^{-1}\boldsymbol{B} \tag{2.14}$$

计算有

$$(\boldsymbol{A}-2\boldsymbol{I})^{-1}=\begin{bmatrix}\frac{1}{2} & 0 & 0\\ 0 & -2 & -1\\ 0 & 1 & 1\end{bmatrix}$$

代入式(2.14)，得

$$\boldsymbol{X}=(\boldsymbol{A}-2\boldsymbol{I})^{-1}\boldsymbol{B}=\begin{bmatrix}\frac{1}{2} & 0 & 0\\ 0 & -2 & -1\\ 0 & 1 & 1\end{bmatrix}\begin{bmatrix}3 & 6\\ 1 & 1\\ 2 & -3\end{bmatrix}=\begin{bmatrix}\frac{3}{2} & 3\\ -4 & 1\\ 3 & -2\end{bmatrix}$$

2.2.3　矩阵多项式的运算

设 $f(\boldsymbol{A})=a_0\boldsymbol{I}+a_1\boldsymbol{A}+\cdots+a_m\boldsymbol{A}^m$ 与 $g(\boldsymbol{A})=b_0\boldsymbol{I}+b_1\boldsymbol{A}+\cdots+b_l\boldsymbol{A}^l$ 分别为 n 阶方阵 $\boldsymbol{A}$ 的 m,l 次多项式. 因为 $\boldsymbol{A}^m,\boldsymbol{A}^l$ 和 $\boldsymbol{I}$ 三个矩阵的乘法都是可交换的，所以矩阵 $\boldsymbol{A}$ 的两个多项式 $f(\boldsymbol{A})$ 和 $g(\boldsymbol{A})$ 总是可交换的，即总有 $f(\boldsymbol{A})g(\boldsymbol{A})=g(\boldsymbol{A})f(\boldsymbol{A})$，从而 $\boldsymbol{A}$ 的多项式可以像数 x 的多项式一样相乘或因式分解. 例如

$$(\boldsymbol{I}+\boldsymbol{A})(2\boldsymbol{I}-\boldsymbol{A})=2\boldsymbol{I}+\boldsymbol{A}-\boldsymbol{A}^2$$

$$(\boldsymbol{I}-\boldsymbol{A})^3=\boldsymbol{I}-3\boldsymbol{A}+3\boldsymbol{A}^2-\boldsymbol{A}^3$$

如果 $\boldsymbol{A}=\boldsymbol{PDP}^{-1}$，则 $\boldsymbol{A}^k=\boldsymbol{PD}^k\boldsymbol{P}^{-1}$，从而

$$f(\boldsymbol{A})=a_0\boldsymbol{I}+a_1\boldsymbol{A}+\cdots+a_m\boldsymbol{A}^m=\boldsymbol{P}f(\boldsymbol{D})\boldsymbol{P}^{-1}$$

例 2.16　设 $f(x)=(x-b)^2$，$\boldsymbol{A}=\begin{bmatrix}a & 1 & 0\\ 0 & a & 1\\ 0 & 0 & a\end{bmatrix}$，问 a,b 为何值时，$f(\boldsymbol{A})$ 可逆？

解　$f(\boldsymbol{A})$ 是指在 $f(x)=(x-b)^2$ 中用 $\boldsymbol{A}$ 代替 x，$b\boldsymbol{I}$ 代替 b，即 $f(\boldsymbol{A})=(\boldsymbol{A}-b\boldsymbol{I})^2$，它是一个矩阵的表达式. 因为

$$\begin{aligned}\det[f(\boldsymbol{A})]&=\det[(\boldsymbol{A}-b\boldsymbol{I})^2]=[\det(\boldsymbol{A}-b\boldsymbol{I})]^2\\&=\left(\det\begin{bmatrix}a-b & 1 & 0\\ 0 & a-b & 1\\ 0 & 0 & a-b\end{bmatrix}\right)^2\\&=(a-b)^6\end{aligned}$$

所以当 $a\neq b$ 时，$\det[f(\boldsymbol{A})]\neq 0$，故 $f(\boldsymbol{A})$ 可逆.

例 2.17　设 n 阶方阵 $\boldsymbol{A}$ 满足 $\boldsymbol{A}^2+2\boldsymbol{A}-3\boldsymbol{I}=\boldsymbol{O}$，试证 $\boldsymbol{A}$ 及 $\boldsymbol{A}+\boldsymbol{I}$ 可逆，并求 $\boldsymbol{A}^{-1}$ 及 $(\boldsymbol{A}+\boldsymbol{I})^{-1}$.

解　由 $\boldsymbol{A}^2+2\boldsymbol{A}-3\boldsymbol{I}=\boldsymbol{O}$ 得 $(\boldsymbol{A}+2\boldsymbol{I})\boldsymbol{A}=3\boldsymbol{I}$，即

$$\frac{1}{3}(\boldsymbol{A}+2\boldsymbol{I})\boldsymbol{A}=\boldsymbol{I}$$

可知 $\boldsymbol{A}$ 可逆，且

$$\boldsymbol{A}^{-1}=\frac{1}{3}(\boldsymbol{A}+2\boldsymbol{I})$$

同理，由 $(\boldsymbol{A}+\boldsymbol{I})^2=4\boldsymbol{I}$ 可知

$$(\boldsymbol{A}+\boldsymbol{I})^{-1}=\frac{1}{4}(\boldsymbol{A}+\boldsymbol{I})$$

例 2.18 设 $\boldsymbol{A}$ 为三阶矩阵，$\det(\boldsymbol{A})=\frac{1}{2}$，$\boldsymbol{A}^*$ 为 $\boldsymbol{A}$ 的伴随矩阵. 求行列式 $D=\det[(3\boldsymbol{A})^{-1}-2\boldsymbol{A}^*]$ 的值.

解 由于 $(3\boldsymbol{A})^{-1}=\frac{1}{3}\boldsymbol{A}^{-1}$，$2\boldsymbol{A}^*=2\det(\boldsymbol{A})\boldsymbol{A}^{-1}=\boldsymbol{A}^{-1}$，所以

$$D=\det\left(\frac{1}{3}\boldsymbol{A}^{-1}-\boldsymbol{A}^{-1}\right)=\det\left(-\frac{2}{3}\boldsymbol{A}^{-1}\right)$$

$$=\left(-\frac{2}{3}\right)^3\det(\boldsymbol{A}^{-1})=-\frac{8}{27}\frac{1}{\det(\boldsymbol{A})}=-\frac{16}{27}$$

例 2.19 设 $\boldsymbol{P}=\begin{bmatrix}1&2\\1&4\end{bmatrix}$，$\boldsymbol{D}=\begin{bmatrix}1&0\\0&2\end{bmatrix}$，$\boldsymbol{AP}=\boldsymbol{PD}$，求 $\boldsymbol{A}^n$.

解 由 $|\boldsymbol{P}|=2$，知 $\boldsymbol{P}$ 可逆，且 $\boldsymbol{P}^{-1}=\frac{1}{2}\begin{bmatrix}4&-2\\-1&1\end{bmatrix}$. 又 $\boldsymbol{AP}=\boldsymbol{PD}$，所以 $\boldsymbol{A}=\boldsymbol{PDP}^{-1}$，且

$$\boldsymbol{A}^2=\boldsymbol{PD}^2\boldsymbol{P}^{-1},\cdots,\boldsymbol{A}^n=\boldsymbol{PD}^n\boldsymbol{P}^{-1}$$

而
$$\boldsymbol{D}^2=\begin{bmatrix}1&0\\0&2^2\end{bmatrix},\cdots,\boldsymbol{D}^n=\begin{bmatrix}1&0\\0&2^n\end{bmatrix}$$

故
$$\boldsymbol{A}^n=\boldsymbol{PD}^n\boldsymbol{P}^{-1}=\begin{bmatrix}1&2\\1&4\end{bmatrix}\begin{bmatrix}1&0\\0&2^n\end{bmatrix}\frac{1}{2}\begin{bmatrix}4&-2\\-1&1\end{bmatrix}=\begin{bmatrix}2-2^n&2^n-1\\2-2^{n+1}&2^{n+1}-1\end{bmatrix}.$$

本节最后我们指出，式(2.12)是逆矩阵理论中的一个基本公式，但因利用式(2.12)计算 n 阶可逆方阵的逆矩阵时，需要计算 1 个 n 阶行列式和 n^2 个 $n-1$ 阶行列式，当 n 较大时，一般来说计算量较大，所以需要研究计算逆矩阵的一般方法，这个方法就是第 3 章将要介绍的利用矩阵的初等变换求逆矩阵的方法.

下面我们举例介绍矩阵计算在实际生活中的应用(**通信中的密码设计**)

在密码学中，需要交换的信息叫明文，明文经过变换变成另一种隐蔽的形式，称为密文. 由明文变换成密文的过程称为加密，由密文恢复为明文的过程称为解

密.

最简单的密码是一种表单密码,易于破解. 于是有人提出多表单密码的思想,即允许一个明文字母可以对应不同的密文.

如果一次加密中同时取出两个明文字母 p_1,p_2,对它们用一组线性变换来加密,有

$$\begin{cases} c_1 = ap_1 + bp_2 \\ c_2 = cp_1 + dp_2 \end{cases}$$

从而得到对应的密文字母 c_1,c_2,上式可表示为矩阵形式

$$\begin{pmatrix} c_1 \\ c_2 \end{pmatrix} = \begin{pmatrix} a & b \\ c & d \end{pmatrix} \begin{pmatrix} p_1 \\ p_2 \end{pmatrix}$$

这样一对一地处理,就可以把明文加密了。为使破译更困难,可以取阶数更大的矩阵.

例 2.20　设明文"十七时进攻"的数字编码如下:

汉字明文	十	七	时	进	攻
明码	1200	0210	0112	2101	1021

明文数字编码(明码)对应的矩阵为

$$\boldsymbol{X} = \begin{bmatrix} 1 & 2 & 0 & 0 \\ 0 & 2 & 1 & 0 \\ 0 & 1 & 1 & 2 \\ 2 & 1 & 0 & 1 \\ 1 & 0 & 2 & 1 \end{bmatrix}$$

构造加密矩阵

$$\boldsymbol{A} = \begin{bmatrix} 2 & 1 & 0 & 0 \\ 0 & 2 & 1 & 0 \\ 0 & 0 & 2 & 1 \\ 0 & 0 & 0 & 2 \end{bmatrix}$$

于是明文被加密,得到密文数字编码对应的矩阵为

$$\boldsymbol{B} = \boldsymbol{X}\boldsymbol{A} = \begin{bmatrix} 1 & 2 & 0 & 0 \\ 0 & 2 & 1 & 0 \\ 0 & 1 & 1 & 2 \\ 2 & 1 & 0 & 1 \\ 1 & 0 & 2 & 1 \end{bmatrix} \begin{bmatrix} 2 & 1 & 0 & 0 \\ 0 & 2 & 1 & 0 \\ 0 & 0 & 2 & 1 \\ 0 & 0 & 0 & 2 \end{bmatrix} = \begin{bmatrix} 2 & 5 & 2 & 0 \\ 0 & 4 & 4 & 1 \\ 0 & 2 & 3 & 5 \\ 4 & 4 & 1 & 2 \\ 2 & 1 & 4 & 4 \end{bmatrix}$$

密码对应的汉字密文如下：

汉字密文	货	物	昨	到	京
密码	2520	0441	0235	4412	2144

得到密文“货物昨到京”.

现在解密，已知密文矩阵 $\boldsymbol{B}$，求明文矩阵 $\boldsymbol{X}$，则

$$\boldsymbol{X}=\boldsymbol{B}\boldsymbol{A}^{-1}=\begin{bmatrix}2&5&2&0\\0&4&4&1\\0&2&3&5\\4&4&1&2\\2&1&4&4\end{bmatrix}\begin{bmatrix}2&1&0&0\\0&2&1&0\\0&0&2&1\\0&0&0&2\end{bmatrix}^{-1}=\begin{bmatrix}1&2&0&0\\0&2&1&0\\0&1&1&2\\2&1&0&1\\1&0&2&1\end{bmatrix}$$

则解密得到明文“十七时进攻”.

2.3 分块矩阵及其运算

分块矩阵是线性代数中的一个重要内容，是处理阶数较高的矩阵时常采用的技巧. 对矩阵进行适当分块，可使高阶矩阵的运算转化为低阶矩阵的运算，同时也使原矩阵的结构显得简单而清晰，从而能够大大简化运算步骤，或给矩阵的理论推导带来方便. 有不少数学问题利用分块矩阵来处理或证明，将显得更简洁、明了.

2.3.1 分块矩阵

分块矩阵就是将矩阵 $\boldsymbol{A}$ 用若干条纵线和横线划分成许多个小矩阵，每一个小矩阵称为矩阵 $\boldsymbol{A}$ 的一个**子块**，以子块为元素形式的矩阵称为**分块矩阵**.

在实际问题中，为了简化运算的需要，经常采用分块矩阵的方法，将阶数较高的矩阵化为低阶的矩阵. 分块矩阵凸显了某些矩阵的特点，使得公式简明，计算容易.

例如，设矩阵

$$\boldsymbol{A}=\begin{bmatrix}1&2&1&5&1\\0&1&0&3&2\\1&1&1&4&5\end{bmatrix}$$

将矩阵 $\boldsymbol{A}$ 划分成

$$\boldsymbol{A}=\left[\begin{array}{cc|ccc}1&2&1&5&1\\0&1&0&3&2\\\hline 1&1&1&4&5\end{array}\right]$$

记

$$\boldsymbol{A}_{11}=\begin{bmatrix}1&2\\0&1\end{bmatrix},\boldsymbol{A}_{12}=\begin{bmatrix}1&5&5\\0&3&2\end{bmatrix},\boldsymbol{A}_{21}=\begin{bmatrix}1&1\end{bmatrix},\boldsymbol{A}_{22}=\begin{bmatrix}1&4&5\end{bmatrix}$$

为矩阵 $\boldsymbol{A}$ 的子块，则

$$\boldsymbol{A}=\begin{bmatrix}\boldsymbol{A}_{11}&\boldsymbol{A}_{12}\\\boldsymbol{A}_{21}&\boldsymbol{A}_{22}\end{bmatrix}$$

称为矩阵 $\boldsymbol{A}$ 的一个分块矩阵.

又如

$$\boldsymbol{A}=\begin{bmatrix}1&2&7&0&0&0\\1&1&2&0&0&0\\3&1&4&0&0&0\\0&0&0&1&0&0\\0&0&0&0&1&0\\0&0&0&0&0&1\end{bmatrix}$$

$$\boldsymbol{A}_{11}=\begin{bmatrix}1&2&7\\1&1&2\\3&1&4\end{bmatrix},A_{22}=I_3$$

则

$$\boldsymbol{A}=\begin{bmatrix}\boldsymbol{A}_{11}&\boldsymbol{O}\\\boldsymbol{O}&\boldsymbol{I}_3\end{bmatrix}$$

矩阵 $\boldsymbol{A}$ 分块后，可以看成“对角矩阵”，称为分块对角矩阵.

矩阵的分块形式多种多样，究竟如何对矩阵进行分块要根据矩阵的特点和研究问题的需要而定.

现在来看分块矩阵的运算.

2.3.2　分块矩阵的运算

分块矩阵的运算法则和普通矩阵的运算法则类似，但是要注意，参与运算的两矩阵分块后应能够运算，并且子块之间也能运算.

1. 分块矩阵的线性运算

设 $\boldsymbol{A},\boldsymbol{B}$ 为同型矩阵，对它们采用同样的划分，得到两个同型的分块矩阵

$$\boldsymbol{A}=\begin{bmatrix}\boldsymbol{A}_{11} & \cdots & \boldsymbol{A}_{1r}\\ \vdots & & \vdots\\ \boldsymbol{A}_{s1} & \cdots & \boldsymbol{A}_{sr}\end{bmatrix},\boldsymbol{B}=\begin{bmatrix}\boldsymbol{B}_{11} & \cdots & \boldsymbol{B}_{1r}\\ \vdots & & \vdots\\ \boldsymbol{B}_{s1} & \cdots & \boldsymbol{B}_{sr}\end{bmatrix}$$

其中 $\boldsymbol{A}_{ij}$，$\boldsymbol{B}_{ij}$ 的行数和列数相同($i=1,2,\cdots,s;j=1,2,\cdots,r$)，$\lambda$ 为常数，则

$$\boldsymbol{A}\pm\boldsymbol{B}=\begin{bmatrix}\boldsymbol{A}_{11}\pm\boldsymbol{B}_{11} & \cdots & \boldsymbol{A}_{1r}\pm\boldsymbol{B}_{1r}\\ \vdots & & \vdots\\ \boldsymbol{A}_{s1}\pm\boldsymbol{B}_{s1} & \cdots & \boldsymbol{A}_{sr}\pm\boldsymbol{B}_{sr}\end{bmatrix}$$

$$\lambda\boldsymbol{A}=\begin{bmatrix}\lambda\boldsymbol{A}_{11} & \cdots & \lambda\boldsymbol{A}_{1r}\\ \vdots & & \vdots\\ \lambda\boldsymbol{A}_{s1} & \cdots & \lambda\boldsymbol{A}_{sr}\end{bmatrix}$$

例如

$$\boldsymbol{A}=\begin{bmatrix}1 & 0 & -2 & 3\\ 0 & 1 & -4 & 2\\ 0 & 0 & 4 & 0\\ 0 & 0 & 0 & 4\end{bmatrix},\boldsymbol{B}=\begin{bmatrix}2 & 0 & 2 & -3\\ 0 & 2 & 4 & -2\\ 0 & 0 & -1 & 0\\ 0 & 0 & 0 & -1\end{bmatrix}$$

分块成

$$\boldsymbol{A}=\left[\begin{array}{cc:cc}1 & 0 & -2 & 3\\ 0 & 1 & -4 & 2\\ \hdashline 0 & 0 & 4 & 0\\ 0 & 0 & 0 & 4\end{array}\right]=\begin{bmatrix}\boldsymbol{I}_2 & \boldsymbol{A}_{12}\\ \boldsymbol{O} & 4\boldsymbol{I}_2\end{bmatrix},\boldsymbol{B}=\left[\begin{array}{cc:cc}2 & 0 & 2 & -3\\ 0 & 2 & 4 & -2\\ \hdashline 0 & 0 & -1 & 0\\ 0 & 0 & 0 & -1\end{array}\right]=\begin{bmatrix}2\boldsymbol{I}_2 & \boldsymbol{B}_{12}\\ \boldsymbol{O} & -\boldsymbol{I}_2\end{bmatrix}$$

其中

$$\boldsymbol{A}_{12}=\begin{bmatrix}-2 & 3\\ -4 & 2\end{bmatrix},\boldsymbol{B}_{12}=\begin{bmatrix}2 & -3\\ 4 & -2\end{bmatrix}$$

因此

$$\boldsymbol{A}+\boldsymbol{B}=\begin{bmatrix}3\boldsymbol{I}_2 & \boldsymbol{A}_{12}+\boldsymbol{B}_{12}\\ \boldsymbol{O} & 3\boldsymbol{I}_2\end{bmatrix}=\left[\begin{array}{cc:cc}3 & 0 & 0 & 0\\ 0 & 3 & 0 & 0\\ \hdashline 0 & 0 & 3 & 0\\ 0 & 0 & 0 & 3\end{array}\right];$$

$$k\boldsymbol{A}=\begin{bmatrix}k\boldsymbol{I}_2 & k\boldsymbol{A}_{12}\\ \boldsymbol{O} & 4k\boldsymbol{I}_2\end{bmatrix}=\left[\begin{array}{cc:cc}k & 0 & -2k & 3k\\ 0 & k & -4k & 2k\\ \hdashline 0 & 0 & 4k & 0\\ 0 & 0 & 0 & 4k\end{array}\right](k\text{ 为常数})$$

2. 分块矩阵的乘法

设 $\boldsymbol{A}_{m\times l}$，$\boldsymbol{B}_{l\times n}$，对 $\boldsymbol{A}$ 的列和 $\boldsymbol{B}$ 的行采用一致的分法，得分块矩阵

$$\boldsymbol{A}=\begin{bmatrix}\boldsymbol{A}_{11} & \cdots & \boldsymbol{A}_{1r}\\ \vdots & & \vdots\\ \boldsymbol{A}_{s1} & \cdots & \boldsymbol{A}_{sr}\end{bmatrix},\boldsymbol{B}=\begin{bmatrix}\boldsymbol{B}_{11} & \cdots & \boldsymbol{B}_{1t}\\ \vdots & & \vdots\\ \boldsymbol{B}_{r1} & \cdots & \boldsymbol{B}_{rt}\end{bmatrix}$$

其中，矩阵 $\boldsymbol{A}$ 的子块 $\boldsymbol{A}_{ik}(i=1,\cdots,s)$ 的列数等于矩阵 $\boldsymbol{B}$ 的子块 $\boldsymbol{B}_{kj}(j=1,\cdots,t)$ 的行数，则

$$\boldsymbol{AB}=\begin{bmatrix}\boldsymbol{C}_{11} & \cdots & \boldsymbol{C}_{1t}\\ \vdots & & \vdots\\ \boldsymbol{C}_{s1} & \cdots & \boldsymbol{C}_{st}\end{bmatrix}$$

其中

$$\boldsymbol{C}_{ij}=\sum_{k=1}^{r}\boldsymbol{A}_{ik}\boldsymbol{B}_{kj}\quad(i=1,2,\cdots,s;j=1,2,\cdots,t)$$

例 2.21　设

$$\boldsymbol{A}=\begin{bmatrix}1 & -1 & 0 & 0\\ 3 & -1 & 0 & 0\\ 0 & 1 & 0 & 0\\ 0 & 0 & 2 & -1\end{bmatrix},\boldsymbol{B}=\begin{bmatrix}1 & 0 & 0 & 0\\ -1 & 0 & 0 & 0\\ 0 & 1 & 3 & -1\\ 0 & 2 & 1 & 4\end{bmatrix}$$

用分块矩阵计算 $\boldsymbol{AB}$.

解　将矩阵 $\boldsymbol{A}$，$\boldsymbol{B}$ 分块如下：

$$\boldsymbol{A}=\left[\begin{array}{cc:cc}1 & -1 & 0 & 0\\ 3 & -1 & 0 & 0\\ 0 & 1 & 0 & 0\\ \hdashline 0 & 0 & 2 & -1\end{array}\right]=\begin{bmatrix}\boldsymbol{A}_{11} & \boldsymbol{O}\\ \boldsymbol{O} & \boldsymbol{A}_{22}\end{bmatrix},\boldsymbol{B}=\left[\begin{array}{c:ccc}1 & 0 & 0 & 0\\ -1 & 0 & 0 & 0\\ \hdashline 0 & 1 & 3 & -1\\ 0 & 2 & 1 & 4\end{array}\right]=\begin{bmatrix}\boldsymbol{B}_{11} & \boldsymbol{O}\\ \boldsymbol{O} & \boldsymbol{B}_{22}\end{bmatrix}$$

则

$$\boldsymbol{AB}=\begin{bmatrix}\boldsymbol{A}_{11}\boldsymbol{B}_{11} & \boldsymbol{O}\\ \boldsymbol{O} & \boldsymbol{A}_{22}\boldsymbol{B}_{22}\end{bmatrix}=\begin{bmatrix}2 & 0 & 0 & 0\\ 4 & 0 & 0 & 0\\ -1 & 0 & 0 & 0\\ 0 & 0 & 5 & -6\end{bmatrix}$$

3. 分块矩阵的转置

设分块矩阵

$$A=\begin{bmatrix} A_{11} & \cdots & A_{1r} \\ \vdots & & \vdots \\ A_{s1} & \cdots & A_{sr} \end{bmatrix}$$

则分块矩阵的转置矩阵为

$$A^{\mathrm{T}}=\begin{bmatrix} A_{11}^{\mathrm{T}} & \cdots & A_{s1}^{\mathrm{T}} \\ \vdots & & \vdots \\ A_{1r}^{\mathrm{T}} & \cdots & A_{sr}^{\mathrm{T}} \end{bmatrix}$$

即分块矩阵的转置，是将它的行列依次互换，同时将各子块转置.

例 2.22 设 $A=\left[\begin{array}{cc|ccc} 1 & 2 & 1 & 5 & 1 \\ 0 & 1 & 0 & 3 & 2 \\ \hline 1 & 1 & 1 & 4 & 5 \end{array}\right]=\begin{bmatrix} A_{11} & A_{12} \\ A_{21} & A_{22} \end{bmatrix}$，用分块矩阵计算 A^T.

解 $$A^{\mathrm{T}}=\begin{bmatrix} A_{11} & A_{12} \\ A_{21} & A_{22} \end{bmatrix}^{\mathrm{T}}=\begin{bmatrix} A_{11}^{\mathrm{T}} & A_{21}^{\mathrm{T}} \\ A_{12}^{\mathrm{T}} & A_{22}^{\mathrm{T}} \end{bmatrix}=\left[\begin{array}{cc|c} 1 & 0 & 1 \\ 2 & 1 & 1 \\ \hline 1 & 0 & 1 \\ 5 & 3 & 4 \\ 1 & 2 & 5 \end{array}\right]$$

4. 分块对角矩阵

设 A 为方阵且可分块为

$$A=\begin{bmatrix} A_1 & & & \\ & A_2 & & \\ & & \ddots & \\ & & & A_s \end{bmatrix}$$

其中，$A_i(i=1,2,\cdots,s)$都是方阵，空白处全为零子块，则称 A 为**分块对角矩阵**(也称**准对角阵**). 分块对角矩阵具有以下性质：

若设

$$A=\begin{bmatrix} A_1 & & & \\ & A_2 & & \\ & & \ddots & \\ & & & A_s \end{bmatrix},\quad B=\begin{bmatrix} B_1 & & & \\ & B_2 & & \\ & & \ddots & \\ & & & B_s \end{bmatrix}$$

A_i，B_i 分别为同阶的子方块($i=1,2,\cdots,s$)，则有

$$\boldsymbol{A}\pm\boldsymbol{B}=\begin{bmatrix}\boldsymbol{A}_1\pm\boldsymbol{B}_1 & & & \\ & \boldsymbol{A}_2\pm\boldsymbol{B}_2 & & \\ & & \ddots & \\ & & & \boldsymbol{A}_s\pm\boldsymbol{B}_s\end{bmatrix},\quad k\boldsymbol{A}=\begin{bmatrix}k\boldsymbol{A}_1 & & & \\ & k\boldsymbol{A}_2 & & \\ & & \ddots & \\ & & & k\boldsymbol{A}_s\end{bmatrix}$$

$$\boldsymbol{A}\boldsymbol{B}=\begin{bmatrix}\boldsymbol{A}_1\boldsymbol{B}_1 & & & \\ & \boldsymbol{A}_2\boldsymbol{B}_2 & & \\ & & \ddots & \\ & & & \boldsymbol{A}_s\boldsymbol{B}_s\end{bmatrix},\boldsymbol{A}^{\mathrm{T}}=\begin{bmatrix}\boldsymbol{A}_1^{\mathrm{T}} & & & \\ & \boldsymbol{A}_2^{\mathrm{T}} & & \\ & & \ddots & \\ & & & \boldsymbol{A}_s^{\mathrm{T}}\end{bmatrix}$$

$$|\boldsymbol{A}|=|\boldsymbol{A}_1||\boldsymbol{A}_2|\cdots|\boldsymbol{A}_s|$$

显然若$|\boldsymbol{A}|=|\boldsymbol{A}_1||\boldsymbol{A}_2|\cdots|\boldsymbol{A}_2|\neq 0$,$\boldsymbol{A}$ 可逆,且 $\boldsymbol{A}_1,\boldsymbol{A}_2,\cdots,\boldsymbol{A}_s$ 均可逆,由分块对角矩阵的乘法知

$$\boldsymbol{A}^{-1}=\begin{bmatrix}\boldsymbol{A}_1^{-1} & & & \\ & \boldsymbol{A}_2^{-1} & & \\ & & \ddots & \\ & & & \boldsymbol{A}_s^{-1}\end{bmatrix}$$

例 2.23　设矩阵

$$\boldsymbol{A}=\begin{bmatrix}5 & 2 & 0 & 0\\ 2 & 1 & 0 & 0\\ 0 & 0 & 8 & 3\\ 0 & 0 & 5 & 2\end{bmatrix}$$

用分块对角阵计算 $\boldsymbol{A}^{-1}$.

解　令

$$\boldsymbol{A}=\begin{bmatrix}\boldsymbol{A}_1 & \boldsymbol{O}\\ \boldsymbol{O} & \boldsymbol{A}_2\end{bmatrix},\quad \boldsymbol{A}_1=\begin{bmatrix}5 & 2\\ 2 & 1\end{bmatrix},\quad \boldsymbol{A}_2=\begin{bmatrix}8 & 3\\ 5 & 2\end{bmatrix}$$

因为

$$|\boldsymbol{A}|=|\boldsymbol{A}_1||\boldsymbol{A}_2|=\begin{vmatrix}5 & 2\\ 2 & 1\end{vmatrix}\begin{vmatrix}8 & 3\\ 5 & 2\end{vmatrix}=1\times 1\neq 0$$

所以

$$\boldsymbol{A}^{-1}=\begin{bmatrix}\boldsymbol{A}_1^{-1} & \boldsymbol{O}\\ \boldsymbol{O} & \boldsymbol{A}_2^{-1}\end{bmatrix}=\begin{bmatrix}1 & -2 & 0 & 0\\ -2 & 5 & 0 & 0\\ 0 & 0 & 2 & -3\\ 0 & 0 & -5 & 8\end{bmatrix}$$

从例 2.23 可以看出，当矩阵中含有较多的零元素时，高阶矩阵经分块后能写成分块对角矩阵，其运算量将大大地减少.

习题二

(A)

1. 设矩阵

$$A=\begin{bmatrix}1&1&1\\1&1&-1\\1&-1&1\end{bmatrix},\quad B=\begin{bmatrix}1&2&0\\-1&3&4\\8&2&1\end{bmatrix}$$

求 $3AB-2A$，$B^{\mathrm{T}}A$.

2. 计算下列矩阵乘法.

(1) $\begin{bmatrix}1&2&3\end{bmatrix}\begin{bmatrix}1\\2\\3\end{bmatrix}$　　(2) $\begin{bmatrix}2\\1\\3\end{bmatrix}\begin{bmatrix}-1&2\end{bmatrix}$

(3) $\begin{bmatrix}1&2&3&4\\-1&0&2&5\end{bmatrix}\begin{bmatrix}1&3\\2&4\\-1&0\\5&1\end{bmatrix}$　　(4) $\begin{bmatrix}x_1&x_2&x_3\end{bmatrix}\begin{bmatrix}a_{11}&a_{12}&a_{13}\\a_{12}&a_{22}&a_{23}\\a_{13}&a_{23}&a_{33}\end{bmatrix}\begin{bmatrix}x_1\\x_2\\x_3\end{bmatrix}$

3. 已知两个线性变换

$$\begin{cases}x_1=y_1+y_2+y_3\\x_2=2y_1-y_2\\x_3=4y_1+5y_3\end{cases},\quad \begin{cases}y_1=-3z_1+z_2\\y_2=4z_1-z_2\\y_3=z_1+z_2\end{cases}$$

求由它们复合所得到的从 z_1,z_2 到 x_1,x_2,x_3 的线性变换的矩阵.

4. 举反例说明下列命题是错误的.

(1) 若 $A^2=O$，则 $A=O$；

(2) 若 $A^2=A$，则 $A=O$ 或 $A=I$；

(3) 若 $AX=AY$，且 $A\neq O$，则 $X=Y$.

5. 设 $A=\begin{bmatrix}1&0\\\lambda&1\end{bmatrix}$，求 $A^2,A^3,\cdots,A^n$.

6. 设 $A=\begin{bmatrix}\lambda&1&0\\0&\lambda&1\\0&0&\lambda\end{bmatrix}$，求 A^k，其中 k 为正整数.

7. 求下列矩阵的逆阵.

(1) $\begin{bmatrix} 1 & 2 \\ 2 & 5 \end{bmatrix}$　　(2) $\begin{bmatrix} \cos\theta & -\sin\theta \\ \sin\theta & \cos\theta \end{bmatrix}$

(3) $\begin{bmatrix} 1 & 2 & -1 \\ 3 & 4 & -2 \\ 5 & -4 & 1 \end{bmatrix}$　　(4) $\begin{bmatrix} a_1 & & & \\ & a_2 & & \\ & & \ddots & \\ & & & a_n \end{bmatrix}$,$(a_1a_2\cdots a_n\neq 0)$

8. 解下列矩阵方程.

(1) $\begin{bmatrix} 2 & 5 \\ 1 & 3 \end{bmatrix}\boldsymbol{X}=\begin{bmatrix} 4 & -6 \\ 2 & 1 \end{bmatrix}$;

(2) $\boldsymbol{X}\begin{bmatrix} 2 & 1 & -1 \\ 2 & 1 & 0 \\ 1 & -1 & 1 \end{bmatrix}=\begin{bmatrix} 1 & -1 & 3 \\ 4 & 3 & 2 \end{bmatrix}$;

(3) $\begin{bmatrix} 1 & 4 \\ -1 & 2 \end{bmatrix}\boldsymbol{X}\begin{bmatrix} 2 & 0 \\ -1 & 1 \end{bmatrix}=\begin{bmatrix} 3 & 1 \\ 0 & -1 \end{bmatrix}$;

(4) $\begin{bmatrix} 0 & 1 & 0 \\ 1 & 0 & 0 \\ 0 & 0 & 1 \end{bmatrix}\boldsymbol{X}\begin{bmatrix} 1 & 0 & 0 \\ 0 & 0 & 1 \\ 0 & 1 & 0 \end{bmatrix}=\begin{bmatrix} 1 & -4 & 3 \\ 2 & 0 & -1 \\ 1 & -2 & 0 \end{bmatrix}$.

9. 利用逆阵解下列线性方程组

(1) $\begin{cases} x_1+2x_2+3x_3=1 \\ 2x_1+2x_2+5x_3=2 \\ 3x_1+5x_2+x_3=3 \end{cases}$　　(2) $\begin{cases} x_1-x_2-x_3=2 \\ 2x_1-x_2-3x_3=1 \\ 3x_1+2x_2-5x_3=0 \end{cases}$

10. 设 $\boldsymbol{A}^k=\boldsymbol{O}$ (k 为正整数),证明

$$(\boldsymbol{I}-\boldsymbol{A})^{-1}=\boldsymbol{I}+\boldsymbol{A}+\boldsymbol{A}^2+\cdots+\boldsymbol{A}^{k-1}$$

11. 设方阵 $\boldsymbol{A}$ 满足 $\boldsymbol{A}^2-\boldsymbol{A}-2\boldsymbol{I}=\boldsymbol{O}$,证明 $\boldsymbol{A}$ 及 $\boldsymbol{A}+2\boldsymbol{I}$ 都可逆,并求 $\boldsymbol{A}^{-1}$ 及 $(\boldsymbol{A}+2\boldsymbol{I})^{-1}$.

12. 设 $\boldsymbol{A}$ 为三阶矩阵,$|\boldsymbol{A}|=\dfrac{1}{2}$,求 $|(2\boldsymbol{A})^{-1}-5\boldsymbol{A}^*|$.

13. 设 $\boldsymbol{A}=\begin{bmatrix} 0 & 3 & 3 \\ 1 & 1 & 0 \\ -1 & 2 & 3 \end{bmatrix}$, $\boldsymbol{AB}=\boldsymbol{A}+2\boldsymbol{B}$, 求 $\boldsymbol{B}$.

14. 设 $\boldsymbol{AP}=\boldsymbol{P\Lambda}$,其中 $\boldsymbol{P}=\begin{bmatrix}1 & 1 & 1\\ 1 & 0 & -2\\ 1 & -1 & 1\end{bmatrix}$,$\boldsymbol{\Lambda}=\begin{bmatrix}-1 & & \\ & 1 & \\ & & 5\end{bmatrix}$,求 $\varphi(\boldsymbol{A})=\boldsymbol{A}^8(5\boldsymbol{I}-6\boldsymbol{A}+\boldsymbol{A}^2)$.

15. 设矩阵 $\boldsymbol{A}=\begin{bmatrix}1 & 0 & 0\\ 2 & 2 & 5\\ 3 & 4 & 5\end{bmatrix}$,求$(\boldsymbol{A}^*)^{-1}$.

16. 已知矩阵 $\boldsymbol{A}=\begin{bmatrix}1 & 1 & k\\ 1 & k & 1\\ k & 1 & 1\end{bmatrix}$,求 $\det(\boldsymbol{A})$.

17. 设 $\boldsymbol{A},\boldsymbol{B},\boldsymbol{A}+\boldsymbol{B}$ 均为 n 阶可逆矩阵,证明:

(1) $\boldsymbol{A}^{-1}+\boldsymbol{B}^{-1}$可逆,且$(\boldsymbol{A}^{-1}+\boldsymbol{B}^{-1})^{-1}=\boldsymbol{A}(\boldsymbol{A}+\boldsymbol{B})^{-1}\boldsymbol{B}$;

(2) $\boldsymbol{A}(\boldsymbol{A}+\boldsymbol{B})^{-1}\boldsymbol{B}=\boldsymbol{B}(\boldsymbol{A}+\boldsymbol{B})^{-1}\boldsymbol{A}$.

18. 设矩阵

$$\boldsymbol{A}=\begin{bmatrix}1 & 1 & 1 & 1\\ 1 & 1 & -1 & -1\\ 1 & -1 & 1 & -1\\ 1 & -1 & -1 & 1\end{bmatrix}$$

(1) 求 $\boldsymbol{A}^2$ 及 $\boldsymbol{A}^{-1}$;

(2) 若方阵 $\boldsymbol{B}$ 满足 $\boldsymbol{A}^2+\boldsymbol{AB}-\boldsymbol{A}=\boldsymbol{I}$,求 $\boldsymbol{B}$.

19. 计算矩阵的乘积 $\begin{bmatrix}1 & 2 & 1 & 0\\ 0 & 1 & 0 & 1\\ 0 & 0 & 2 & 1\\ 0 & 0 & 0 & 3\end{bmatrix}\begin{bmatrix}1 & 0 & 3 & 1\\ 0 & 1 & 2 & -1\\ 0 & 0 & -2 & 3\\ 0 & 0 & 0 & -3\end{bmatrix}$

20. 设矩阵

$$\boldsymbol{A}=\left[\begin{array}{cc:ccc}1 & 2 & 0 & 0 & 0\\ 3 & -1 & 0 & 0 & 0\\ \hdashline 0 & 0 & 1 & 0 & 1\\ 0 & 0 & 2 & 3 & 2\\ 0 & 0 & 3 & 1 & 1\end{array}\right],\quad \boldsymbol{B}=\left[\begin{array}{cc:ccc}1 & 3 & 0 & 0 & 0\\ 2 & 8 & 0 & 0 & 0\\ \hdashline 1 & 0 & 1 & 0 & 1\\ 0 & 1 & 2 & 3 & 2\\ 2 & 3 & 3 & -1 & -1\end{array}\right],\quad \boldsymbol{C}=\left[\begin{array}{cc:cc}2 & 0 & 0 & 0\\ 0 & 3 & 0 & 0\\ \hdashline 0 & 0 & 5 & 2\\ 0 & 0 & 2 & 1\end{array}\right]$$

试利用分块矩阵的方法求 $\boldsymbol{AB}$ 及 $\boldsymbol{C}^{-1}$.

21. 设 n 阶矩阵 $\boldsymbol{A}$ 及 s 阶矩阵 $\boldsymbol{B}$ 都可逆,求

(1) $\begin{bmatrix} \boldsymbol{O} & \boldsymbol{A} \\ \boldsymbol{B} & \boldsymbol{O} \end{bmatrix}^{-1}$　　(2) $\begin{bmatrix} \boldsymbol{A} & \boldsymbol{O} \\ \boldsymbol{C} & \boldsymbol{B} \end{bmatrix}^{-1}$

22. 求下列矩阵的逆阵.

(1) $\begin{bmatrix} 5 & 2 & 0 & 0 \\ 2 & 1 & 0 & 0 \\ 0 & 0 & 8 & 3 \\ 0 & 0 & 5 & 2 \end{bmatrix}$　　(2) $\begin{bmatrix} 1 & 0 & 0 & 0 \\ 1 & 2 & 0 & 0 \\ 2 & 1 & 3 & 0 \\ 1 & 2 & 1 & 4 \end{bmatrix}$

(B)

1. 设 $\boldsymbol{A}$ 为 m 阶对称矩阵，$\boldsymbol{B}$ 为 $m\times n$ 矩阵. 证明 $\boldsymbol{B}^{\mathrm{T}}\boldsymbol{A}\boldsymbol{B}$ 为 n 阶对称矩阵.

2. 设 $\boldsymbol{A}=\operatorname{diag}(1,-2,1)$，$\boldsymbol{A}^{*}\boldsymbol{B}\boldsymbol{A}=2\boldsymbol{B}\boldsymbol{A}-8\boldsymbol{I}$，求 $\boldsymbol{B}$.

3. 设 n 阶方阵 $\boldsymbol{A}$，$\boldsymbol{B}$ 的行列式分别等于 2，-3，求 $\det(-2\boldsymbol{A}^{*}\boldsymbol{B}^{-1})$的值.

4. 证明

$$\begin{bmatrix} 1 & 1 & 0 \\ 0 & 1 & 1 \\ 0 & 0 & 1 \end{bmatrix}^{n}=\begin{bmatrix} 1 & n & \frac{1}{2}n(n-1) \\ 0 & 1 & n \\ 0 & 0 & 1 \end{bmatrix}$$

5. 设 $\boldsymbol{P}^{-1}\boldsymbol{A}\boldsymbol{P}=\boldsymbol{B}$，$\boldsymbol{P}=\begin{bmatrix} -1 & -4 \\ 1 & 1 \end{bmatrix}$，$\boldsymbol{B}=\begin{bmatrix} -1 & 0 \\ 0 & 2 \end{bmatrix}$，求 $\boldsymbol{A}^{11}$.

复习题二

1. 试述矩阵的乘法与数的乘法有什么不同.

2. 填空题.

(1) 设 $\boldsymbol{A}$ 是三阶方阵，且 $|\boldsymbol{A}|=-1$，则 $|2\boldsymbol{A}|=$________.

(2) 设 $\boldsymbol{A}$ 是 $m\times n$ 矩阵，$\boldsymbol{B}$ 是 $s\times m$ 矩阵，则 $\boldsymbol{A}^{\mathrm{T}}\boldsymbol{B}^{\mathrm{T}}$ 是____行____列的矩阵.

(3) 矩阵 $\begin{bmatrix} 2 & 3 \\ 3 & 5 \end{bmatrix}$ 的逆矩阵是________.

(4) $\boldsymbol{A}$ 是 n 阶方阵，则 $\boldsymbol{A}^{\mathrm{T}}\boldsymbol{A}$ 是________方阵.

(5) n 阶方阵 $\boldsymbol{A}$ 不可逆的充要条件是________.

(6) 设 $\boldsymbol{A}=\begin{bmatrix} 1 & 2 \\ 0 & 4 \end{bmatrix}$，$\boldsymbol{B}=\begin{bmatrix} 0 & 2 \\ 1 & -1 \end{bmatrix}$，则 $(\boldsymbol{A}+\boldsymbol{B}^{\mathrm{T}})^{\mathrm{T}}=$________.

(7) $\boldsymbol{A}$ 是 n 阶方阵，$\boldsymbol{A}^{*}$ 是 $\boldsymbol{A}$ 的伴随矩阵，若 $|\boldsymbol{A}|=1$，则 $(\boldsymbol{A}^{*})^{*}=$________.

(8) $\boldsymbol{A}$ 是 n 阶方阵，且 n 为奇数，则 $|\boldsymbol{A}-\boldsymbol{A}^{\mathrm{T}}|=$________.

3. 判断题

(1) 若 n 阶方阵 $\boldsymbol{A},\boldsymbol{B}$ 满足 $|\boldsymbol{A}|=|\boldsymbol{B}|$，则 $\boldsymbol{A}=\boldsymbol{B}$. （　）

(2) 设 $\boldsymbol{A}$ 是 n 阶方阵，k 为常数，则 $|k\boldsymbol{A}|=k|\boldsymbol{A}|$. （　）

(3) 设 $\boldsymbol{A},\boldsymbol{B}$ 是 n 阶方阵，且 $\boldsymbol{AB}=\boldsymbol{I}$，则 $\boldsymbol{AB}=\boldsymbol{BA}$. （　）

(4) $\boldsymbol{A}$ 是 n 阶方阵，$\boldsymbol{A}\neq\boldsymbol{O}$，若 $\boldsymbol{AB}=\boldsymbol{O}$，则 $\boldsymbol{B}=\boldsymbol{O}$. （　）

(5) 设 $\boldsymbol{A}$ 是 n 阶对称矩阵，则 $\boldsymbol{A}^n$ 也是对称矩阵. （　）

(6) $\boldsymbol{A},\boldsymbol{B}$ 均为 n 阶可逆矩阵，则 $(\boldsymbol{AB})^{-1}=\boldsymbol{A}^{-1}\boldsymbol{B}^{-1}$ 的充分必要条件是 $\boldsymbol{A},\boldsymbol{B}$ 可交换. （　）

(7) 对于矩阵方程 $\boldsymbol{AX}=\boldsymbol{B}$，其解为 $\boldsymbol{X}=\boldsymbol{A}^{-1}\boldsymbol{B}$. （　）

(8) 对方阵 $\boldsymbol{A}$ 和 $\boldsymbol{B}$，$|\boldsymbol{A}+\boldsymbol{B}|=|\boldsymbol{A}|+|\boldsymbol{B}|$ 总不可能成立.

4. 单项选择题

(1) 对矩阵 $\boldsymbol{A}_{m\times n},\boldsymbol{B}_{s\times t}$ 做乘法 $\boldsymbol{B}^{\mathrm{T}}\boldsymbol{A}$，必须满足（　　）.

(A) $s=n$　　(B) $t=n$　　(C) $s=m$　　(D) $m=n$

(2) 若矩阵 $\boldsymbol{A}^2=\boldsymbol{A}$，则（　　）.

(A) $\boldsymbol{A}=\boldsymbol{O}$　　(B) $\boldsymbol{A}=\boldsymbol{I}$

(C) $\boldsymbol{A}=\boldsymbol{O}$ 或 $\boldsymbol{A}=\boldsymbol{I}$　　(D) $\boldsymbol{A}$ 与 $\boldsymbol{A}-\boldsymbol{I}$ 中至少有一个是不可逆的

(3) 设 $\boldsymbol{A},\boldsymbol{B}$ 都是 n 阶方阵($n>1$)，以下结论正确的是（　　）.

(A) $|\boldsymbol{A}+\boldsymbol{B}|=|\boldsymbol{A}|+|\boldsymbol{B}|$　　(B) $|\boldsymbol{AB}|\neq|\boldsymbol{A}||\boldsymbol{B}|$

(C) $|\boldsymbol{AB}|\neq|\boldsymbol{BA}|$　　(D) $|\boldsymbol{AB}^{\mathrm{T}}|=|\boldsymbol{AB}|$

(4) 设 $\boldsymbol{A}$ 为三阶方阵，$\boldsymbol{A}^*$ 是 $\boldsymbol{A}$ 的伴随矩阵，常数 $k\neq0,k\neq\pm1$，则 $(k\boldsymbol{A})^*=$（　　）.

(A) $k\boldsymbol{A}^*$　　(B) $k^2\boldsymbol{A}^*$　　(C) $k^3\boldsymbol{A}^*$　　(D) $k^{-1}\boldsymbol{A}^*$

(5) 设 $\boldsymbol{A},\boldsymbol{B}$ 都是 n 阶方阵，若 $\boldsymbol{AB}=\boldsymbol{O}$，则（　　）.

(A) $\boldsymbol{A}=\boldsymbol{O}$ 或 $\boldsymbol{B}=\boldsymbol{O}$　　(B) $\boldsymbol{BA}=\boldsymbol{O}$

(C) $|\boldsymbol{A}|=0$ 且 $|\boldsymbol{B}|=0$　　(D) $|\boldsymbol{A}|=0$ 或 $|\boldsymbol{B}|=0$

(6) 设 $\boldsymbol{A}$ 为任意矩阵，下列矩阵不一定是对称矩阵的是（　　）.

(A) $\boldsymbol{A}+\boldsymbol{A}^{\mathrm{T}}$　　(B) $\boldsymbol{AA}^{\mathrm{T}}$　　(C) $\boldsymbol{A}^{\mathrm{T}}\boldsymbol{AA}^{\mathrm{T}}$　　(D) $(\boldsymbol{A}+\boldsymbol{A}^{\mathrm{T}})^{\mathrm{T}}$

(7) 设 $\boldsymbol{A},\boldsymbol{B},\boldsymbol{C}$ 均为 n 阶方阵，且 $\boldsymbol{AB}=\boldsymbol{BC}=\boldsymbol{CA}=\boldsymbol{I}$，则 $\boldsymbol{A}^2+\boldsymbol{B}^2+\boldsymbol{C}^2=$（　　）.

(A) $3\boldsymbol{I}$　　(B) $2\boldsymbol{I}$　　(C) $\boldsymbol{I}$　　(D) $\boldsymbol{O}$

(8) 若 $\boldsymbol{A}^*$ 是 $n(n\geqslant2)$ 阶矩阵 $\boldsymbol{A}$ 的伴随矩阵，则 $|\boldsymbol{A}^*|=$（　　）.

(A) 0　　(B) $|\boldsymbol{A}|$　　(C) $|\boldsymbol{A}|^n$　　(D) $|\boldsymbol{A}|^{n-1}$

5. 设 $\boldsymbol{A}=\begin{bmatrix}1&0&1\\0&2&0\\1&0&1\end{bmatrix}$，且 $\boldsymbol{AZ}+\boldsymbol{I}=\boldsymbol{A}^2+\boldsymbol{Z}$，求矩阵 $\boldsymbol{Z}$.

6. 已知 $\boldsymbol{A}=\begin{bmatrix}1&0&0&\cdots&0&0\\a&1&0&\cdots&0&0\\a^2&a&1&\cdots&0&0\\\vdots&\vdots&\vdots&&\vdots&\vdots\\a^{n-1}&a^{n-2}&a^{n-3}&\cdots&a&1\end{bmatrix}$，求 $\boldsymbol{A}^{-1}$.

7. 设 $\boldsymbol{A}$ 是上(下)三角形矩阵，且 $\boldsymbol{A}$ 可逆，试证：$\boldsymbol{A}$ 的逆矩阵也是上(下)三角形矩阵.

8. 设 $\boldsymbol{A}$ 是实对称矩阵，且 $\boldsymbol{A}^2=\boldsymbol{O}$，证明 $\boldsymbol{A}=\boldsymbol{O}$.

9. 设方阵 $\boldsymbol{A}$ 满足 $\boldsymbol{A}^2-2\boldsymbol{A}-4\boldsymbol{I}=\boldsymbol{O}$，证明：$\boldsymbol{A}+\boldsymbol{I}$ 和 $\boldsymbol{A}-3\boldsymbol{I}$ 都可逆，并求它们的逆.

第③章

线性方程组及其求解

第 1 章已经介绍了当未知量的个数等于方程个数时，线性方程组的一种求解方法，即以行列式为工具的克拉默法则. 正如在第 1 章末所指出的，它并没有解决一般线性方程组的基本问题.

一般线性方程组的主要问题是：

(1) 如何判断一个线性方程组有没有解？

(2) 在线性方程组有解时，它有多少解？如何求出它的全部解？

(3) 如果方程组的解不唯一，那么这些解之间的关系，即解的结构如何？

本章将以矩阵为工具讨论一般线性方程组的相容性，研究基于消元法的一般的求解方法，建立并证明一般线性方程组的基本定理，及其在科学与技术、经济与管理及诸多工程实际中都有广泛的应用.

3.1 线性方程组的消元法与矩阵的初等变换

中国古代的经典数学著作《九章算术》的主要特色是它的以计算为中心，密切联系实际，以解决人们生产、生活中的数学问题为目的的风格，可以说它体现了古代东方数学文化的显著特点.《九章算术》中线性代数方程的解法——九章消元法就是将它们的系数和常数项用算筹摆成“方程”，再进行消元. 到了 13 世纪，秦九韶在《数书九章》中对线性方程组的解法进行彻底改造，提出互乘相消法. 19 世纪，西方对线性方程组的解已有深入研究，所采用的方法与九章-秦九韶消元法类似，高斯提出了求解方程更规范的方法. 下面我们从线性方程组的定义出发学习高斯消元法.

3.1.1 n 元线性方程组

设一般 n 元线性方程组为

$$\begin{cases} a_{11}x_1+a_{12}x_2+\cdots+a_{1n}x_n=b_1 \\ a_{21}x_1+a_{22}x_2+\cdots+a_{2n}x_n=b_2 \\ \quad\vdots \\ a_{m1}x_1+a_{m2}x_2+\cdots+a_{mn}x_n=b_m \end{cases} \tag{3.1}$$

其中 $x_1,x_2,\cdots,x_n$ 表示 n 个未知量，m 代表方程的个数，$a_{ij}(i=1,2,\cdots,m;j=1,2,\cdots,n)$称为方程组的系数，$b_i(i=1,2,\cdots,m)$称为常数项.

当 b_i 不全为零时，方程组(3.1)称为**非齐次线性方程组**；

当 b_i 全为零时，即

$$\begin{cases} a_{11}x_1+a_{12}x_2+\cdots+a_{1n}x_n=0 \\ a_{21}x_1+a_{22}x_2+\cdots+a_{2n}x_n=0 \\ \quad\vdots \\ a_{m1}x_1+a_{m2}x_2+\cdots+a_{mn}x_n=0 \end{cases} \tag{3.2}$$

称为**齐次线性方程组**.

在方程组(3.1)中，若存在一有序数组$(k_1,k_2,\cdots,k_n)$，当 $x_1,x_2,\cdots,x_n$ 分别用 $k_1,k_2,\cdots,k_n$ 替换后，方程组(3.1)的每个等式都成立，则称该有序数组$(k_1,k_2,\cdots,k_n)$为方程组(3.1)的一个**解**. 方程组(3.1)的解的全体称为它的**解集**. 当方程组有解时，称方程组是**相容**的；当方程组无解时，则称方程组**不相容**. 如果两个方程组有相同的解集，那么称这两个方程组是**同解**的或**等价**的.

3.1.2　消元法

读者已在中学里学习了求解二元及三元一次方程组的消元法，这种方法也是求解一般线性方程组的最有效方法. 我们现在要对这种方法从理论上加以总结和提高，给出一般线性方程组的有规律的求解方法.

消元法的基本思想是通过对方程组施行一系列同解变形，消去一些方程中的若干个未知量(称为消元)，把方程组化成易于求解的同解方程组. 那么，通过消元，要把方程组化成怎样的简单形式呢？消元过程又都涉及哪些变换呢？

我们来看下边的例子.

例 3.1　求解线性方程组

$$\begin{cases} x_1+x_2+2x_3=9 & ① \\ 2x_1+2x_2-3x_3=11 & ② \\ 3x_1+6x_2-6x_3=0 & ③ \\ x_1+3x_2-5x_3=-8 & ④ \end{cases}$$

解 未知量的个数愈少，方程组就愈容易求解. 所以，下面通过消元，使相邻两方程中，下边方程的未知量个数少于上面方程的未知量个数. 先看 x_1，方程①含 x_1，保留方程①不变，并利用它及加减消元法消去后边各方程中的 x_1，为此，把方程①的 -2 倍、-3 倍、-1 倍分别加到方程②，③，④上去，就把方程组化成为

$$\begin{cases} x_1 + x_2 + 2x_3 = 9 & ⑤ \\ \quad\quad -7x_3 = -7 & ⑥ \\ 3x_2 - 12x_3 = -27 & ⑦ \\ 2x_2 - 7x_3 = -17 & ⑧ \end{cases}$$

除最上边的方程⑤外，方程⑥～⑧都已不含 x_1. 按照前面的思想，对后 3 个方程继续进行消元. 先考虑 x_2，由于方程⑥中不含 x_2，而⑦中含 x_2，因此将⑥，⑦两个方程的位置互换，并且为了以下运算的方便，用 $\frac{1}{3}$ 乘方程⑦的两端，用 $-\frac{1}{7}$ 乘方程⑥的两端，便将方程组化成为

$$\begin{cases} x_1 + x_2 + 2x_3 = 9 & ⑨ \\ x_2 - 4x_3 = -9 & ⑩ \\ x_3 = 1 & ⑪ \\ 2x_2 - 7x_3 = -17 & ⑫ \end{cases}$$

再用方程⑩消去它后面各方程中的 x_2，为此，把方程⑩的 -2 倍加到方程⑫上去，便把方程组化成为

$$\begin{cases} x_1 + x_2 + 2x_3 = 9 & ⑬ \\ x_2 - 4x_3 = -9 & ⑭ \\ x_3 = 1 & ⑮ \\ x_3 = 1 & ⑯ \end{cases}$$

化成的方程组中，除前两个方程外，后边两方程都不再含 x_1 和 x_2，因此对后两个方程关于 x_3 进行消元，把方程⑮的 -1 倍加到方程⑯上去，就把方程组化成为

$$\begin{cases} x_1 + x_2 + 2x_3 = 9 & ⑰ \\ x_2 - 4x_3 = -9 & ⑱ \\ x_3 = 1 & ⑲ \end{cases}$$

（由于方程⑯化成了恒等式“0＝0”，所以下面不再写出）

上面最后这个方程组称为**阶梯形方程组**（它的增广矩阵为阶梯形矩阵），其中各方程所含未知量的个数，从上一方程到下一方程在逐步减少，因此，它就是我们希望转化成的形式.

要求方程组的解，现在只需**逐步回代**：先把从⑲解出的 $x_3=1$ 代入⑱，得 $x_2=-5$；再把 $x_3=1, x_2=-5$ 代入⑰，得 $x_1=12$，于是得方程组的解(唯一解)为

$$x_1=12,\ x_2=-5,\ x_3=1$$

从例 3.1 可以看到用消元法求解线性方程组的全过程：首先选取含 x_1 的方程作为方程组的第 1 个方程(必要时可通过交换两个方程的位置，把含 x_1 的方程调到最上边)，并利用第 1 个方程消去它下边各方程中的 x_1；然后，对化成的新方程组，覆盖住第 1 个方程，对余下的方程重复以上作法，即选取含 x_2 的方程作为第 1 个方程，并利用它消去它下边各方程中的 x_2(如果在前面消去 x_1 时，也顺便消去了后边各方程中的 x_2，则考虑对 x_3 进行消元，其余类推). 继续这样作下去，直至把方程组化成阶梯形方程组，这个过程称为**正向消元**. 另一个过程是**回代过程**，即**逆向求解**：先从阶梯形方程组的最后一个方程解出一个未知量，再将解出的未知量代入上一方程又解出一个未知量，照这样依次向上代入直至求出方程组的解. 正向消元过程和代入过程构成消元法解线性方程组的全过程.

分析上述消元的过程，容易看出它实际上只是对方程组反复施行以下 3 种变换：

(1) 交换某两个方程的位置；

(2) 用非零数 k 乘某方程的两端；

(3) 把某方程的倍数加到另一方程上去.

我们统称这 3 种变换为线性方程组的**初等变换**.

由于方程组的初等变换都是可逆变换，因此，不难证明方程组的初等变换总是把方程组化成同解方程组，即消元过程中的一系列方程组总是同解的.

由此可见，初等变换在求解线性方程组的过程中起着关键的作用. 而一般的 n 元线性方程组(3.1)的全部信息都在其增广矩阵中得到完全的反映，为了简化起见，我们引入矩阵的初等变换并利用它来深入地探讨求解线性方程组的一般方法.

3.1.3 矩阵的初等变换

矩阵的初等变换是研究矩阵与线性方程组等问题的重要工具. 下面主要介绍矩阵初等变换的概念和记号，及其在矩阵求逆中的应用.

1. 矩阵的初等变换

定义 3.1(初等变换)　对矩阵施行下列三种变换.

(1) **位置变换**：对调两行(列)(对调第 i 行与第 j 行，记为 $r_i \leftrightarrow r_j$；对调第 i 列与第 j 列，记为 $c_i \leftrightarrow c_j$).

(2) **倍乘变换**:以非零常数 k 乘某一行(列)中所有元素(第 i 行乘 k,记为 kr_i;第 s 列乘 k,记为 kc_s).

(3) **倍加变换**:把某一行(列)所有元素的 k 倍加到另一行(列)对应的元素上去(第 i 行的 k 倍加到第 j 行,记为 r_j+kr_i;第 s 列的 k 倍加到第 t 列,记为 c_t+kc_s).

上述三种变换,统称为矩阵的**初等行(列)变换**,简称为**矩阵的初等变换**.

初等变换的逆变换仍是初等变换,且变换类型相同.例如,变换 $r_i\leftrightarrow r_j$ 的逆变换为其本身,变换 $k\times r_i$ 的逆变换为 $r_i\times\frac{1}{k}$,变换 r_j+kr_i 的逆变换为 $r_j+(-k)r_i$ 或 r_j-kr_i.

定义 3.2(矩阵等价) 若矩阵 $\boldsymbol{A}$ 经过有限次初等变换变成矩阵 $\boldsymbol{B}$,则称矩阵 $\boldsymbol{A}$ 与 $\boldsymbol{B}$ 等价,记为 $\boldsymbol{A}\sim\boldsymbol{B}$(或 $\boldsymbol{A}\to\boldsymbol{B}$).

关于矩阵之间的等价关系有下列基本性质.

(1)反身性:$\boldsymbol{A}\sim\boldsymbol{A}$;

(2)对称性:若 $\boldsymbol{A}\sim\boldsymbol{B}$,则 $\boldsymbol{B}\sim\boldsymbol{A}$;

(3)传递性:若 $\boldsymbol{A}\sim\boldsymbol{B}$,$\boldsymbol{B}\sim\boldsymbol{C}$,则 $\boldsymbol{A}\sim\boldsymbol{C}$.

例 3.2 已知例 3.1 对应的增广矩阵 $\overline{\boldsymbol{A}}=\begin{bmatrix}1&1&2&9\\2&2&-3&11\\3&6&-6&0\\1&3&-5&-8\end{bmatrix}$,对其做如下初等行变换:

$$\overline{\boldsymbol{A}}=\begin{bmatrix}1&1&2&9\\2&2&-3&11\\3&6&-6&0\\1&3&-5&-8\end{bmatrix}\xrightarrow[r_4-r_1]{\substack{r_2-2r_1\\r_3-3r_1}}\begin{bmatrix}1&1&2&9\\0&0&-7&-7\\0&3&-12&-27\\0&2&-7&-17\end{bmatrix}\xrightarrow[r_2\leftrightarrow r_3]{\substack{r_3\times\frac{1}{3}\\r_2\times\frac{1}{7}}}\begin{bmatrix}1&1&2&9\\0&1&-4&-9\\0&0&1&1\\0&2&-7&-17\end{bmatrix}$$

$$\xrightarrow{r_4-2r_2}\begin{bmatrix}1&1&2&9\\0&1&-4&-9\\0&0&1&1\\0&0&1&1\end{bmatrix}\xrightarrow{r_4-r_3}\begin{bmatrix}1&1&2&9\\0&1&-4&-9\\0&0&1&1\\0&0&0&0\end{bmatrix}=\boldsymbol{B}$$

矩阵 $\boldsymbol{B}$ 的形式非常重要,我们称之为行阶梯形矩阵.那么,什么是阶梯形矩阵呢?

如果矩阵某一行的元素不全为零,则称该行为矩阵的**非零行**,否则称为**零行**,

并称非零行中左起第 1 个非零元素为该行的**首非零元**.

定义 3.3(阶梯形矩阵) 如果一个矩阵满足下列两个条件,则称它为**行阶梯形矩阵**,简称为**阶梯形矩阵**:

(1) 如果存在零行,则零行都在非零行的下边;

(2) 在任意两个相邻的非零行中,下一行的首非零元都在上一行的首非零元的右边,即从上到下,各非零行的首非零元的列标随着行标的递增而严格增大.

例如,下列矩阵都是阶梯形矩阵

$$\begin{bmatrix} 1 & 2 & 3 \\ 0 & 4 & 5 \\ 0 & 0 & 6 \end{bmatrix},\quad \begin{bmatrix} 0 & 1 & 2 & 3 \\ 0 & 0 & 0 & 4 \\ 0 & 0 & 0 & 0 \end{bmatrix},\quad \begin{bmatrix} 0 & 1 & 2 & 3 \\ 0 & 0 & 0 & 0 \\ 0 & 0 & 0 & 0 \end{bmatrix}$$

下列矩阵都不是阶梯形矩阵

$$\begin{bmatrix} 1 & 2 & 3 & 4 \\ 0 & 0 & 0 & 0 \\ 0 & 0 & 1 & 2 \end{bmatrix},\quad \begin{bmatrix} 1 & 2 & 3 & 4 \\ 0 & 1 & 2 & 3 \\ 0 & 2 & 3 & 4 \end{bmatrix},\quad \begin{bmatrix} 1 & 2 & 3 & 4 \\ 2 & 3 & 4 & 0 \\ 4 & 0 & 0 & 0 \end{bmatrix}$$

定义 3.4(简化阶梯形矩阵) 如果一个矩阵满足下列两个条件,则称它为**简化行阶梯形矩阵**(或**行最简形**):

(1) 阶梯形矩阵;

(2) 每个首非零元都是 1,并且在每个首非零元所在的列中,除首非零元 1 以外的其他元素全都为零.

例如,下列矩阵都是简化行阶梯形矩阵

$$\begin{bmatrix} 1 & 0 & 0 & 1 \\ 0 & 1 & 0 & 2 \\ 0 & 0 & 1 & 3 \end{bmatrix},\quad \begin{bmatrix} 0 & 1 & 2 & 0 & 1 \\ 0 & 0 & 0 & 1 & 3 \\ 0 & 0 & 0 & 0 & 0 \end{bmatrix},\quad \begin{bmatrix} 1 & 2 \\ 0 & 0 \end{bmatrix},\quad \begin{bmatrix} 1 & 0 & 0 \\ 0 & 1 & 0 \\ 0 & 0 & 1 \end{bmatrix}$$

下列矩阵都不是简化行阶梯形矩阵

$$\begin{bmatrix} 1 & 2 & 3 & 4 \\ 0 & 1 & 2 & 3 \\ 0 & 0 & 2 & 3 \end{bmatrix},\quad \begin{bmatrix} 1 & 1 & 0 \\ 0 & 1 & 0 \\ 0 & 0 & 0 \end{bmatrix},\quad \begin{bmatrix} 0 & 1 & 2 & 6 & 0 \\ 0 & 0 & 0 & -1 & 0 \\ 0 & 0 & 0 & 0 & 1 \end{bmatrix}$$

我们指出,阶梯形矩阵之所以应用广泛,是因为线性代数中的许多问题都可以通过对矩阵施行初等变换把矩阵化为阶梯形矩阵来解决. 这就涉及一个问题:任何一个矩阵是否都可经初等变换化成阶梯形呢? 下面的定理回答了这一问题.

定理 3.1 对于任一非零矩阵 $\mathbf{A}=(a_{ij})_{m\times n}$,都可通过有限次初等行变换把它化成阶梯形矩阵.

*证　要证明此定理，只要给出一种用初等行变换将矩阵化为阶梯形矩阵的方法就行了. 下面来说明这种方法.

第 1 步　首先选取 $\boldsymbol{A}$ 的最左边的非零列，比如说是第 1 列，即 $\boldsymbol{A}$ 的第 1 列的元素不全为零，不失一般性，可设 $a_{11}\neq 0$（否则，可经交换两行，把第 1 列的非零元素调到第 1 行第 1 列的位置，然后再做下面的讨论），因此可利用 a_{11} 将第 1 列中位于 a_{11} 下边的元素都化成零，这只要把第 1 行的 $\left(-\frac{a_{i1}}{a_{11}}\right)$ 倍加到第 i 行上去即可（$i=2,3,\cdots,m$）. 不过，把元素化成零的作法不是唯一的，以下我们换一个做法，即先用 $\frac{1}{a_{11}}$ 乘第 1 行，然后将第 1 行的（$-a_{i1}$）倍加到第 i 行上去（$i=2,3,\cdots,m$），就把 $\boldsymbol{A}$ 化成为

$$\boldsymbol{A}\rightarrow\begin{bmatrix}1 & a_{12}^{(1)} & \cdots & a_{1n}^{(1)}\\ 0 & a_{22}^{(1)} & \cdots & a_{2n}^{(1)}\\ \vdots & \vdots & & \vdots\\ 0 & a_{m2}^{(1)} & \cdots & a_{mn}^{(1)}\end{bmatrix}=\begin{bmatrix}1 & a_{12}^{(1)} \quad \cdots \quad a_{1n}^{(1)}\\ & \boldsymbol{A}_1\end{bmatrix}$$

把第 1 步所化成矩阵的除去第 1 行和第 1 列后的子矩阵记为 $\boldsymbol{A}_1$，如果 $\boldsymbol{A}_1$ 已是零矩阵，则已将 $\boldsymbol{A}$ 化成了阶梯形. 否则转入下一步.

第 2 步　对 $\boldsymbol{A}_1$ 重复第 1 步的做法.

照此做法做下去，或者在第 k 步（$1\leqslant k\leqslant m-1$）所得 $\boldsymbol{A}_k$ 已是零子矩阵；或者这样的步骤共进行了 $m-1$ 次. 总之，经过有限次初等行变换必可将 $\boldsymbol{A}$ 化成阶梯形.

利用定理 3.1 所讲的方法，可用初等行变换将任一非零矩阵化成首非零元都是 1 的阶梯形矩阵，在此基础上，还可进一步把矩阵化成简化行阶梯形矩阵.

例 3.3　用初等行变换将矩阵

$$\boldsymbol{A}=\begin{bmatrix}0 & 4 & -12 & 2 & -2\\ 3 & -1 & -6 & -2 & 8\\ -1 & -1 & 6 & 2 & 0\end{bmatrix}$$

化成简化行阶梯形矩阵.

解

$$\boldsymbol{A}\xrightarrow{r_1\leftrightarrow r_3}\begin{bmatrix}-1 & -1 & 6 & 2 & 0\\ 3 & -1 & -6 & -2 & 8\\ 0 & 4 & -12 & 2 & -2\end{bmatrix}\xrightarrow{-r_1}\begin{bmatrix}1 & 1 & -6 & -2 & 0\\ 3 & -1 & -6 & -2 & 8\\ 0 & 4 & -12 & 2 & -2\end{bmatrix}$$

$$\xrightarrow{r_2-3r_1}\begin{bmatrix}1 & 1 & -6 & -2 & 0\\ 0 & -4 & 12 & 4 & 8\\ 0 & 4 & -12 & 2 & -2\end{bmatrix}\xrightarrow{-\frac{1}{4}r_2}\begin{bmatrix}1 & 1 & -6 & -2 & 0\\ 0 & 1 & -3 & -1 & -2\\ 0 & 4 & -12 & 2 & -2\end{bmatrix}$$

$$\xrightarrow{r_3-4r_2}\begin{bmatrix}1&1&-6&-2&0\\0&1&-3&-1&-2\\0&0&0&6&6\end{bmatrix}\xrightarrow{\frac{1}{6}r_3}\begin{bmatrix}1&1&-6&-2&0\\0&1&-3&-1&-2\\0&0&0&1&1\end{bmatrix}\overset{\text{记为}}{=\!=}\boldsymbol{B}$$

即将 $\boldsymbol{A}$ 化成为首非零元都是 1 的阶梯形矩阵 $\boldsymbol{B}$. 为将 $\boldsymbol{A}$ 进一步化成简化行阶梯形，以下只需将 $\boldsymbol{B}$ 的每个首非零元上边的元素都化成零，这应从最下边一个首非零元开始：

$$\boldsymbol{B}\xrightarrow[r_2+r_3]{r_1+2r_3}\begin{bmatrix}1&1&-6&0&2\\0&1&-3&0&-1\\0&0&0&1&1\end{bmatrix}\xrightarrow{r_1-r_2}\begin{bmatrix}1&0&-3&0&3\\0&1&-3&0&-1\\0&0&0&1&1\end{bmatrix}$$

矩阵的初等变换不仅可以用语言来叙述，还可以用矩阵的乘法运算来表示. 为此，引入初等矩阵的概念.

2. 初等矩阵

定义 3.5（初等矩阵）　对单位矩阵只做一次初等变换所得到的矩阵，称为**初等矩阵，或初等方阵.**

因为初等行(列)变换只有 3 种，所以初等矩阵也只有 3 种，它们是：

(1) 对调单位矩阵 $\boldsymbol{I}$ 中的第 i 行与第 j 行(或互换 $\boldsymbol{I}$ 的第 i 列与第 j 列)得到的初等矩阵(其中未写出的元素都是零，以下都如此)

$$\boldsymbol{P}(i,j)=\begin{bmatrix}1&&&&&&&&\\&\ddots&&&&&&&\\&&1&&&&&&\\&&&0&\cdots&1&&&\\&&&&1&&&&\\&&&\vdots&\ddots&\vdots&&&\\&&&&&1&&&\\&&&1&\cdots&0&&&\\&&&&&&1&&\\&&&&&&&\ddots&\end{bmatrix}\begin{matrix}\\\\\\\leftarrow r_i\\\\\\\\\leftarrow r_j\\\\\\\end{matrix}$$

$$\qquad\qquad\uparrow c_i\qquad\qquad\uparrow c_j$$

(2) 用非零数 k 乘 $\boldsymbol{I}$ 的第 i 行(或用非零数 k 乘 $\boldsymbol{I}$ 的第 i 列)得到的初等矩阵

$$\boldsymbol{P}(i(k)) = \begin{bmatrix} 1 & & & & & & \\ & \ddots & & & & & \\ & & 1 & & & & \\ & & & k & & & \\ & & & & 1 & & \\ & & & & & \ddots & \\ & & & & & & 1 \end{bmatrix} \begin{matrix} \\ \\ \\ \leftarrow r_i \\ \\ \\ \\ \end{matrix}$$

$$\uparrow c_i$$

(3) 把 $\boldsymbol{I}$ 的第 i 行的 k 倍加到第 j 行上去(或把 $\boldsymbol{I}$ 的第 j 列的 k 倍加到第 i 列上去)得到的初等矩阵

$$\boldsymbol{P}(i(k),j) = \begin{bmatrix} 1 & & & & & & \\ & \ddots & & & & & \\ & & 1 & & & & \\ & & \vdots & \ddots & & & \\ & & k & \cdots & 1 & & \\ & & & & & \ddots & \\ & & & & & & 1 \end{bmatrix} \begin{matrix} \\ \\ \leftarrow r_i \\ \\ \leftarrow r_j \\ \\ \\ \end{matrix}$$

$$\uparrow c_i \qquad \uparrow c_j$$

容易验证 3 种初等矩阵的行列式都不等于零,因而初等矩阵都是可逆的,且它们的逆矩阵也都是初等矩阵:

$$\boldsymbol{P}(i,j)^{-1} = \boldsymbol{P}(i,j), \quad \boldsymbol{P}(i(k))^{-1} = \boldsymbol{P}(i(\frac{1}{k})), \quad \boldsymbol{P}(i(k),j)^{-1} = \boldsymbol{P}(i(-k),j)$$

初等矩阵是由单位矩阵经一次初等变换得到的矩阵,那么初等矩阵与一般矩阵的初等变换有什么关系呢?

我们通过具体例子加以说明.例如:

设矩阵

$$\boldsymbol{A} = \begin{bmatrix} 1 & 2 \\ 3 & 4 \\ 5 & 6 \end{bmatrix}$$

则

$$\boldsymbol{P}(2(2))\boldsymbol{A} = \begin{bmatrix} 1 & 0 & 0 \\ 0 & 2 & 0 \\ 0 & 0 & 1 \end{bmatrix} \begin{bmatrix} 1 & 2 \\ 3 & 4 \\ 5 & 6 \end{bmatrix} = \begin{bmatrix} 1 & 2 \\ 6 & 8 \\ 5 & 6 \end{bmatrix}$$

即将 $\boldsymbol{A}$ 的第 2 行乘以数 2.

$$\boldsymbol{AP}(1,2)=\begin{bmatrix}1&2\\3&4\\5&6\end{bmatrix}\begin{bmatrix}0&1\\1&0\end{bmatrix}=\begin{bmatrix}2&1\\4&3\\6&5\end{bmatrix}$$

此即表示互换 $\boldsymbol{A}$ 的第 1、2 列.

$$\boldsymbol{P}(3(2),1)\boldsymbol{A}=\begin{bmatrix}1&0&2\\0&1&0\\0&0&1\end{bmatrix}\begin{bmatrix}1&2\\3&4\\5&6\end{bmatrix}=\begin{bmatrix}1+2\times5&2+2\times6\\3&4\\5&6\end{bmatrix}=\begin{bmatrix}11&14\\3&4\\5&6\end{bmatrix}$$

此即表示将 $\boldsymbol{A}$ 的第 3 行乘以数 2 加到第 1 行.

由此我们得到初等矩阵的作用:

一般地,对 $m\times n$ 矩阵 $\boldsymbol{A}$ 进行一次初等行变换,其结果相当于用一个 m 阶的初等矩阵左乘 $\boldsymbol{A}$;对 $\boldsymbol{A}$ 施行一次初等列变换,相当于用一个相应的 n 阶初等矩阵右乘 $\boldsymbol{A}$.

初等矩阵与矩阵的初等变换的关系归纳如表 3.1.

表 3.1　初等矩阵与矩阵的初等变换的关系

用矩阵乘法表示初等行变换	用矩阵乘法表示初等列变换
$\boldsymbol{A}\xrightarrow{r_i\leftrightarrow r_j}\boldsymbol{B}$,则 $\boldsymbol{B}=\boldsymbol{P}(i,j)\boldsymbol{A}$	$\boldsymbol{A}\xrightarrow{c_i\leftrightarrow c_j}\boldsymbol{B}$,则 $\boldsymbol{B}=\boldsymbol{AP}(i,j)$
$\boldsymbol{A}\xrightarrow{kr_i}\boldsymbol{B}$,则 $\boldsymbol{B}=\boldsymbol{P}(i(k))\boldsymbol{A}$	$\boldsymbol{A}\xrightarrow{kc_i}\boldsymbol{B}$,则 $\boldsymbol{B}=\boldsymbol{AP}(i(k))$
$\boldsymbol{A}\xrightarrow{r_j+kr_i}\boldsymbol{B}$,则 $\boldsymbol{B}=\boldsymbol{P}(i(k),j)\boldsymbol{A}$	$\boldsymbol{A}\xrightarrow{c_i+kc_j}\boldsymbol{B}$,则 $\boldsymbol{B}=\boldsymbol{AP}(i(k),j)$

上一节在定义矩阵的初等变换时,既可初等行变换也可初等列变换,但是当我们试图利用矩阵的初等变换来处理线性方程组的初等变换时,考虑到线性方程在增广矩阵中是以行的形式出现. 所以我们必须要用初等行变换,而不能用初等列变换. 为了避免混淆,今后我们都使用初等行变换.

3.1.4　用初等行变换求逆矩阵

有了上面利用初等行变换把一般的矩阵化为阶梯形矩阵和简化行阶梯形矩阵的方法,现在可以讨论对可逆方阵求逆矩阵的问题了. 先看一个例子.

例 3.4　设 $\boldsymbol{A}$ 是三阶可逆方阵

$$\boldsymbol{A}=\begin{bmatrix}2&3&-4\\1&2&3\\2&-1&2\end{bmatrix}$$

利用初等行变换将 $\boldsymbol{A}$ 化为单位矩阵 $\boldsymbol{I}_3$.

解 用初等行变换将矩阵化为阶梯形矩阵的方法,有

$$\boldsymbol{A}=\begin{bmatrix}2&3&-4\\1&2&3\\2&-1&2\end{bmatrix}\xrightarrow{r_1\leftrightarrow r_2}\begin{bmatrix}1&2&3\\2&3&-4\\2&-1&2\end{bmatrix}\xrightarrow[r_3+(-2)r_1]{r_2+(-2)r_1}\begin{bmatrix}1&2&3\\0&-1&-10\\0&-5&-4\end{bmatrix}$$

$$\xrightarrow[r_3+5r_2]{(-1)r_2}\begin{bmatrix}1&2&3\\0&1&10\\0&0&46\end{bmatrix}\xrightarrow{\frac{1}{46}r_3}\begin{bmatrix}1&2&3\\0&1&10\\0&0&1\end{bmatrix}$$

$$\xrightarrow[r_1+(-3)r_3]{r_2+(-10)r_3}\begin{bmatrix}1&2&0\\0&1&0\\0&0&1\end{bmatrix}\xrightarrow{r_1+(-2)r_2}\begin{bmatrix}1&0&0\\0&1&0\\0&0&1\end{bmatrix}=\boldsymbol{I}_3$$

实际上,例 3.4 的结论对任意 n 阶可逆方阵都是成立的. 即,任意 n 阶可逆方阵 $\boldsymbol{A}$,必可经过有限(t)次初等行变换化为 n 阶单位矩阵 $\boldsymbol{I}_n$.

因为对矩阵 $\boldsymbol{A}$ 施行的每一次初等行变换相当于在 $\boldsymbol{A}$ 的左侧乘以相应的初等矩阵,所以存在一系列初等矩阵 $\boldsymbol{P}_1,\boldsymbol{P}_2,\cdots,\boldsymbol{P}_t$ 使得

$$\boldsymbol{P}_t\boldsymbol{P}_{t-1}\cdots\boldsymbol{P}_2\boldsymbol{P}_1\boldsymbol{A}=\boldsymbol{I}_n$$

成立.

定理 3.2 设 $\boldsymbol{A}$ 为 n 阶可逆方阵,当 $\boldsymbol{A}$ 经 t 次初等行变换化为 $\boldsymbol{I}_n$ 时,则可用同样的初等行变换将 $\boldsymbol{I}_n$ 变为 $\boldsymbol{A}^{-1}$.

证 记方阵 $\boldsymbol{A}$ 经 t 次初等行变换化为 $\boldsymbol{I}_n$ 时,对应的初等矩阵依次为 $\boldsymbol{P}_1,\boldsymbol{P}_2,\cdots,\boldsymbol{P}_t$,则有

$$\boldsymbol{P}_t\cdots\boldsymbol{P}_2\boldsymbol{P}_1\boldsymbol{A}=\boldsymbol{I}_n \tag{3.3}$$

则 $\boldsymbol{A}$ 可逆,且 $\boldsymbol{A}^{-1}=\boldsymbol{P}_t\cdots\boldsymbol{P}_2\boldsymbol{P}_1$,即

$$\boldsymbol{P}_t\cdots\boldsymbol{P}_2\boldsymbol{P}_1\boldsymbol{I}_n=\boldsymbol{A}^{-1} \tag{3.4}$$

定理 3.2 虽然形式上简单,但含义很深,实际上已经给出了求逆矩阵的一种新方法. 对比式(3.3)和式(3.4),等式左端依次所施加的 t 次初等行变换 $\boldsymbol{P}_t\cdots\boldsymbol{P}_2\boldsymbol{P}_1$ 都是一样的. 式(3.3)表明,经过 t 次初等行变换将矩阵 $\boldsymbol{A}$ 化为 $\boldsymbol{I}_n$;而式(3.4)表明,经过同样的 t 次初等行变换就将单位矩阵 $\boldsymbol{I}_n$ 化为 $\boldsymbol{A}$ 的逆矩阵 $\boldsymbol{A}^{-1}$了. 所以,不难想到,如果把 $\boldsymbol{A}$ 和 $\boldsymbol{I}_n$ 平行排列成一个 $n\times 2n$ 的矩阵$[\boldsymbol{A}\ \vdots\ \boldsymbol{I}_n]$,然后对$[\boldsymbol{A}\ \vdots\ \boldsymbol{I}_n]$进行初等行变换,当该矩阵的左子块 $\boldsymbol{A}$ 化为单位矩阵 $\boldsymbol{I}_n$ 时,它的右子块 $\boldsymbol{I}_n$ 就跟着化为 $\boldsymbol{A}$ 的逆矩阵 $\boldsymbol{A}^{-1}$,即

$$[\boldsymbol{A}\ \vdots\ \boldsymbol{I}_n]\rightarrow\boldsymbol{P}_t\cdots\boldsymbol{P}_2\boldsymbol{P}_1[\boldsymbol{A}\ \vdots\ \boldsymbol{I}_n]=\boldsymbol{A}^{-1}[\boldsymbol{A}\ \vdots\ \boldsymbol{I}_n]=[\boldsymbol{I}_n\ \vdots\ \boldsymbol{A}^{-1}]$$

这是一个求可逆方阵的逆矩阵的新的有效方法. 这种方法使求逆矩阵的计算

过程变得极为有规律,甚至可以使其程序化. 读者可以通过下面的例子加以体会.

例 3.5 求矩阵

$$\boldsymbol{A}=\begin{bmatrix}2 & 2 & 3\\ 1 & -1 & 0\\ -1 & 2 & 1\end{bmatrix}$$

的逆矩阵.

解 用初等行变换法求 $\boldsymbol{A}^{-1}$.

$$[\boldsymbol{A}\ \vdots\ \boldsymbol{I}]=\left[\begin{array}{ccc:ccc}2 & 2 & 3 & 1 & 0 & 0\\ 1 & -1 & 0 & 0 & 1 & 0\\ -1 & 2 & 1 & 0 & 0 & 1\end{array}\right]\xrightarrow{r_1\leftrightarrow r_2}\left[\begin{array}{ccc:ccc}1 & -1 & 0 & 0 & 1 & 0\\ 2 & 2 & 3 & 1 & 0 & 0\\ -1 & 2 & 1 & 0 & 0 & 1\end{array}\right]$$

$$\xrightarrow[r_3+r_1]{r_2-2r_1}\left[\begin{array}{ccc:ccc}1 & -1 & 0 & 0 & 1 & 0\\ 0 & 4 & 3 & 1 & -2 & 0\\ 0 & 1 & 1 & 0 & 1 & 1\end{array}\right]\xrightarrow{r_2\leftrightarrow r_3}\left[\begin{array}{ccc:ccc}1 & -1 & 0 & 0 & 1 & 0\\ 0 & 1 & 1 & 0 & 1 & 1\\ 0 & 4 & 3 & 1 & -2 & 0\end{array}\right]$$

$$\xrightarrow{r_3-4r_2}\left[\begin{array}{ccc:ccc}1 & -1 & 0 & 0 & 1 & 0\\ 0 & 1 & 1 & 0 & 1 & 1\\ 0 & 0 & -1 & 1 & -6 & -4\end{array}\right]$$

$$\xrightarrow{r_2+r_3}\left[\begin{array}{ccc:ccc}1 & -1 & 0 & 0 & 1 & 0\\ 0 & 1 & 0 & 1 & -5 & -3\\ 0 & 0 & -1 & 1 & -6 & -4\end{array}\right]$$

$$\xrightarrow[-r_3]{r_1+r_2}\left[\begin{array}{ccc:ccc}1 & 0 & 0 & 1 & -4 & -3\\ 0 & 1 & 0 & 1 & -5 & -3\\ 0 & 0 & 1 & -1 & 6 & 4\end{array}\right]=[\boldsymbol{I}\ \vdots\ \boldsymbol{A}^{-1}]$$

所以

$$\boldsymbol{A}^{-1}=\begin{bmatrix}1 & -4 & -3\\ 1 & -5 & -3\\ -1 & 6 & 4\end{bmatrix}$$

3.1.5 用初等行变换求解矩阵方程

初等行变换还可用来求解矩阵方程 $\boldsymbol{AZ}=\boldsymbol{B}$. 若 $\boldsymbol{A}$ 可逆则显然有 $\boldsymbol{Z}=\boldsymbol{A}^{-1}\boldsymbol{B}$,而将 $\boldsymbol{A}$ 和 $\boldsymbol{B}$ 放在同一矩阵中构成 $[\boldsymbol{A}\ \vdots\ \boldsymbol{B}]$,对矩阵 $[\boldsymbol{A}\ \vdots\ \boldsymbol{B}]$ 施以一系列初等行变换,当将 $\boldsymbol{A}$ 变成 $\boldsymbol{I}$ 时,则 $\boldsymbol{B}$ 就变为 $\boldsymbol{A}^{-1}\boldsymbol{B}$,即

$$[\boldsymbol{A}\ \vdots\ \boldsymbol{B}]\xrightarrow{r}[\boldsymbol{I}\ \vdots\ \boldsymbol{A}^{-1}\boldsymbol{B}]$$

例 3.6 解矩阵方程 $\boldsymbol{AX}=\boldsymbol{B}$，其中 $\boldsymbol{A}=\begin{bmatrix}0&1&2\\1&1&4\\2&-1&0\end{bmatrix}$，$\boldsymbol{B}=\begin{bmatrix}1&1\\0&1\\-1&0\end{bmatrix}$.

解 $[\boldsymbol{A}\ \vdots\ \boldsymbol{B}]=\left[\begin{array}{ccc:cc}0&1&2&1&1\\1&1&4&0&1\\2&-1&0&-1&0\end{array}\right]\xrightarrow{r_1\leftrightarrow r_2}\left[\begin{array}{ccc:cc}1&1&4&0&1\\0&1&2&1&1\\2&-1&0&-1&0\end{array}\right]$

$$\xrightarrow{r_3-2r_1}\left[\begin{array}{ccc:cc}1&1&4&0&1\\0&1&2&1&1\\0&-3&-8&-1&-2\end{array}\right]\xrightarrow[r_3+3r_2]{r_1-r_2}\left[\begin{array}{ccc:cc}1&0&2&-1&0\\0&1&2&1&1\\0&0&-2&2&1\end{array}\right]$$

$$\xrightarrow[-\frac{1}{2}r_3]{\substack{r_1+r_3\\ r_2+r_3}}\left[\begin{array}{ccc:cc}1&0&0&1&1\\0&1&0&3&2\\0&0&1&-1&-\frac{1}{2}\end{array}\right],$$

故

$$\boldsymbol{X}=\boldsymbol{A}^{-1}\boldsymbol{B}=\begin{bmatrix}1&1\\3&2\\-1&-\frac{1}{2}\end{bmatrix}$$

3.2 矩阵的秩

上节讲到任何矩阵 $\boldsymbol{A}$ 都可经矩阵的初等行变换化为阶梯形矩阵，显然阶梯形矩阵中非零行的个数是矩阵 $\boldsymbol{A}$ 的一个重要的数字特征. 这个数字特征究竟反映矩阵 $\boldsymbol{A}$ 的什么特性？

先看一个例子. 若要用消元法求解线性方程组

$$\begin{cases}x_1+x_2+x_3=0\\2x_1+x_2+x_3-x_4=1\\x_1-3x_2-x_3+2x_4=2\\x_2+x_3+x_4=-1\end{cases}\tag{3.5}$$

对方程组(3.5)的增广矩阵施行初等行变换使之化为阶梯形矩阵，即

$$\bar{A}=\left[\begin{array}{cccc:c}1&1&1&0&0\\2&1&1&-1&1\\1&-3&-1&2&2\\0&1&1&1&-1\end{array}\right]\xrightarrow[r_3-r_1]{r_2-2r_1}\left[\begin{array}{cccc:c}1&1&1&0&0\\0&-1&-1&-1&1\\0&-4&-2&2&2\\0&1&1&1&-1\end{array}\right]$$

$$\xrightarrow[r_4+r_2]{r_3-4r_2}\left[\begin{array}{cccc:c}1&1&1&0&0\\0&-1&-1&-1&1\\0&0&2&6&-2\\0&0&0&0&0\end{array}\right]\xrightarrow[\frac{1}{2}r_3]{-r_2}\left[\begin{array}{cccc:c}1&1&1&0&0\\0&1&1&1&-1\\0&0&1&3&-1\\0&0&0&0&0\end{array}\right]$$

阶梯形矩阵对应的方程组为

$$\begin{cases}x_1+x_2+x_3 & =0\\ \quad x_2+x_3+\ x_4 & =-1\\ \qquad x_3+3x_4 & =-1\end{cases}\tag{3.6}$$

线性方程组(3.5)与(3.6)同解. 原来 4 个方程的方程组经过同解变换后变成由 3 个方程组成的方程组. 这说明只有 3 个方程是真正起作用的,或者说只有 3 个方程是独立的. 从其增广矩阵看,经过初等行变换将其化为阶梯形矩阵后只有 3 个非零行. 第 4 行全是零,将不起作用. 所以从线性方程组的角度来看,阶梯形矩阵中非零行的个数正好反映该线性方程组中独立方程的个数. 这当然是该方程组的一个极为重要的特性,实际上也是其系数矩阵或增广矩阵的重要特性,在矩阵理论中称为矩阵的秩. 为了深入刻画矩阵的秩及其特性,还需要使用行列式的工具. 下面介绍矩阵的秩的基本概念及计算矩阵秩的一般方法.

3.2.1　矩阵秩的定义及性质

定义 3.6(k 阶子式)　设 $\boldsymbol{A}$ 为 $m\times n$ 矩阵,在 $\boldsymbol{A}$ 中任取 k 行 k 列. 位于这些行和列相交处的 k^2 个元素,按其原来的次序构成一个 k 阶行列式,称为 $\boldsymbol{A}$ 的一个 k **阶子式**.

例如,取矩阵

$$\boldsymbol{A}=\begin{bmatrix}2&-3&2&8\\2&12&12&-2\\1&3&4&1\end{bmatrix}$$

的第 1 行和第 2 行,第 1 列和第 3 列,由这 2 行 2 列相交位置上的元素按原来次序构成一个二阶行列式

$$\begin{vmatrix}2&2\\2&12\end{vmatrix}=20$$

就是 **A** 的一个二阶子式.

矩阵 **A** 的全部三阶子式为

$$\begin{vmatrix} 2 & -3 & 2 \\ 2 & 12 & 12 \\ 1 & 3 & 4 \end{vmatrix} = 0, \quad \begin{vmatrix} 2 & 2 & 8 \\ 2 & 12 & -2 \\ 1 & 4 & 1 \end{vmatrix} = 0$$

$$\begin{vmatrix} 2 & -3 & 8 \\ 2 & 12 & -2 \\ 1 & 3 & 1 \end{vmatrix} = 0, \quad \begin{vmatrix} -3 & 2 & 8 \\ 12 & 12 & -2 \\ 3 & 4 & 1 \end{vmatrix} = 0$$

由定义可知，从 **A** 中可取一阶、二阶和三阶子式，而三阶子式全为零，二阶子式中有不为零的子式，称为**非零子式**，显然，**A** 中非零子式的最高阶数为二阶. 对矩阵的这种最高阶非零子式的阶数，我们给它一个专用名称——秩.

定义 3.7(矩阵的秩) 矩阵 **A** 中非零子式的最高阶数称为**矩阵 A 的秩**，记作 $r(\boldsymbol{A})$.

显然上例中矩阵 **A** 的秩为 $r(\boldsymbol{A})=2$. 我们规定零矩阵的秩是 0.

例 3.7 求矩阵

$$\boldsymbol{A} = \begin{bmatrix} 2 & 3 & 0 & -3 & 4 \\ 0 & 0 & -1 & 2 & 1 \\ 0 & 0 & 0 & 7 & 0 \\ 0 & 0 & 0 & 0 & 0 \end{bmatrix}$$

的秩.

解 因为矩阵 **A** 有一个零行，故 **A** 的所有四阶子式全为零，而以 **A** 的三个非零行中第一个非零元素所在列构成的三阶子式是一个上三角形行列式，它显然不等于零，即

$$\begin{vmatrix} 2 & 0 & -3 \\ 0 & -1 & 2 \\ 0 & 0 & 7 \end{vmatrix} = -14 \neq 0$$

由定义知，$r(\boldsymbol{A})=3$，即行阶梯型矩阵的秩等于其非零行的行数.

例 3.8 求矩阵

$$\boldsymbol{A} = \begin{bmatrix} 3 & 0 & 7 \\ -1 & 4 & 5 \\ 3 & 1 & 2 \end{bmatrix}$$

的秩.

解　因为矩阵 $\boldsymbol{A}$ 的三阶子式为 $|\boldsymbol{A}|=-82\neq 0$，故有 $r(\boldsymbol{A})=3$.

显然 $\boldsymbol{A}$ 是一个可逆矩阵. 由定义知，n 阶矩阵 $\boldsymbol{A}$ 可逆则必有 $|\boldsymbol{A}|\neq 0$，故 $r(\boldsymbol{A})=n$；反之，若 n 阶矩阵 $r(\boldsymbol{A})=n$，则有 $|\boldsymbol{A}|\neq 0$，$\boldsymbol{A}$ 必可逆，所以，n 阶矩阵 $\boldsymbol{A}$ 可逆的充分必要条件是 $r(\boldsymbol{A})=n$. 我们称 $r(\boldsymbol{A})=n$ 的 n 阶矩阵 $\boldsymbol{A}$ 为**满秩矩阵**，$r(\boldsymbol{A})<n$（或 $|\boldsymbol{A}|=0$）的 n 阶矩阵 $\boldsymbol{A}$ 为**降秩矩阵**.

例 3.9　设四阶方阵

$$\boldsymbol{A}=\begin{bmatrix}1 & a & a & a\\ a & 1 & a & a\\ a & a & 1 & a\\ a & a & a & 1\end{bmatrix}$$

的秩为 3，试求常数 a 的值.

解　由条件知 $\boldsymbol{A}$ 为降秩方阵，所以有 $|\boldsymbol{A}|=0$. 计算可得

$$|\boldsymbol{A}|=\begin{vmatrix}1 & a & a & a\\ a & 1 & a & a\\ a & a & 1 & a\\ a & a & a & 1\end{vmatrix}=(1+3a)(1-a)^3=0$$

故解得 $a=-\dfrac{1}{3}$ 或 $a=1$. 若 $a=1$，显然有 $r(\boldsymbol{A})=1$，不合题意. 而当 $a=-\dfrac{1}{3}$ 时，$\boldsymbol{A}$ 的左上角的三阶子式等于

$$(1+2a)(1-a)^2\Big|_{a=-\frac{1}{3}}=\frac{16}{27}\neq 0$$

当且仅当 $a=-\dfrac{1}{3}$ 时，$\boldsymbol{A}$ 中非零子式的最高阶数为三，即 $r(\boldsymbol{A})=3$，故 $a=-\dfrac{1}{3}$.

3.2.2　矩阵秩的求法

现在讨论计算矩阵的秩的一般方法. 利用定义计算矩阵的秩，需要计算一些子式，当子式的阶数较高时，计算量太大，显然是不方便的. 但我们知道阶梯形矩阵的秩是其非零行的个数，而任一矩阵又可由初等变换化成阶梯形，那么，是否可通过化矩阵为阶梯形矩阵的方法来求矩阵的秩呢？这就涉及到一个问题：矩阵经过初等变换是否能保持矩阵的秩不改变呢？

下面的定理回答了这一问题.

定理 3.3　设矩阵 $\boldsymbol{A}$ 经过有限次初等行变换变成了矩阵 $\boldsymbol{B}$，则 $r(\boldsymbol{A})=r(\boldsymbol{B})$.

推论 3.1　设矩阵 $\boldsymbol{A}$ 经有限次初等列变换变成了矩阵 $\boldsymbol{B}$，则 $r(\boldsymbol{A})=r(\boldsymbol{B})$.

证 因为对 $\boldsymbol{A}$ 做初等列变换变成矩阵 $\boldsymbol{B}$，相当于对 $\boldsymbol{A}^{\mathrm{T}}$ 做初等行变换变成了矩阵 $\boldsymbol{B}^{\mathrm{T}}$，由定理 3.3 知 $r(\boldsymbol{A}^{\mathrm{T}})=r(\boldsymbol{B}^{\mathrm{T}})$，又因矩阵转置后其秩不变，故有 $r(\boldsymbol{A})=r(\boldsymbol{B})$.

上面的讨论表明，矩阵经过有限次初等变换后，其秩不改变. 这就提供了求矩阵秩的一般方法：用初等变换将矩阵化成阶梯形，则阶梯形矩阵中非零行的个数即为所求矩阵的秩(为什么?).

例 3.10 用初等行变换求矩阵

$$\boldsymbol{A}=\begin{bmatrix}1&-1&2&1&0\\2&-2&4&-2&0\\3&0&6&-1&1\\2&1&4&2&1\end{bmatrix}$$

的秩.

解

$$\boldsymbol{A}\xrightarrow[r_4-2r_1]{\substack{r_2-2r_1\\r_3-3r_1}}\begin{bmatrix}1&-1&2&1&0\\0&0&0&-4&0\\0&3&0&-4&1\\0&3&0&0&1\end{bmatrix}\xrightarrow[r_3-r_2]{r_4-r_3}\begin{bmatrix}1&-1&2&1&0\\0&0&0&-4&0\\0&3&0&0&1\\0&0&0&4&0\end{bmatrix}$$

$$\xrightarrow{r_4+r_2}\begin{bmatrix}1&-1&2&1&0\\0&0&0&-4&0\\0&3&0&0&0\\0&0&0&0&0\end{bmatrix}\xrightarrow{r_2\leftrightarrow r_3}\begin{bmatrix}1&-1&2&1&0\\0&3&0&0&0\\0&0&0&-4&0\\0&0&0&0&0\end{bmatrix}=\boldsymbol{B}$$

因阶梯形矩阵 $\boldsymbol{B}$ 中非零行的行数(或首非零元的个数)是 3，只要取首非零元所在的行、列所组成的三阶行列式，由于它是上三角的，因此它就是最高阶的非零子式，所以 $r(\boldsymbol{A})=3$.

例 3.11 k 取何值时，矩阵

$$\boldsymbol{A}=\begin{bmatrix}1&1&k&1\\1&k&1&1\\0&1&1&-2\end{bmatrix}$$

的秩 $r(\boldsymbol{A})<3$? k 取何值时 $r(\boldsymbol{A})=3$?

解

$$\boldsymbol{A}\xrightarrow{r_2-r_1}\begin{bmatrix}1&1&k&1\\0&k-1&1-k&0\\0&1&1&-2\end{bmatrix}\xrightarrow{r_2\leftrightarrow r_3}\begin{bmatrix}1&1&k&1\\0&1&1&-2\\0&k-1&1-k&0\end{bmatrix}$$

$$\xrightarrow{r_3-(k-1)r_2}\begin{bmatrix}1 & 1 & k & 1\\ 0 & 1 & 1 & -2\\ 0 & 0 & 2(1-k) & 2(k-1)\end{bmatrix}$$

故当 $k=1$ 时，$r(\boldsymbol{A})<3$，当 $k\neq 1$ 时，$r(\boldsymbol{A})=3$.

下面讨论矩阵的秩的性质.

性质 3.1　设 $\boldsymbol{A}$ 为 $m\times n$ 矩阵，则有

(1) $0\leqslant r(\boldsymbol{A})\leqslant \min\{m,n\}$；

(2) $r(\boldsymbol{A})=r(\boldsymbol{A}^{\mathrm{T}})$；

(3) 设 $\boldsymbol{P}$、$\boldsymbol{Q}$ 分别为 m 阶，n 阶的可逆矩阵，则 $r(\boldsymbol{PA})=r(\boldsymbol{AQ})=r(\boldsymbol{A})$.

证　由矩阵秩的定义，立即可得(1).

(2) 由于行列式与其转置行列式相等，因此 $\boldsymbol{A}^{\mathrm{T}}$ 的子式与 $\boldsymbol{A}$ 的子式相等，从而 $r(\boldsymbol{A})=r(\boldsymbol{A}^{\mathrm{T}})$.

(3) 由定理 3.2 知，$\boldsymbol{P}^{-1}$ 可由 $\boldsymbol{I}_m$ 经过有限次初等行变换得到，即 $\boldsymbol{P}^{-1}=\boldsymbol{P}_s\boldsymbol{P}_{s-1}\cdots\boldsymbol{P}_1\boldsymbol{I}_m$，其中 $\boldsymbol{P}_i(i=1,2,\cdots,s)$ 均为初等矩阵. 又因为 $\boldsymbol{A}=\boldsymbol{P}^{-1}\boldsymbol{PA}=\boldsymbol{P}_s\boldsymbol{P}_{s-1}\cdots\boldsymbol{P}_1(\boldsymbol{PA})$，由定理 3.3，即得

$$r(\boldsymbol{PA})=r(\boldsymbol{A})$$

同理，右乘 $\boldsymbol{Q}^{-1}$，利用初等列变换可得

$$r(\boldsymbol{AQ})=r(\boldsymbol{A})$$

该性质表明，矩阵 $\boldsymbol{A}$ 经过左乘或右乘一个可逆矩阵，其秩不变.

同时，不加证明地给出下面的性质.

* **性质 3.2**　(1) $\max\{r(\boldsymbol{A}),r(\boldsymbol{B})\}\leqslant r(\boldsymbol{A},\boldsymbol{B})\leqslant r(\boldsymbol{A})+r(\boldsymbol{B})$；

(2) $r(\boldsymbol{A}+\boldsymbol{B})\leqslant r(\boldsymbol{A})+r(\boldsymbol{B})$；

(3) $r(\boldsymbol{AB})\leqslant \min\{r(\boldsymbol{A}),r(\boldsymbol{B})\}$；

(4) 若 $\boldsymbol{A}_{m\times n}\boldsymbol{B}_{n\times l}=\boldsymbol{O}$，则 $r(\boldsymbol{A})+r(\boldsymbol{B})\leqslant n$.

例 3.12　设 $\boldsymbol{A}$ 为 n 阶矩阵，证明 $r(\boldsymbol{A}+\boldsymbol{I})+r(\boldsymbol{A}-\boldsymbol{I})\geqslant n$.

证　因 $(\boldsymbol{A}+\boldsymbol{I})+(\boldsymbol{I}-\boldsymbol{A})=2\boldsymbol{I}$，由性质 3.2(2)，有

$$r(\boldsymbol{A}+\boldsymbol{I})+r(\boldsymbol{I}-\boldsymbol{A})\geqslant r(2\boldsymbol{I})=n$$

又因 $r(\boldsymbol{A}-\boldsymbol{I})=r(\boldsymbol{I}-\boldsymbol{A})$，所以

$$r(\boldsymbol{A}+\boldsymbol{I})+r(\boldsymbol{A}-\boldsymbol{I})\geqslant n$$

3.3　线性方程组解的判定定理

经过前几节的准备以后，可以来讨论线性方程组的主要问题，即怎样来判定一

个线性方程组有没有解？在方程组有解时，如何判定只有唯一解或有多少解？

正如前面指出的，解线性方程组的主要方法是消元法．而线性方程组的消元法就是通过对线性方程组的增广矩阵施行初等行变换，使之成为阶梯形矩阵，再利用阶梯形矩阵所表示的同解方程组来求解．

3.3.1 非齐次线性方程组求解

为了更深入地探索线性方程组求解的规律．先来分析几个例子．

例 3.13 用消元法解线性方程组

$$\begin{cases} 2x_1 + x_2 - x_3 = 5 \\ x_1 - x_2 + x_3 = -2 \\ x_1 + 2x_2 + 3x_3 = 2 \end{cases} \tag{3.7}$$

解 方程组(3.7)的增广矩阵为

$$\bar{\boldsymbol{A}} = \left[\begin{array}{ccc:c} 2 & 1 & -1 & 5 \\ 1 & -1 & 1 & -2 \\ 1 & 2 & 3 & 2 \end{array}\right]$$

对 $\bar{\boldsymbol{A}}$ 施行初等行变换使之化为阶梯形矩阵，即

$$\bar{\boldsymbol{A}} = \left[\begin{array}{ccc:c} 2 & 1 & -1 & 5 \\ 1 & -1 & 1 & -2 \\ 1 & 2 & 3 & 2 \end{array}\right] \xrightarrow{r_1 \leftrightarrow r_2} \left[\begin{array}{ccc:c} 1 & -1 & 1 & -2 \\ 2 & 1 & -1 & 5 \\ 1 & 2 & 3 & 2 \end{array}\right]$$

$$\xrightarrow[r_3 - r_1]{r_2 - 2r_1} \left[\begin{array}{ccc:c} 1 & -1 & 1 & -2 \\ 0 & 3 & -3 & 9 \\ 0 & 3 & 2 & 4 \end{array}\right] \xrightarrow{r_3 - r_2} \left[\begin{array}{ccc:c} 1 & -1 & 1 & -2 \\ 0 & 3 & -3 & 9 \\ 0 & 0 & 5 & -5 \end{array}\right]$$

$$\xrightarrow[\frac{1}{5}r_3]{\frac{1}{3}r_2} \left[\begin{array}{ccc:c} 1 & -1 & 1 & -2 \\ 0 & 1 & -1 & 3 \\ 0 & 0 & 1 & -1 \end{array}\right]$$

该阶梯形矩阵对应的方程组为

$$\begin{cases} x_1 - x_2 + x_3 = -2 \\ x_2 - x_3 = 3 \\ x_3 = -1 \end{cases} \tag{3.8}$$

方程组(3.7)与方程组(3.8)同解．为了使求解更方便，再对上面的阶梯形矩阵施行初等行变换使之化为简化行阶梯形矩阵，即

$$\left[\begin{array}{ccc:c}1&-1&1&-2\\0&1&-1&3\\0&0&1&-1\end{array}\right]\xrightarrow[r_1-r_3]{r_2+r_3}\left[\begin{array}{ccc:c}1&-1&0&-1\\0&1&0&2\\0&0&1&-1\end{array}\right]\xrightarrow{r_1+r_2}\left[\begin{array}{ccc:c}1&0&0&1\\0&1&0&2\\0&0&1&-1\end{array}\right]$$

于是方程组(3.7)的唯一解为 $x_1=1,x_2=2,x_3=-1$.

例 3.14 用消元法解线性方程组

$$\begin{cases}x_1+x_2+x_3=0\\2x_1+x_2+x_3-x_4=1\\x_1-3x_2-x_3+2x_4=2\\x_2+x_3+x_4=-1\end{cases}\tag{3.9}$$

解 对方程组(3.9)的增广矩阵施行初等行变换使之化为阶梯形矩阵,即

$$\overline{\boldsymbol{A}}=\left[\begin{array}{cccc:c}1&1&1&0&0\\2&1&1&-1&1\\1&-3&-1&2&2\\0&1&1&1&-1\end{array}\right]\xrightarrow[r_3-r_1]{r_2-2r_1}\left[\begin{array}{cccc:c}1&1&1&0&0\\0&-1&-1&-1&1\\0&-4&-2&2&2\\0&1&1&1&-1\end{array}\right]$$

$$\xrightarrow[r_4+r_2]{r_3-4r_2}\left[\begin{array}{cccc:c}1&1&1&0&0\\0&-1&-1&-1&1\\0&0&2&6&-2\\0&0&0&0&0\end{array}\right]\xrightarrow[\frac{1}{2}r_3]{-r_2}\left[\begin{array}{cccc:c}1&1&1&0&0\\0&1&1&1&-1\\0&0&1&3&-1\\0&0&0&0&0\end{array}\right]$$

该阶梯形矩阵对应的方程组为

$$\begin{cases}x_1+x_2+x_3=0\\x_2+x_3+x_4=-1\\x_3+3x_4=-1\end{cases}\tag{3.10}$$

线性方程组(3.9)与(3.10)同解. 与上例一样,进而化为简化行阶梯形矩阵,即

$$\left[\begin{array}{cccc:c}1&1&1&0&0\\0&1&1&1&-1\\0&0&1&3&-1\\0&0&0&0&0\end{array}\right]\xrightarrow[r_1-r_3]{r_2-r_3}\left[\begin{array}{cccc:c}1&1&0&-3&1\\0&1&0&-2&0\\0&0&1&3&-1\\0&0&0&0&0\end{array}\right]\xrightarrow{r_1-r_2}\left[\begin{array}{cccc:c}1&0&0&-1&1\\0&1&0&-2&0\\0&0&1&3&-1\\0&0&0&0&0\end{array}\right]$$

于是与方程组(3.9)同解的方程组为

$$\begin{cases}x_1-x_4=1\\x_2-2x_4=0\\x_3+3x_4=-1\end{cases}\tag{3.11}$$

下面讨论方程组(3.11)的求解. 在方程组(3.11)中,有 4 个未知量,但是只有

3 个独立的方程. 3 个方程只能约束 3 个未知量,所以本例只有 3 个约束未知量,第 4 个未知量为自由未知量. 在上面的阶梯形矩阵中,通常将首非零元所在列对应的未知数 x_1,x_2,x_3 作为**约束未知量**,将剩余的未知数 x_4 作为**自由未知量**.

用自由未知量 x_4 表示约束未知量 x_1,x_2,x_3,得

$$\begin{cases} x_1 = x_4 + 1 \\ x_2 = 2x_4 \\ x_3 = -3x_4 - 1 \end{cases}$$

因为 x_4 取值的任意性,所以方程组(3.9)有无穷多解.

例 3.15 解下列方程组

$$\begin{cases} x_1 - 2x_2 + 3x_3 = 1 \\ 3x_1 - x_2 + 5x_3 = -6 \\ 2x_1 + x_2 + 2x_3 = 8 \end{cases} \tag{3.12}$$

解 将方程组(3.12)的增广矩阵 $\bar{\boldsymbol{A}}$ 进行初等行变换使之化为阶梯形矩阵,即

$$\bar{\boldsymbol{A}} = \left[\begin{array}{ccc:c} 1 & -2 & 3 & 1 \\ 3 & -1 & 5 & -6 \\ 2 & 1 & 2 & 8 \end{array}\right] \xrightarrow[r_3-2r_1]{r_2-3r_1} \left[\begin{array}{ccc:c} 1 & -2 & 3 & 1 \\ 0 & 5 & -4 & -9 \\ 0 & 5 & -4 & 6 \end{array}\right]$$

$$\xrightarrow{r_3-r_2} \left[\begin{array}{ccc:c} 1 & -2 & 3 & 1 \\ 0 & 5 & -4 & -9 \\ 0 & 0 & 0 & 15 \end{array}\right]$$

阶梯形矩阵所对应的方程组为

$$\begin{cases} x_1 - 2x_2 + 3x_3 = 1 \\ 5x_2 - 4x_3 = -9 \\ 0 \cdot x_3 = 15 \end{cases} \tag{3.13}$$

方程组(3.13)与方程组(3.12)同解.

显然,不可能有 x_1,x_2,x_3 的值满足方程组(3.13)的第 3 个方程,于是方程组(3.13)无解,所以方程组(3.12)也无解.

综观上述三例,不难归纳出线性方程组无解、有唯一解和有无穷多解的判定条件.

设 n 元线性方程组(3.1)的矩阵表示式为

$$\boldsymbol{Ax} = \boldsymbol{b} \tag{3.14}$$

系数矩阵 $\boldsymbol{A}$ 为 $m \times n$ 矩阵,且 $r(\boldsymbol{A}) = r$,$\bar{\boldsymbol{A}}$ 为方程组的增广矩阵,是 $m\times(n+1)$ 矩阵. 为讨论方便,不妨设由 $\boldsymbol{A}$ 的前 r 列所构成的子矩阵中有一个 r 阶子式不等于

零(此 r 阶非零子式对应的未知量为 $x_1, x_2, \cdots, x_r$)，则通过初等行变换，可将方程组(3.14)的增广矩阵 $\overline{\mathbf{A}}$ 化为简化行梯阶形矩阵

$$\overline{\mathbf{A}} = [\mathbf{A} \mid \boldsymbol{b}] \to \left[\begin{array}{cccccccc|c} 1 & 0 & 0 & \cdots & 0 & c_{1,r+1} & \cdots & c_{1n} & d_1 \\ 0 & 1 & 0 & \cdots & 0 & c_{2,r+1} & \cdots & c_{2n} & d_2 \\ \vdots & \vdots & \vdots & & \vdots & \vdots & & \vdots & \vdots \\ 0 & 0 & 0 & \cdots & 1 & c_{r,r+1} & \cdots & c_{rn} & d_r \\ 0 & 0 & 0 & \cdots & 0 & 0 & \cdots & 0 & d_{r+1} \\ \vdots & \vdots & \vdots & & \vdots & \vdots & & \vdots & \vdots \\ 0 & 0 & 0 & \cdots & 0 & 0 & \cdots & 0 & 0 \end{array}\right] \tag{3.15}$$

由此得方程组(3.14)的同解方程组为

$$\begin{cases} x_1 \qquad\qquad + c_{1,r+1}x_{r+1} + \cdots + c_{1n}x_n = d_1 \\ \quad x_2 \qquad\quad + c_{2,r+1}x_{r+1} + \cdots + c_{2n}x_n = d_2 \\ \qquad \ddots \qquad\qquad \vdots \qquad\qquad\qquad \vdots \\ \qquad\quad x_r + c_{r,r+1}x_{r+1} + \cdots + c_{rn}x_n = d_r \\ \qquad\qquad\qquad\qquad\qquad\qquad 0 = d_{r+1} \\ \qquad\qquad\qquad\qquad\qquad\qquad \vdots \\ \qquad\qquad\qquad\qquad\qquad\qquad 0 = 0 \end{cases} \tag{3.16}$$

去掉式(3.16)中那些“$0=0$”的恒等式之后，方程组的最后一个方程是“$0=d_{r+1}$”，其中，d_{r+1} 可能为零[此时有 $r(\mathbf{A})=r(\overline{\mathbf{A}})=r$]，也可能不为零[此时有 $r(\mathbf{A})=r$，$r(\overline{\mathbf{A}})=r+1$]. 下面我们来说明，方程组是否有解，取决于 d_{r+1} 是否为零，即 $r(\mathbf{A})$ 与 $r(\overline{\mathbf{A}})$ 是否相等.

(1) 当 $d_{r+1} \neq 0$ 时，$r(\mathbf{A}) \neq r(\overline{\mathbf{A}})$，方程组显然无解.

(2) 当 $d_{r+1} = 0$ 时，$r(\mathbf{A}) = r(\overline{\mathbf{A}})$，分两种情形：

① 若 $r=n$，则式(3.16)就是

$$\begin{cases} x_1 = d_1 \\ x_2 = d_2 \\ \quad \vdots \\ x_n = d_n \end{cases} \tag{3.17}$$

这表明方程组(3.14)有唯一解 $x_1=d_1$, $x_2=d_2$, $\cdots$, $x_n=d_n$.

② 若 $r<n$，则由式(3.16)移项可得

$$\begin{cases} x_1 = d_1 - c_{1,r+1}x_{r+1} - \cdots - c_{1n}x_n \\ x_2 = d_2 - c_{2,r+1}x_{r+1} - \cdots - c_{2n}x_n \\ \quad \vdots \\ x_r = d_r - c_{r,r+1}x_{r+1} - \cdots - c_{rn}x_n \end{cases} \tag{3.18}$$

这表明任给 $x_{r+1},\cdots,x_n$ 的一组值,就可以解出 $x_1,x_2,\cdots,x_r$ 的一组值,从而解出方程组的一个解. 因此,$x_{r+1},\cdots,x_n$ 可作为自由未知量,$x_1,x_2,\cdots,x_r$ 可作为约束未知量,而式(3.18)就是方程组(3.14)的由自由未知量表示的通解,其中 $x_{r+1},\cdots,x_n$ 可任意取值. 因此,当 $r(\boldsymbol{A})=r(\overline{\boldsymbol{A}})=r<n$ 时,n 元线性方程组(3.14)有无穷多解,且通解中有 $n-r$ 个自由未知量.

综上可知,对于 n 元线性方程组 $\boldsymbol{Ax}=\boldsymbol{b}$,有

(1) 若 $r(\boldsymbol{A})=r$,而 $r(\overline{\boldsymbol{A}})=r+1$,则方程组无解(例 3.15 就属这种情况);

(2) 若 $r(\boldsymbol{A})=r(\overline{\boldsymbol{A}})=n$,则方程组有唯一解(例 3.13 就属这种情况);

(3) 若 $r(\boldsymbol{A})=r(\overline{\boldsymbol{A}})=r<n$,则方程组有无穷多解(例 3.14 就属这种情况).

于是我们可以归纳出下列极为重要的线性方程组解的判定定理. 这个定理在线性代数中起着关键的作用,在以后的几章中还会用到.

定理 3.4 (线性方程组解的判定定理) 设 n 元线性方程组为 $\boldsymbol{Ax}=\boldsymbol{b}$,则

(1) $\boldsymbol{Ax}=\boldsymbol{b}$ 无解的充分必要条件是 $r(\boldsymbol{A})\neq r(\overline{\boldsymbol{A}})$;

(2) $\boldsymbol{Ax}=\boldsymbol{b}$ 有解的充分必要条件是其系数矩阵的秩等于其增广矩阵的秩,即 $r(\boldsymbol{A})=r(\overline{\boldsymbol{A}})$. 在有解时,解的情况分为两种:有唯一解和有无穷多解. 其充要条件分别为

① 有唯一解$\Leftrightarrow r(\boldsymbol{A})=r(\overline{\boldsymbol{A}})=n$(未知量个数);

② 有无穷多解$\Leftrightarrow r(\boldsymbol{A})=r(\overline{\boldsymbol{A}})=r<n$(未知量个数),此时通解中有 $n-r$ 个自由未知量.

定理 3.4 表明方程组 $\boldsymbol{Ax}=\boldsymbol{b}$ 的解的情况是由它的系数矩阵的秩和它的增广矩阵的秩决定的. 而要求出 $r(\boldsymbol{A})$ 和 $r(\overline{\boldsymbol{A}})$,通常都用初等行变换将增广矩阵 $\overline{\boldsymbol{A}}$ 化成阶梯形矩阵(这也便于在有解时进一步求出解来),而由 $\boldsymbol{A}$ 和 $\overline{\boldsymbol{A}}$ 所化成的阶梯形矩阵中非零行的个数分别就是 $r(\boldsymbol{A})$ 和 $r(\overline{\boldsymbol{A}})$.

求解非齐次线性方程组(3.14)的方法

对非齐次线性方程组,将增广矩阵 $\overline{\boldsymbol{A}}$ 化为行阶梯形矩阵,直接判断其是否有解. 若有解,化为行最简形矩阵,便可直接写出其全部解. 其中要注意,当 $r(\boldsymbol{A})=r(\overline{\boldsymbol{A}})=r<n$ 时,$\overline{\boldsymbol{A}}$ 的行阶梯形矩阵中含有 r 个非零行,把这 r 行的第一个非零元所对应的未知量作为约束未知量,其余 $n-r$ 个作为自由未知量,这样可较为方便地

用自由未知量表示约束未知量,从而得出方程组(3.14)的无穷多个解.

例 3.16　当 λ 为何值时,方程组

$$\begin{cases}\lambda x_1+x_2+x_3=1\\ x_1+\lambda x_2+x_3=\lambda\\ x_1+x_2+\lambda x_3=\lambda^2\end{cases}\tag{3.19}$$

有唯一解? 无解? 有无穷多个解?

解　对方程组(3.19)的增广矩阵 $\overline{\boldsymbol{A}}$ 施行初等行变换,即

$$\overline{\boldsymbol{A}}=\left[\begin{array}{ccc:c}\lambda&1&1&1\\1&\lambda&1&\lambda\\1&1&\lambda&\lambda^2\end{array}\right]\xrightarrow{r_1\leftrightarrow r_3}\left[\begin{array}{ccc:c}1&1&\lambda&\lambda^2\\1&\lambda&1&\lambda\\\lambda&1&1&1\end{array}\right]$$

$$\xrightarrow[r_3-\lambda r_1]{r_2-r_1}\left[\begin{array}{ccc:c}1&1&\lambda&\lambda^2\\0&\lambda-1&1-\lambda&\lambda-\lambda^2\\0&1-\lambda&1-\lambda^2&1-\lambda^3\end{array}\right]$$

$$\xrightarrow{r_3+r_2}\left[\begin{array}{ccc:c}1&1&\lambda&\lambda^2\\0&\lambda-1&1-\lambda&\lambda-\lambda^2\\0&0&(1-\lambda)(\lambda+2)&(1-\lambda)(\lambda+1)^2\end{array}\right]=\boldsymbol{B}$$

(1) 由定理 3.4,当 $r(\overline{\boldsymbol{A}})=r(\boldsymbol{A})=3$ 时,方程组(3.19)有唯一解,即

$$1-\lambda\neq 0\quad 且\quad \lambda+2\neq 0$$

亦即 $\lambda\neq 1$ 且 $\lambda\neq -2$ 时,方程组(3.19)有唯一解;

(2) 由定理 3.4,当 $r(\overline{\boldsymbol{A}})\neq r(\boldsymbol{A})$ 时,线性方程组(3.19)无解,即

$$\begin{cases}\lambda+2=0\\1+\lambda\neq 0\\1-\lambda\neq 0\end{cases}$$

故当 $\lambda=-2$ 时,这时 $\boldsymbol{B}=\left[\begin{array}{ccc:c}1&1&-2&4\\0&-3&3&-6\\0&0&0&-3\end{array}\right]$,故方程组(3.19)无解;

(3) 同理,当 $r(\overline{\boldsymbol{A}})=r(\boldsymbol{A})<3$ 时,方程组(3.19)有无穷多个解,即 $\lambda=1$. 此时,

$$r(\overline{\boldsymbol{A}})=r(\boldsymbol{A})=1<3$$

方程组(3.19)有无穷多组解.

3.3.2　齐次线性方程组求解

齐次线性方程组是一类特殊的非齐次线性方程组,现在将以上讨论结果应用

于齐次线性方程组

$$\sum_{j=1}^{n} a_{ij} x_j = 0, \quad i = 1, 2, \cdots, m \tag{3.20}$$

或其矩阵形式

$$\boldsymbol{A}\boldsymbol{x} = \boldsymbol{0} \tag{3.21}$$

由于方程组(3.20)的增广矩阵 $\bar{\boldsymbol{A}}=[\boldsymbol{A} \vdots \boldsymbol{0}]$,故 $r(\boldsymbol{A})$ 与 $r(\bar{\boldsymbol{A}})$ 一定相等,于是由定理3.4可再次说明齐次线性方程组总是有解的. 齐次线性方程组总有零解,这也表明如果它有唯一解,则相当于它只有零解;而它有无穷多解,则相当于它有非零解. 于是就有下列的结论.

定理 3.5 对于 n 元齐次线性方程组 $\boldsymbol{A}\boldsymbol{x}=\boldsymbol{0}$,有解的情况只有以下两种:只有零解或存在非零解,其充分必要条件分别为

(1) $\boldsymbol{A}\boldsymbol{x}=\boldsymbol{0}$只有零解$\Leftrightarrow r(\boldsymbol{A})=n$;

(2) $\boldsymbol{A}\boldsymbol{x}=\boldsymbol{0}$有非零解$\Leftrightarrow r(\boldsymbol{A})<n$,且此时通解中有 $n-r$ 个自由未知量.

推论 3.2 设 $\boldsymbol{A}$ 为 n 阶方阵,则对于 n 元齐次线性方程组 $\boldsymbol{A}\boldsymbol{x}=\boldsymbol{0}$,

(1) $\boldsymbol{A}\boldsymbol{x}=\boldsymbol{0}$只有零解$\Leftrightarrow \det(\boldsymbol{A})\neq 0$;

(2) $\boldsymbol{A}\boldsymbol{x}=\boldsymbol{0}$有非零解$\Leftrightarrow \det(\boldsymbol{A})=0$.

例 3.17 求解齐次线性方程组

$$\begin{cases} x_1 + x_2 + x_3 + x_4 + x_5 = 0 \\ x_1 + x_2 + 3x_3 + 2x_4 - 3x_5 = 0 \\ 2x_1 + 2x_2 + x_4 + 6x_5 = 0 \\ 3x_1 + 3x_2 + 5x_3 + 4x_4 - x_5 = 0 \end{cases}$$

解 用初等行变换将方程组的系数矩阵化成简化行阶梯形矩阵

$$\boldsymbol{A} = \begin{bmatrix} 1 & 1 & 1 & 1 & 1 \\ 1 & 1 & 3 & 2 & -3 \\ 2 & 2 & 0 & 1 & 6 \\ 3 & 3 & 5 & 4 & -1 \end{bmatrix} \longrightarrow \begin{bmatrix} 1 & 1 & 0 & \frac{1}{2} & 3 \\ 0 & 0 & 1 & \frac{1}{2} & -2 \\ 0 & 0 & 0 & 0 & 0 \\ 0 & 0 & 0 & 0 & 0 \end{bmatrix}$$

由此得原方程组的同解方程组为

$$\begin{cases} x_1 + x_2 + \frac{1}{2}x_4 + 3x_5 = 0 \\ x_3 + \frac{1}{2}x_4 - 2x_5 = 0 \end{cases}$$

若选择阶梯形矩阵中首非零元对应的未知量 x_1, x_3 为约束未知量,从而 x_2, x_4, x_5

就是自由未知量. 移项后得方程组的由自由未知量表示的通解为

$$\begin{cases} x_1 = -x_2 - \frac{1}{2}x_4 - 3x_5 \\ x_3 = \quad\quad -\frac{1}{2}x_4 + 2x_5 \end{cases} \quad (x_2, x_4, x_5 \text{ 可任意取值})$$

如令自由未知量 $x_2 = c_1, x_4 = 2c_2, x_5 = c_3$,则得参数形式的通解

$$\begin{cases} x_1 = -c_1 - c_2 - 3c_3 \\ x_2 = c_1 \\ x_3 = -c_2 + 2c_3 \\ x_4 = 2c_2 \\ x_5 = c_3 \end{cases} \text{,其向量形式为} \begin{bmatrix} x_1 \\ x_2 \\ x_3 \\ x_4 \\ x_5 \end{bmatrix} = c_1 \begin{bmatrix} -1 \\ 1 \\ 0 \\ 0 \\ 0 \end{bmatrix} + c_2 \begin{bmatrix} -1 \\ 0 \\ -1 \\ 2 \\ 0 \end{bmatrix} + c_3 \begin{bmatrix} -3 \\ 0 \\ 2 \\ 0 \\ 1 \end{bmatrix}$$

其中 c_1, c_2, c_3 为任意常数.

下面我们举例给出线性方程组在实际生活中的应用(**网络流模型**).

网络流(Network-Flows)是一种类比水流的解决问题的方法,与线性规划密切相关. 随着网络流理论和应用的不断发展,出现了具有增益的流、多终端流、多商品流、网络流的分解与合成等新课题. 网络流模型广泛应用于通信、运输、电力分配、工程规划、任务分派、设备更新、计算机辅助设计等领域,当科学家、工程师和经济学家研究某种网络中的流量问题时,线性方程组就自然产生了. 例如,城市规划设计人员和交通工程师监控城市道路网格内的交通流量,电气工程师计算电路中流经的电流,经济学家分析产品通过批发商和零售商网络从生产者到消费者的分配等. 大多数网络流模型中的方程组都包含了数百个甚至上千个未知量和线性方程.

一个网络由一个点集和连接部分或全部点的直线或弧线构成. 网络中的点称作联结点(或节点),网络中的连接线称作分支,每一分支中的流量方向已经指定,并且流量(或流速)已知或已标为变量.

网络流的基本假设是网络中流入与流出的总量相等,并且每个联结点流入和流出的总量也相等. 例如,图 3.1 说明,流量从一个或两个分支流入联结点,x_1,x_2 和 x_3 分别表示从其他分支流出的流量,x_4 和 x_5 表示从其他分支流入的流量. 因

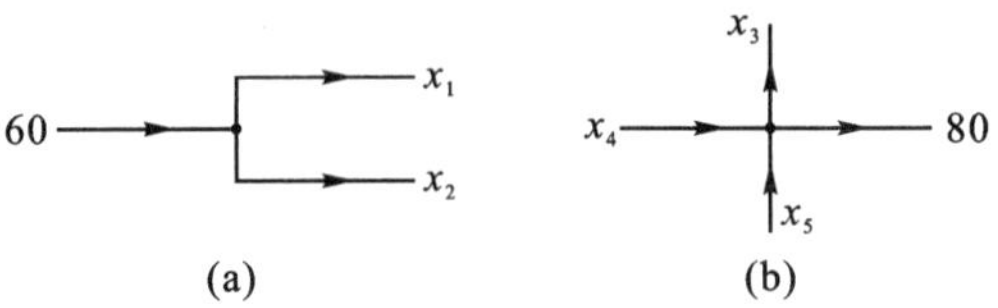

图 3.1　流量示意图

为流量在每个联结点守恒，所以有 $x_1+x_2=60$ 和 $x_4+x_5=x_3+80$. 在类似的网络模式中，每个联结点的流量都可以用一个线性方程来表示. 网络分析要解决的问题就是，在部分信息（如网络的输入量）已知的情况下，确定每一分支中的流量.

例 3.18 图 3.2 中的网络给出了在下午一两点钟，某市区部分单行道的交通流量（以每分钟通过的汽车数量来度量）. 试确定网络的流量模式.

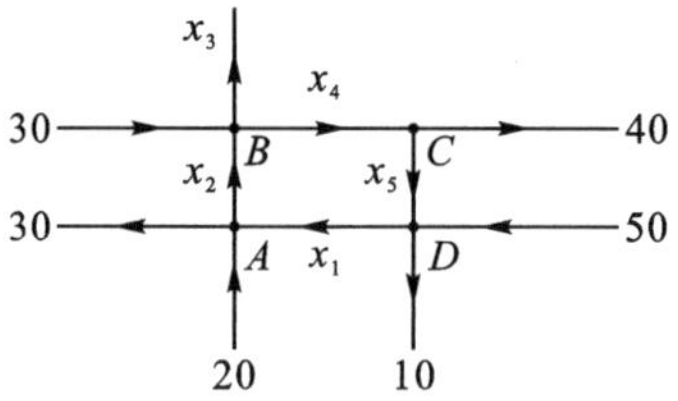

图 3.2 交通流量图

解 根据网络流模型的基本假设，在节点（交叉口）A，B，C，D 处，可以分别得到下列方程：

$$
\begin{aligned}
&A \quad x_1+20=30+x_2 \\
&B \quad x_2+30=x_3+x_4 \\
&C \quad x_4=40+x_5 \\
&D \quad x_5+50=10+x_1
\end{aligned}
$$

此外，该网络的总流入（20＋30＋50）等于网络的总流出（$30+x_3+40+10$），化简得 $x_3=20$. 把这个方程与整理后的前四个方程联立，得如下方程组：

$$
\begin{cases}
x_1-x_2=10 \\
x_2-x_3-x_4=-30 \\
x_4-x_5=40 \\
x_1-x_5=40 \\
x_3=20
\end{cases}
$$

取 $x_5=c$（c 为任意常数），网络的流量模式表示

$$
\begin{cases}
x_1=40+c \\
x_2=30+c \\
x_3=20 \\
x_4=40+c \\
x_5=c
\end{cases}
$$

网络分支中的负号表示与模型中指定的方向相反. 由于街道是单行道，因此不能取负值. 这导致变量在取负值时有一定的局限.

习题三

(A)

1. 把下列矩阵化为简化行阶梯形矩阵.

(1) $\begin{bmatrix}1 & 0 & 2 & -1\\2 & 0 & 3 & 1\\3 & 0 & 4 & 3\end{bmatrix}$　　(2) $\begin{bmatrix}0 & 2 & -3 & 1\\0 & 3 & -4 & 3\\0 & 4 & -7 & -1\end{bmatrix}$

(3) $\begin{bmatrix}1 & -1 & 3 & -4 & 3\\3 & -3 & 5 & -4 & 1\\2 & -2 & 3 & -2 & 0\\3 & -3 & 4 & -2 & -1\end{bmatrix}$　　(4) $\begin{bmatrix}2 & 3 & 1 & -3 & -7\\1 & 2 & 0 & -2 & -4\\3 & -2 & 8 & 3 & 0\\2 & -3 & 7 & 4 & 3\end{bmatrix}$

2. 设 $\begin{bmatrix}0 & 1 & 0\\1 & 0 & 0\\0 & 0 & 1\end{bmatrix}\boldsymbol{A}\begin{bmatrix}1 & 0 & 1\\0 & 1 & 0\\0 & 0 & 1\end{bmatrix}=\begin{bmatrix}1 & 2 & 3\\4 & 5 & 6\\7 & 8 & 9\end{bmatrix}$,求 $\boldsymbol{A}$.

3. 试利用矩阵的初等变换,求下列方阵的逆阵.

(1) $\begin{bmatrix}3 & 2 & 1\\3 & 1 & 5\\3 & 2 & 3\end{bmatrix}$　　(2) $\begin{bmatrix}3 & -2 & 0 & -1\\0 & 2 & 2 & 1\\1 & -2 & -3 & -2\\0 & 1 & 2 & 1\end{bmatrix}$

4. (1) 设 $\boldsymbol{A}=\begin{bmatrix}4 & 1 & -2\\2 & 2 & 1\\3 & 1 & -1\end{bmatrix}$, $\boldsymbol{B}=\begin{bmatrix}1 & -3\\2 & 2\\3 & -1\end{bmatrix}$,求 $\boldsymbol{X}$,使 $\boldsymbol{AX}=\boldsymbol{B}$;

(2) 设 $\boldsymbol{A}=\begin{bmatrix}0 & 2 & 1\\2 & -1 & 3\\-3 & 3 & -4\end{bmatrix}$, $\boldsymbol{B}=\begin{bmatrix}1 & 2 & 3\\2 & -3 & 1\end{bmatrix}$,求 $\boldsymbol{X}$,使 $\boldsymbol{XA}=\boldsymbol{B}$.

5. 设 $\boldsymbol{A}=\begin{bmatrix}1 & -1 & 0\\0 & 1 & -1\\-1 & 0 & 1\end{bmatrix}$, $\boldsymbol{AX}=2\boldsymbol{X}+\boldsymbol{A}$, 求 $\boldsymbol{X}$.

6. 在秩是 r 的矩阵中,有没有等于 0 的 $r-1$ 阶子式?有没有等于 0 的 r 阶子式?

7. 求作一个秩是 4 的方阵，它的两个行向量是(1,0,1,0,0)，(1,−1,0,0,0).

8. 求下列矩阵的秩，并求一个最高阶非零子式.

(1) $\begin{bmatrix} 3 & 1 & 0 & 2 \\ 1 & -1 & 2 & -1 \\ 1 & 3 & -4 & 4 \end{bmatrix}$　　(2) $\begin{bmatrix} 3 & 2 & -1 & -3 & -1 \\ 2 & -1 & 3 & 1 & -3 \\ 7 & 0 & 5 & -1 & -8 \end{bmatrix}$

(3) $\begin{bmatrix} 2 & 1 & 8 & 3 & 7 \\ 2 & -3 & 0 & 7 & -5 \\ 3 & -2 & 5 & 8 & 0 \\ 1 & 0 & 3 & 2 & 0 \end{bmatrix}$

9. 设 $\boldsymbol{A}=\begin{bmatrix} 1 & -2 & 3k \\ -1 & 2k & -3 \\ k & -2 & 3 \end{bmatrix}$，问 k 为何值，可使

(1) $r(\boldsymbol{A})=1$；　(2) $r(\boldsymbol{A})=2$；　(3) $r(\boldsymbol{A})=3$.

10. 已知矩阵 $\boldsymbol{A}=\begin{bmatrix} 1 & 1 & 1 \\ 1 & 3 & -1 \\ 2 & -x & 6 \\ -2 & -2x & 0 \end{bmatrix}$ 的秩为 2，求 x 的值.

11. 求解下列齐次线性方程组.

(1) $\begin{cases} x_1+x_2+2x_3-x_4=0 \\ 2x_1+x_2+x_3-x_4=0 \\ 2x_1+2x_2+x_3+2x_4=0 \end{cases}$　　(2) $\begin{cases} x_1+2x_2+x_3-x_4=0 \\ 3x_1+6x_2-x_3-3x_4=0 \\ 5x_1+10x_2+x_3-5x_4=0 \end{cases}$

(3) $\begin{cases} 2x_1+3x_2-x_3+5x_4=0 \\ 3x_1+x_2+2x_3-7x_4=0 \\ 4x_1+x_2-3x_3+6x_4=0 \\ x_1-2x_2+4x_3-7x_4=0 \end{cases}$　　(4) $\begin{cases} 3x_1+4x_2-5x_3+7x_4=0 \\ 2x_1-3x_2+3x_3-2x_4=0 \\ 4x_1+11x_2-13x_3+16x_4=0 \\ 7x_1-2x_2+x_3+3x_4=0 \end{cases}$

12. 求解下列非齐次线性方程组.

(1) $\begin{cases} 4x_1+2x_2-x_3=2 \\ 3x_1-x_2+2x_3=10 \\ 11x_1+3x_2=8 \end{cases}$　　(2) $\begin{cases} 2x+3y+z=4 \\ x-2y+4z=-5 \\ 3x+8y-2z=13 \\ 4x-y+9z=-6 \end{cases}$

(3) $\begin{cases} 2x+y-z+w=1 \\ 4x+2y-2z+w=2 \\ 2x+y-z-w=1 \end{cases}$　　(4) $\begin{cases} 2x+y-z+w=1 \\ 3x-2y+z-3w=4 \\ x+4y-3z+5w=-2 \end{cases}$

13. 写出一个以

$$x=c_1\begin{bmatrix}2\\-3\\1\\0\end{bmatrix}+c_2\begin{bmatrix}-2\\4\\0\\1\end{bmatrix}$$

为通解的齐次线性方程组.

14. 当 λ 取何值时,非齐次线性方程组

$$\begin{cases}\lambda x_1+x_2+x_3=1\\x_1+\lambda x_2+x_3=\lambda\\x_1+x_2+\lambda x_3=\lambda^2\end{cases}$$

(1) 有唯一解; (2) 无解; (3)有无穷多个解?

15. 设非齐次线性方程组为

$$\begin{cases}-2x_1+x_2+x_3=-2\\x_1-2x_2+x_3=\lambda\\x_1+x_2-2x_3=\lambda^2\end{cases}$$

当 λ 取何值时有解? 并求出它的通解.

16. 设

$$\begin{cases}(2-\lambda)x_1+2x_2-2x_3=1\\2x_1+(5-\lambda)x_2-4x_3=2\\-2x_1-4x_2+(5-\lambda)x_3=-\lambda-1\end{cases}$$

问 λ 为何值时,此方程有唯一解、无解或有无穷多解? 并在有无穷多解时求其通解.

17. a,b 取何值时,方程组

$$\begin{cases}x_1+x_2+2x_3+3x_4=1\\x_1+3x_2+6x_3+x_4=3\\3x_1-x_2-ax_3+15x_4=3\\x_1-5x_2-10x_3+12x_4=b\end{cases}$$

有唯一解、无解、有无穷多解? 并在有无穷多解时求其通解.

18. 问 λ,μ 取何值时,方程组

$$\begin{cases}x_1+2x_2+3x_3=6\\x_1-x_2+6x_3=0\\3x_1-2x_2+\lambda x_3=\mu\end{cases}$$

(1) 无解; (2) 有唯一解; (3)有无穷多个解?

(B)

1. 已知矩阵 $\boldsymbol{A}=\begin{bmatrix}1 & 1 & k\\1 & k & 1\\k & 1 & 1\end{bmatrix}$,问 k 为何值时,$\boldsymbol{A}$ 的秩为 2.

2. 求矩阵 $\begin{bmatrix}1 & 0 & -1\\a & 0 & b\\-1 & 0 & 1\end{bmatrix}$ 的秩.

3. 设 $r(\boldsymbol{B})=m$, $r(\boldsymbol{C})=n$, 求 $r\left(\begin{bmatrix}\boldsymbol{O} & \boldsymbol{B}\\\boldsymbol{C} & \boldsymbol{O}\end{bmatrix}\right)$.

4. 证明性质 3.2 的(4).

复习题三

1. 填空题

(1) 一般 n 元线性方程组有解也称该方程组是________.

(2) 线性方程组的初等变换是指对方程组进行的以下三种变换:________、________、________.

(3) 根据 n 元线性方程组的消元法和解的判定定理可知线性方程组的解与方程组的________、________、________有关,而与________无关.

2. 讨论线性方程组

$$\begin{cases}(3-2\lambda)x_1+(2-\lambda)x_2+x_3=\lambda\\(2-\lambda)x_1+(2-\lambda)x_2+x_3=1\\x_1+x_2+(2-\lambda)x_3=1\end{cases}$$

解的情况,并在有解时求出其解.

3. 求出一个齐次线性方程组,使它的两个解为

$$\boldsymbol{\alpha}_1=\begin{bmatrix}-2\\1\\0\end{bmatrix},\quad \boldsymbol{\alpha}_2=\begin{bmatrix}3\\0\\1\end{bmatrix}$$

4. 设 $\boldsymbol{\eta}_1,\boldsymbol{\eta}_2,\cdots,\boldsymbol{\eta}_s$ 是非齐次线性方程组 $\boldsymbol{Ax}=\boldsymbol{b}$ 的 s 个解,$k_1,k_2,\cdots,k_s$ 为实数,且满足

$$k_1+k_2+\cdots+k_s=1$$

证明 $\boldsymbol{x}=k_1\boldsymbol{\eta}_1+k_2\boldsymbol{\eta}_2+\cdots+k_s\boldsymbol{\eta}_s$ 也是方程组的解.

5. 讨论 λ 为何值时,方程组

$$\begin{cases} x_1+2x_2-x_3-2x_4=0 \\ 2x_1-x_2-x_3+x_4=1 \\ 3x_1+x_2-2x_3-x_4=\lambda \end{cases}$$

有无穷多个解,并求其通解.

第④章

n 维向量与线性方程组解的结构

n 元线性方程组的一个解是一个 n 维向量，因此当方程组有无穷多解时，要弄清楚解与解之间的关系，就必须研究 n 维向量之间的关系. 向量之间最基本的一种关系是所谓线性相关或线性无关. 本章首先介绍向量组线性相关与线性无关等基本概念，并研究其基本性质，然后利用向量组及由它排列而成的矩阵的转换关系来解决向量组的线性相关性，最后讨论线性方程组的解的结构. 向量作为一种重要的数学工具，不仅仅是为了讨论线性方程组，它在数学及其他学科中都有重要应用.

4.1 向量组的线性相关性

在现实世界中，有一些量，例如长度、面积、质量和温度等，只要给定了测量单位，就可以用实数来表示，称这类量为**数量**或**标量**. 还有一些量，例如力、位移和速度等，它们不仅有大小，还有方向，称这类既有大小又有方向的量为**向量**或**矢量**. 在几何上，往往用带箭头的线段——有向线段来表示向量，有向线段的长度表示向量的大小，其指向表示向量的方向. 从解析几何知道，在建立了坐标系之后，几何向量可以用有序数组来表示，坐标平面上的向量可以用二元有序数组(x,y)来表示，空间坐标系中的向量可以用三元有序数组(x,y,z)来表示. 但是，有许多研究对象，仅用二元或三元有序数组却无法刻画它们. 例如，要描述卫星在 t 时刻在空间的坐标(x,y,z)，及其表面温度 τ 和压力 p，就需要六元有序数组(t,x,y,z,τ,p). 又如，一个 n 元线性方程组的解 $x_1=c_1,x_2=c_2,\cdots,x_n=c_n$，就是一个 n 元有序数组 $c_1,c_2,\cdots,c_n$，把它们分开来看是没有意义的. 因此，有必要拓广向量的概念，建立 n 维向量的概念并研究其基本理论.

4.1.1　n 维向量及向量组

定义 4.1（n 维向量）　$1\times n$ 矩阵$(a_1,a_2,\cdots,a_n)$称为 **n 维行向量**，$n\times 1$ 矩阵$(a_1,a_2,\cdots,a_n)^{\mathrm{T}}$ 称为 **n 维列向量**. 这 n 个元素称为该向量的 n 个分量，第 i 个元素称为第 i 个分量.

> **注意：**按照第 2 章的规定，行向量就是行矩阵，列向量就是列矩阵，向量就是特殊的矩阵，因此其运算自然应服从矩阵的运算.

为了讨论方便，如无特别声明，本书所讨论的向量一般都约定为列向量，并且常将列向量写成

$$(a_1,a_2,\cdots,a_n)^{\mathrm{T}}$$

本书中用小写黑斜体字母 $\boldsymbol{\alpha},\boldsymbol{\beta},\boldsymbol{x},\boldsymbol{y},\cdots$来表示列向量，用 $\boldsymbol{\alpha}^{\mathrm{T}},\boldsymbol{\beta}^{\mathrm{T}},\boldsymbol{x}^{\mathrm{T}},\boldsymbol{y}^{\mathrm{T}},\cdots$表示行向量，带下标的白斜体字母 $a_i,b_i,x_i,y_i,\cdots$来表示向量的分量.

例 4.1　设向量 $\boldsymbol{\alpha}$、$\boldsymbol{\beta}$、$\boldsymbol{x}$ 满足关系式 $5\boldsymbol{x}-2\boldsymbol{\alpha}=3(\boldsymbol{\beta}+\boldsymbol{x})$，其中 $\boldsymbol{\alpha}=(2,-1,3,-8)^{\mathrm{T}}$，$\boldsymbol{\beta}=(-1,0,2,4)^{\mathrm{T}}$，求向量 $\boldsymbol{x}$ 及 $\boldsymbol{\alpha}^{\mathrm{T}}\boldsymbol{\beta}$.

解　由题设的关系式，可得

$$2\boldsymbol{x}=2\boldsymbol{\alpha}+3\boldsymbol{\beta}$$

所以

$$\begin{aligned}\boldsymbol{x}&=\frac{1}{2}(2\boldsymbol{\alpha}+3\boldsymbol{\beta})=\frac{1}{2}[(4,-2,6,-16)^{\mathrm{T}}+(-3,0,6,12)^{\mathrm{T}}]\\&=\frac{1}{2}(1,-2,12,-4)^{\mathrm{T}}=(\frac{1}{2},-1,6,-2)^{\mathrm{T}}\end{aligned}$$

$$\boldsymbol{\alpha}^{\mathrm{T}}\boldsymbol{\beta}=(2,-1,3,-8)\begin{pmatrix}-1\\0\\2\\4\end{pmatrix}=2\times(-1)+(-1)\times 0+3\times 2+(-8)\times 4=-28$$

在实践中，有时我们需要讨论一个向量集合或者向量空间的性质，因此我们需要给出这些集合的相关概念和性质.

定义 4.2　若干个同维数的列向量（行向量）所组成的集合称为**列向量组**（**行向量组**）.

下面我们看一下向量组与矩阵、方程组是什么关系. 这对于我们后面进行各类问题的转化起着非常关键的作用.

首先看向量组与矩阵的关系.

设矩阵 $\boldsymbol{A}=(a_{ij})_{m\times n}$，将矩阵按列分块

$$\boldsymbol{A}=\left[\begin{array}{c:c:c:c} a_{11} & a_{12} & \cdots & a_{1n} \\ a_{21} & a_{22} & \cdots & a_{2n} \\ \vdots & \vdots & & \cdots \\ a_{m1} & a_{m2} & \cdots & a_{mn} \end{array}\right]=(\boldsymbol{\alpha}_1,\boldsymbol{\alpha}_2,\cdots,\boldsymbol{\alpha}_n)$$

$$\boldsymbol{\alpha}_1 \quad \boldsymbol{\alpha}_2 \quad \cdots \quad \boldsymbol{\alpha}_n$$

则向量组 $\boldsymbol{\alpha}_1,\boldsymbol{\alpha}_2,\cdots,\boldsymbol{\alpha}_n$ 称为矩阵 $\boldsymbol{A}$ 的列向量组,其中 $\boldsymbol{\alpha}_j=(a_{1j},a_{2j},\cdots,a_{mj})^{\mathrm{T}}$, $j=1,2,\cdots,n$.

将矩阵按行分块

$$\boldsymbol{A}=\left[\begin{array}{cccc} a_{11} & a_{12} & \cdots & a_{1n} \\ \hdashline a_{21} & a_{22} & \cdots & a_{2n} \\ \hdashline \vdots & \vdots & & \vdots \\ \hdashline a_{m1} & a_{m2} & \cdots & a_{mn} \end{array}\right]\begin{array}{c}\boldsymbol{\beta}_1^{\mathrm{T}} \\ \boldsymbol{\beta}_2^{\mathrm{T}} \\ \vdots \\ \boldsymbol{\beta}_m^{\mathrm{T}}\end{array}=\begin{pmatrix}\boldsymbol{\beta}_1^{\mathrm{T}} \\ \boldsymbol{\beta}_2^{\mathrm{T}} \\ \vdots \\ \boldsymbol{\beta}_m^{\mathrm{T}}\end{pmatrix}$$

向量组 $\boldsymbol{\beta}_1^{\mathrm{T}},\boldsymbol{\beta}_2^{\mathrm{T}},\cdots,\boldsymbol{\beta}_m^{\mathrm{T}}$ 称为 $\boldsymbol{A}$ 的行向量组,其中 $\boldsymbol{\beta}_i^{\mathrm{T}}=(a_{i1},a_{i2},\cdots,a_{in})$, $(i=1,2,\cdots,m)$.

从上面对矩阵的处理过程可以看出:把矩阵的每一列(行)看作一个向量,则矩阵可看成一个由 n 个 m 维列向量组成的列向量组(m 个 n 维行向量组成的行向量组);反过来,一个含有 n 个 m 维列向量的列向量组(m 个 n 维行向量的行向量组)总可以构成一个 $m\times n$ 矩阵.

基于此,可以将齐次线性方程组和非齐次线性方程组写成

$$\boldsymbol{\alpha}_1x_1+\boldsymbol{\alpha}_2x_2+\cdots+\boldsymbol{\alpha}_nx_n=\boldsymbol{0}$$

$$\boldsymbol{\alpha}_1x_1+\boldsymbol{\alpha}_2x_2+\cdots+\boldsymbol{\alpha}_nx_n=\boldsymbol{b}$$

这种形式的获得和应用将在后续内容中给出.至此我们便学过了方程组的 3 种表现形式(读者能说出来吗?),熟悉这些表现形式有助于我们进一步研究后续问题.

4.1.2 向量的线性组合与线性表示

给定一个向量组,这些向量之间有什么关系?如何刻画?是本节所要讨论的重要问题.

定义 4.3(线性组合与线性表示) 设 $\boldsymbol{\alpha}_1,\boldsymbol{\alpha}_2,\cdots,\boldsymbol{\alpha}_n$ 是一组 m 维向量,$k_1,k_2,\cdots,k_n$ 是一组常数,则称向量

$$k_1\boldsymbol{\alpha}_1+k_2\boldsymbol{\alpha}_2+\cdots+k_n\boldsymbol{\alpha}_n$$

为 $\boldsymbol{\alpha}_1,\boldsymbol{\alpha}_2,\cdots,\boldsymbol{\alpha}_n$ 的一个**线性组合**,称常数 $k_1,k_2,\cdots,k_n$ 为该线性组合的系数.又如果向量 $\boldsymbol{\beta}$ 可以表示为

$$\boldsymbol{\beta} = k_1\boldsymbol{\alpha}_1 + k_2\boldsymbol{\alpha}_2 + \cdots + k_n\boldsymbol{\alpha}_n \tag{4.1}$$

则称向量 $\boldsymbol{\beta}$ 可由向量组 $\boldsymbol{\alpha}_1,\boldsymbol{\alpha}_2,\cdots,\boldsymbol{\alpha}_n$ **线性表示或线性表出**.

例如,设 $\boldsymbol{\beta}=(2,-1,1)^{\mathrm{T}}$,$\boldsymbol{\varepsilon}_1=(1,0,0)^{\mathrm{T}}$,$\boldsymbol{\varepsilon}_2=(0,1,0)^{\mathrm{T}}$,$\boldsymbol{\varepsilon}_3=(0,0,1)^{\mathrm{T}}$, 易见 $\boldsymbol{\beta}=2\boldsymbol{\varepsilon}_1-\boldsymbol{\varepsilon}_2+\boldsymbol{\varepsilon}_3$,即 $\boldsymbol{\beta}$ 是 $\boldsymbol{\varepsilon}_1,\boldsymbol{\varepsilon}_2,\boldsymbol{\varepsilon}_3$ 的线性组合,或称 $\boldsymbol{\beta}$ 可由 $\boldsymbol{\varepsilon}_1,\boldsymbol{\varepsilon}_2,\boldsymbol{\varepsilon}_3$ 线性表示.

例 4.2　证明:任一 n 维向量 $\boldsymbol{\alpha}=(a_1,a_2,\cdots,a_n)^{\mathrm{T}}$ 都可由 n 维向量组

$$\boldsymbol{\varepsilon}_1=(1,0,0,\cdots,0)^{\mathrm{T}},\boldsymbol{\varepsilon}_2=(0,1,0,\cdots,0)^{\mathrm{T}},\cdots,\boldsymbol{\varepsilon}_n=(0,0,0,\cdots,1)^{\mathrm{T}}$$

线性表示,并且表示法唯一(称 $\boldsymbol{\varepsilon}_1,\boldsymbol{\varepsilon}_2,\cdots,\boldsymbol{\varepsilon}_n$ 为 **n 维基本单位向量组**. 显然,$\boldsymbol{\varepsilon}_j$ 为 n 阶单位矩阵 $\boldsymbol{I}_n$ 的第 j 列,$j=1,2,\cdots,n$).

证　设有一组数 $x_1,x_2,\cdots,x_n$,使得

$$x_1\boldsymbol{\varepsilon}_1 + x_2\boldsymbol{\varepsilon}_2 + \cdots + x_n\boldsymbol{\varepsilon}_n = \boldsymbol{\alpha}$$

即

$$x_1(1,0,\cdots,0)^{\mathrm{T}} + x_2(0,1,\cdots,0)^{\mathrm{T}} + \cdots + x_n(0,0,\cdots,1)^{\mathrm{T}} = (a_1,a_2,\cdots,a_n)^{\mathrm{T}}$$

由此得唯一解 $x_j=a_j(j=1,2,\cdots,n)$,所以向量 $\boldsymbol{\alpha}=(a_1,a_2,\cdots,a_n)^{\mathrm{T}}$ 可由 $\boldsymbol{\varepsilon}_1,\boldsymbol{\varepsilon}_2,\cdots,\boldsymbol{\varepsilon}_n$ 唯一地线性表示为 $\boldsymbol{\alpha}=a_1\boldsymbol{\varepsilon}_1+a_2\boldsymbol{\varepsilon}_2+\cdots+a_n\boldsymbol{\varepsilon}_n$.

现在的问题是,如果给定向量组 $\boldsymbol{\alpha}_1,\boldsymbol{\alpha}_2,\cdots,\boldsymbol{\alpha}_n$ 和 $\boldsymbol{\beta}$,怎样来判断 $\boldsymbol{\beta}$ 能否由 $\boldsymbol{\alpha}_1,\boldsymbol{\alpha}_2,\cdots,\boldsymbol{\alpha}_n$ 线性表示? 如果能表示的话,怎样表示?

事实上,判断 $\boldsymbol{\beta}$ 能否由 $\boldsymbol{\alpha}_1,\boldsymbol{\alpha}_2,\cdots,\boldsymbol{\alpha}_n$ 线性表示的问题就是方程(4.1)对未知量 $k_1,k_2,\cdots,k_n$ 是否有解的问题. 若将方程(4.1)改写成

$$\boldsymbol{\alpha}_1x_1 + \boldsymbol{\alpha}_2x_2 + \cdots + \boldsymbol{\alpha}_nx_n = \boldsymbol{\beta} \tag{4.2}$$

就是向量方程(4.2)对未知量 $x_1,x_2,\cdots,x_n$ 是否有解的问题.

为此要从向量方程与线性方程组的相互关系中去寻找答案.

先将向量方程(4.2)写成分量的形式,设

$$\boldsymbol{\beta}=\begin{bmatrix}b_1\\b_2\\\vdots\\b_m\end{bmatrix},\quad \boldsymbol{\alpha}_j=\begin{bmatrix}a_{1j}\\a_{2j}\\\vdots\\a_{mj}\end{bmatrix},\quad j=1,2,\cdots,n$$

则方程(4.2)的分量形式为

$$\begin{bmatrix}a_{11}\\a_{21}\\\vdots\\a_{m1}\end{bmatrix}x_1+\begin{bmatrix}a_{12}\\a_{22}\\\vdots\\a_{m2}\end{bmatrix}x_2+\cdots+\begin{bmatrix}a_{1n}\\a_{2n}\\\vdots\\a_{mn}\end{bmatrix}x_n=\begin{bmatrix}b_1\\b_2\\\vdots\\b_m\end{bmatrix}$$

即

$$\begin{cases} a_{11}x_1 + a_{12}x_2 + \cdots + a_{1n}x_n = b_1 \\ a_{21}x_1 + a_{22}x_2 + \cdots + a_{2n}x_n = b_2 \\ \qquad\vdots \\ a_{m1}x_1 + a_{m2}x_2 + \cdots + a_{mn}x_n = b_m \end{cases} \tag{4.3}$$

当 $\boldsymbol{\beta}\neq\mathbf{0}$ 时,这是一个非齐次的线性方程组,它的矩阵形式为

$$\begin{bmatrix} a_{11} & a_{12} & \cdots & a_{1n} \\ a_{21} & a_{22} & \cdots & a_{2n} \\ \vdots & \vdots & & \vdots \\ a_{m1} & a_{m2} & \cdots & a_{mn} \end{bmatrix} \begin{bmatrix} x_1 \\ x_2 \\ \vdots \\ x_n \end{bmatrix} = \begin{bmatrix} b_1 \\ b_2 \\ \vdots \\ b_m \end{bmatrix} \tag{4.4}$$

或者

$$\boldsymbol{A}\boldsymbol{x} = \boldsymbol{\beta} \tag{4.5}$$

其中系数矩阵 $\boldsymbol{A}$ 中的第 j 个列向量就是 $\boldsymbol{\alpha}_j$,换句话说,把 $\boldsymbol{\alpha}_1,\boldsymbol{\alpha}_2,\cdots,\boldsymbol{\alpha}_n$ 依序横排起来就是系数矩阵 $\boldsymbol{A}$.

由此可见,方程(4.2)~(4.5)实际上是同一件事的不同的表示形式. 方程(4.2)是非齐次线性方程组(4.3)的向量形式,而方程(4.3)~(4.5)是向量方程(4.3)的矩阵形式和线性方程组的形式.

这样一种将向量方程、矩阵方程和线性方程组三种形式相互转化的"三位一体"的思想在本章及以后各章的讨论中起着极为重要的作用.

现在就可以来回答前面提出的问题了. 当我们把向量方程(4.2)转化为线性方程组(4.3)后,就可以通过线性方程组解的判定定理(定理 3.4)来判断线性表示的向量方程(4.2)是否有解,而且当它有解时,还能具体求出它的全部解.

定理 4.1 向量 $\boldsymbol{\beta}$ 可由向量组 $\boldsymbol{\alpha}_1,\boldsymbol{\alpha}_2,\cdots,\boldsymbol{\alpha}_n$ 线性表示的充分必要条件是非齐次线性方程组(4.3)有解,而且

(1) 当方程组(4.3)有唯一解时,$\boldsymbol{\beta}$ 的线性表示是唯一的;

(2) 当方程组(4.3)有无穷多解时,$\boldsymbol{\beta}$ 的线性表示有无穷多种;

(3) 当方程组(4.3)无解时,$\boldsymbol{\beta}$ 不能由向量组 $\boldsymbol{\alpha}_1,\boldsymbol{\alpha}_2,\cdots,\boldsymbol{\alpha}_n$ 线性表示.

例 4.3 设有一组向量

$$\boldsymbol{\alpha}_1 = (1,4,0,2)^{\mathrm{T}}, \qquad \boldsymbol{\alpha}_2 = (2,7,1,3)^{\mathrm{T}}$$
$$\boldsymbol{\alpha}_3 = (0,1,-1,a)^{\mathrm{T}}, \quad \boldsymbol{\beta} = (3,10,b,4)^{\mathrm{T}}$$

问 a,b 取何值时,$\boldsymbol{\beta}$ 可由向量组 $\boldsymbol{\alpha}_1,\boldsymbol{\alpha}_2,\boldsymbol{\alpha}_3$ 线性表示？并在可以线性表示时,求出此表示式.

解 设有一组数 x_1,x_2,x_3,使得

$$x_1\boldsymbol{\alpha}_1 + x_2\boldsymbol{\alpha}_2 + x_3\boldsymbol{\alpha}_3 = \boldsymbol{\beta}$$

对上面这个非齐次线性方程组的增广矩阵施行初等行变换

$$\overline{\boldsymbol{A}}=[\boldsymbol{A}\ \vdots\ \boldsymbol{\beta}]=[\boldsymbol{\alpha}_1\quad\boldsymbol{\alpha}_2\quad\boldsymbol{\alpha}_3\ \vdots\ \boldsymbol{\beta}]$$

$$=\left[\begin{array}{ccc:c}1&2&0&3\\4&7&1&10\\0&1&-1&b\\2&3&a&4\end{array}\right]\longrightarrow\left[\begin{array}{ccc:c}1&2&0&3\\0&1&-1&2\\0&0&a-1&0\\0&0&0&b-2\end{array}\right]=\boldsymbol{B}$$

由阶梯形矩阵 $\boldsymbol{B}$ 及定理 3.4 可见：

(1) 当 $b\neq 2$ 时，$r(\boldsymbol{A})\neq r(\overline{\boldsymbol{A}})$，方程组无解，此时 $\boldsymbol{\beta}$ 不能由 $\boldsymbol{\alpha}_1,\boldsymbol{\alpha}_2,\boldsymbol{\alpha}_3$ 线性表示；

(2) 当 $b=2$ 且 $a\neq 1$ 时，有 $r(\boldsymbol{A})=r(\overline{\boldsymbol{A}})=3$(未知量个数)，故此时方程组有唯一解. 为求解，将 $\boldsymbol{B}$ 再化成简化行阶梯形

$$\boldsymbol{B}\xrightarrow{\frac{1}{a-1}r_3}\left[\begin{array}{ccc:c}1&2&0&3\\0&1&-1&2\\0&0&1&0\\0&0&0&0\end{array}\right]\longrightarrow\left[\begin{array}{ccc:c}1&0&0&-1\\0&1&0&2\\0&0&1&0\\0&0&0&0\end{array}\right]$$

由此得方程组的唯一解为 $x_1=-1,x_2=2,x_3=0$，故此时 $\boldsymbol{\beta}$ 可由 $\boldsymbol{\alpha}_1,\boldsymbol{\alpha}_2,\boldsymbol{\alpha}_3$ 唯一地线性表示为 $\boldsymbol{\beta}=-\boldsymbol{\alpha}_1+2\boldsymbol{\alpha}_2$；

(3) 当 $b=2$ 且 $a=1$ 时，有 $r(\boldsymbol{A})=r(\overline{\boldsymbol{A}})=2<3$，故此时方程组有解且有无穷多解，将 $\boldsymbol{B}$ 再化成简化行阶梯形

$$\boldsymbol{B}\xrightarrow{r_1-2r_2}\left[\begin{array}{ccc:c}1&0&2&-1\\0&1&-1&2\\0&0&0&0\\0&0&0&0\end{array}\right]$$

> **注意**：从本例我们可以看出，解法是我们熟悉的，只是说法变了，仔细体会问题转化体现的数学思想，可以达到事半功倍的效果.

由此得方程组的参数形式的通解为

$$x_1=-1-2c,\quad x_2=2+c,\quad x_3=c$$

因此，此时 $\boldsymbol{\beta}$ 可由 $\boldsymbol{\alpha}_1,\boldsymbol{\alpha}_2,\boldsymbol{\alpha}_3$ 线性表示为 $\boldsymbol{\beta}=(-1-2c)\boldsymbol{\alpha}_1+(2+c)\boldsymbol{\alpha}_2+c\boldsymbol{\alpha}_3$(其中 c 为任意常数).

4.1.3　线性相关与线性无关

从消元法知道，线性方程组中是否存在多余的方程(即用消元法可将某方程化成恒等式“0=0”)的问题，等价于方程组增广矩阵的行向量组中是否有某个向量可由其余向量线性表示的问题. 例如，对于方程组

$$\begin{cases} x_1 + x_2 - 2x_3 = 1 \\ x_1 - 2x_2 - x_3 = 0 \\ x_1 - 5x_2 = -1 \end{cases}$$

其增广矩阵的 3 个行向量分别为

$$\boldsymbol{\alpha}_1 = (1,1,-2,1)^{\mathrm{T}}, \quad \boldsymbol{\alpha}_2 = (1,-2,-1,0),^{\mathrm{T}} \quad \boldsymbol{\alpha}_3 = (1,-5,0,-1)^{\mathrm{T}}$$

不难验证

$$\boldsymbol{\alpha}_3 = -\boldsymbol{\alpha}_1 + 2\boldsymbol{\alpha}_2, \quad 或 \quad \boldsymbol{\alpha}_1 - 2\boldsymbol{\alpha}_2 + \boldsymbol{\alpha}_3 = \mathbf{0}$$

因此,方程组中有多余的方程[例如,将第 1 个方程及第 2 个方程的(-2)倍都加到第 3 个方程,便可消去第 3 个方程,所以,方程组中存在多余的方程].这里,存在 3 个不全为零的常数 1,-2,1,它们作为线性组合的系数,使得向量组 $\boldsymbol{\alpha}_1,\boldsymbol{\alpha}_2,\boldsymbol{\alpha}_3$ 的线性组合等于零向量,也就是说 $\boldsymbol{\alpha}_1,\boldsymbol{\alpha}_2,\boldsymbol{\alpha}_3$ 之间存在一种由线性运算联系起来的等式关系式,数学上,就称向量组 $\boldsymbol{\alpha}_1,\boldsymbol{\alpha}_2,\boldsymbol{\alpha}_3$ 是线性相关的.

一般地,有下述重要概念.

定义 4.4(线性相关与线性无关) 设 $\boldsymbol{\alpha}_1,\boldsymbol{\alpha}_2,\cdots,\boldsymbol{\alpha}_n$ 是一组 m 维向量,如果存在一组不全为零的常数 $k_1,k_2,\cdots,k_n$,使得

$$k_1\boldsymbol{\alpha}_1 + k_2\boldsymbol{\alpha}_2 + \cdots + k_n\boldsymbol{\alpha}_n = \mathbf{0} \tag{4.6}$$

则称向量组 $\boldsymbol{\alpha}_1,\boldsymbol{\alpha}_2,\cdots,\boldsymbol{\alpha}_n$ 是**线性相关**的.如果一个向量组不是线性相关的,也就是说,如果式(4.6)仅在 $k_1=k_2=\cdots=k_n=0$时才成立(即若 $k_1\boldsymbol{\alpha}_1+k_2\boldsymbol{\alpha}_2+\cdots+k_n\boldsymbol{\alpha}_n=\mathbf{0}$,则必有 $k_1=k_2=\cdots=k_n=0$),则称向量组 $\boldsymbol{\alpha}_1,\boldsymbol{\alpha}_2,\cdots,\boldsymbol{\alpha}_n$ **线性无关**.

> **注意**:所谓式(4.6)中的常数 k_1,$k_2,\cdots,k_n$ 不全为零,是指这 n 个数中至少有一个不为零.

例如,向量组

$$\boldsymbol{\alpha}_1 = (1,1,0)^{\mathrm{T}}, \quad \boldsymbol{\alpha}_2 = (2,2,0)^{\mathrm{T}}, \quad \boldsymbol{\alpha}_3 = (0,0,3)^{\mathrm{T}}$$

就是线性相关的,因为存在不全为零的一组数 2,-1,0,使得 $2\boldsymbol{\alpha}_1-\boldsymbol{\alpha}_2+0\boldsymbol{\alpha}_3=\mathbf{0}$.

向量组的线性相关或线性无关,一般是对于多个向量而言的.但定义 4.4 也适用于一个向量.我们有:一个向量 $\boldsymbol{\alpha}$ 线性相关,就是 $\boldsymbol{\alpha}=\mathbf{0}$.事实上,若 $\boldsymbol{\alpha}$ 线性相关,按定义就是存在非零常数 k,使 $k\boldsymbol{\alpha}=\mathbf{0}$,故 $\boldsymbol{\alpha}=\frac{1}{k}\mathbf{0}=\mathbf{0}$;反之,若 $\boldsymbol{\alpha}=\mathbf{0}$,则有常数 $k=1\neq0$,使 $k\boldsymbol{\alpha}=\mathbf{0}$,故 $\boldsymbol{\alpha}$ 线性相关.所以,**一个向量 $\boldsymbol{\alpha}$ 线性相关,就是 $\boldsymbol{\alpha}=\mathbf{0}$;一个向量 $\boldsymbol{\alpha}$ 线性无关,就是 $\boldsymbol{\alpha}\neq\mathbf{0}$.**

下面的定理给出了向量组线性相关的等价定义.

定理 4.2 向量组 $\boldsymbol{\alpha}_1,\cdots,\boldsymbol{\alpha}_n(n\geqslant2)$线性相关的充分必要条件是,该组中至少存在 1 个向量可由该组中其余 $n-1$ 个向量线性表示.

证　必要性：设向量组 $\boldsymbol{\alpha}_1,\boldsymbol{\alpha}_2,\cdots,\boldsymbol{\alpha}_n$ 线性相关，即存在不全为零的常数 $k_1,k_2,\cdots,k_n$，使得

$$k_1\boldsymbol{\alpha}_1+k_2\boldsymbol{\alpha}_2+\cdots+k_n\boldsymbol{\alpha}_n=\mathbf{0}$$

由于 $k_1,k_2,\cdots,k_n$ 不全为零，故其中至少有 1 个不为零，设 $k_i\neq 0$，则由上式可得

$$\boldsymbol{\alpha}_i=-\frac{k_1}{k_i}\boldsymbol{\alpha}_1-\frac{k_2}{k_i}\boldsymbol{\alpha}_2-\cdots-\frac{k_{i-1}}{k_i}\boldsymbol{\alpha}_{i-1}-\frac{k_{i+1}}{k_i}\boldsymbol{\alpha}_{i+1}-\cdots-\frac{k_n}{k_i}\boldsymbol{\alpha}_n$$

这表明 $\boldsymbol{\alpha}_i$ 可由该向量组中其余 $n-1$ 个向量线性表示.

充分性：设 $\boldsymbol{\alpha}_i$ 可由该向量组中其余 $n-1$ 个向量线性表示为

$$\boldsymbol{\alpha}_i=\lambda_1\boldsymbol{\alpha}_1+\lambda_2\boldsymbol{\alpha}_2+\cdots+\lambda_{i-1}\boldsymbol{\alpha}_{i-1}+\lambda_{i+1}\boldsymbol{\alpha}_{i+1}+\cdots+\lambda_n\boldsymbol{\alpha}_n$$

移项，得

$$\lambda_1\boldsymbol{\alpha}_1+\lambda_2\boldsymbol{\alpha}_2+\cdots+\lambda_{i-1}\boldsymbol{\alpha}_{i-1}-\boldsymbol{\alpha}_i+\lambda_{i+1}\boldsymbol{\alpha}_{i+1}+\cdots+\lambda_n\boldsymbol{\alpha}_n=\mathbf{0}$$

由于上式左端线性组合的系数

$$\lambda_1,\lambda_2,\cdots,\lambda_{i-1},-1,\lambda_{i+1},\cdots,\lambda_n$$

不全为零(至少有 $-1\neq 0$)，所以，$\boldsymbol{\alpha}_1,\boldsymbol{\alpha}_2,\cdots,\boldsymbol{\alpha}_s$ 线性相关.

根据定理 4.2，两个向量

$$\boldsymbol{\alpha}_1=(a_1,a_2,\cdots,a_n)^{\mathrm{T}},\quad \boldsymbol{\alpha}_2=(b_1,b_2,\cdots,b_n)^{\mathrm{T}}$$

线性相关，也就是 $\boldsymbol{\alpha}_1$ 和 $\boldsymbol{\alpha}_2$ 中至少有一个向量可由另一向量线性表示，不妨设 $\boldsymbol{\alpha}_1$ 可由 $\boldsymbol{\alpha}_2$ 线性表示，即存在常数 k，使得

$$\boldsymbol{\alpha}_1=k\boldsymbol{\alpha}_2\quad 或\quad (a_1,a_2,\cdots,a_n)^{\mathrm{T}}=(kb_1,kb_2,\cdots,kb_n)^{\mathrm{T}}$$

上式表明 $\boldsymbol{\alpha}_1$ 与 $\boldsymbol{\alpha}_2$ 的对应分量成比例. 于是有

$\boldsymbol{\alpha}_1$ 与 $\boldsymbol{\alpha}_2$ 线性相关(线性无关)的充分必要条件是 $\boldsymbol{\alpha}_1$ 与 $\boldsymbol{\alpha}_2$ 的对应分量成比例(不成比例). 这是判别两个向量线性相关或线性无关的简便方法.

如果给定向量组 $\boldsymbol{\alpha}_1,\boldsymbol{\alpha}_2,\cdots,\boldsymbol{\alpha}_n$，判别它们线性相关或线性无关等价于向量方程

$$\boldsymbol{\alpha}_1x_1+\boldsymbol{\alpha}_2x_2+\cdots+\boldsymbol{\alpha}_nx_n=\mathbf{0} \tag{4.7}$$

存在非零解或只有零解，那么怎样来判断向量组的线性相关性呢？我们同样需要通过“三位一体”及其相互转化的思想来处理这个问题.

为此将向量方程(4.7)改写成矩阵形式

$$\begin{bmatrix} a_{11} & a_{12} & \cdots & a_{1n} \\ a_{21} & a_{22} & \cdots & a_{2n} \\ \vdots & \vdots & & \vdots \\ a_{m1} & a_{m2} & \cdots & a_{mn} \end{bmatrix}\begin{bmatrix} x_1 \\ x_2 \\ \vdots \\ x_n \end{bmatrix}=\begin{bmatrix} 0 \\ 0 \\ \vdots \\ 0 \end{bmatrix} \tag{4.8}$$

或
$$\boldsymbol{A}\boldsymbol{x}=\boldsymbol{0}$$
其中 $\boldsymbol{\alpha}_j=(a_{1j},a_{2j},\cdots,a_{mj})^{\mathrm{T}},j=1,2,\cdots,n$. 式(4.8)是一个齐次线性方程组，于是直接应用齐次方程组解的判定定理(定理 3.5)即得以下结论.

定理 4.3 向量组 $\boldsymbol{\alpha}_1,\boldsymbol{\alpha}_2,\cdots,\boldsymbol{\alpha}_n$ 线性相关(线性无关)

$\Leftrightarrow$齐次线性方程组(4.7)有非零解(只有零解)

$\Leftrightarrow$矩阵 $\boldsymbol{A}=[\boldsymbol{\alpha}_1\ \boldsymbol{\alpha}_2\cdots\ \boldsymbol{\alpha}_n]$的秩小于 n(等于 n).

推论 4.1 n 个 n 维向量 $\boldsymbol{\alpha}_1,\boldsymbol{\alpha}_2,\cdots,\boldsymbol{\alpha}_n$ 线性相关(线性无关)

$\Leftrightarrow$行列式 $\det[\boldsymbol{\alpha}_1\ \boldsymbol{\alpha}_2\cdots\ \boldsymbol{\alpha}_n]=0\quad(\neq 0)$.

推论 4.2 若 $s>n$，则 s 个 n 维向量 $\boldsymbol{\alpha}_1,\boldsymbol{\alpha}_2,\cdots,\boldsymbol{\alpha}_s$ 必线性相关. 特别地，$n+1$ 个 n 维向量必线性相关.

例 4.4 证明：n 维基本单位向量组 $\boldsymbol{\varepsilon}_1,\boldsymbol{\varepsilon}_2,\cdots,\boldsymbol{\varepsilon}_n$ 线性无关.

证 由于行列式
$$\det[\boldsymbol{\varepsilon}_1\ \boldsymbol{\varepsilon}_2\ \cdots\ \boldsymbol{\varepsilon}_n]=1\neq 0$$
故由推论 4.1 知向量组 $\boldsymbol{\varepsilon}_1,\boldsymbol{\varepsilon}_2,\cdots,\boldsymbol{\varepsilon}_n$ 线性无关.

例 4.5 λ 取何值时，向量组
$$\boldsymbol{\alpha}_1=(\lambda+2,1,0)^{\mathrm{T}},\ \boldsymbol{\alpha}_2=(0,\lambda-1,-1)^{\mathrm{T}},\ \boldsymbol{\alpha}_3=(2,2,\lambda+1)^{\mathrm{T}}$$
线性相关？

解 由推论 4.1 知
$$\boldsymbol{\alpha}_1,\boldsymbol{\alpha}_2,\boldsymbol{\alpha}_3\text{ 线性相关}\Leftrightarrow\det[\boldsymbol{\alpha}_1\ \boldsymbol{\alpha}_2\ \boldsymbol{\alpha}_3]=\begin{vmatrix}\lambda+2&0&2\\1&\lambda-1&2\\0&-1&\lambda+1\end{vmatrix}$$
$$=(\lambda+1)^2\lambda=0$$
故当且仅当 $\lambda=-1$ 或 $\lambda=0$ 时 $\boldsymbol{\alpha}_1,\boldsymbol{\alpha}_2,\boldsymbol{\alpha}_3$ 线性相关.

例 4.6 证明：向量组
$$\boldsymbol{\alpha}_1=(0,3,1,-1)^{\mathrm{T}},\ \boldsymbol{\alpha}_2=(6,0,5,1)^{\mathrm{T}},\ \boldsymbol{\alpha}_3=(4,-7,1,3)^{\mathrm{T}}$$
线性相关，并求出一组不全为零的数 k_1,k_2,k_3，使得 $k_1\boldsymbol{\alpha}_1+k_2\boldsymbol{\alpha}_2+k_3\boldsymbol{\alpha}_3=\boldsymbol{0}$.

解 如果仅仅是证明向量组 $\boldsymbol{\alpha}_1,\boldsymbol{\alpha}_2,\boldsymbol{\alpha}_3$ 线性相关，则由定理 4.2，只需证明矩阵 $\boldsymbol{A}=[\boldsymbol{\alpha}_1\ \boldsymbol{\alpha}_2\ \boldsymbol{\alpha}_3]$的秩小于 3 即可. 本题还要求求出 $\boldsymbol{\alpha}_1,\boldsymbol{\alpha}_2,\boldsymbol{\alpha}_3$ 满足的线性关系式，因此还需求解齐次线性方程组
$$x_1\boldsymbol{\alpha}_1+x_2\boldsymbol{\alpha}_2+x_3\boldsymbol{\alpha}_3=\boldsymbol{0}\tag{4.9}$$
对方程组(4.9)的系数矩阵 $\boldsymbol{A}$ 做初等行变换

$$A=[\boldsymbol{\alpha}_1\ \boldsymbol{\alpha}_2\ \boldsymbol{\alpha}_3]=\begin{bmatrix}0&6&4\\3&0&-7\\1&5&1\\-1&1&3\end{bmatrix}\xrightarrow{r_1\leftrightarrow r_4}\begin{bmatrix}-1&1&3\\3&0&-7\\1&5&1\\0&6&4\end{bmatrix}$$

$$\xrightarrow[r_3+r_1]{r_2+3r_1}\begin{bmatrix}-1&1&3\\0&3&2\\0&6&4\\0&6&4\end{bmatrix}\xrightarrow[r_4-2r_2]{r_3-2r_2}\begin{bmatrix}-1&1&3\\0&3&2\\0&0&0\\0&0&0\end{bmatrix}$$

由阶梯形矩阵可见 $r(\boldsymbol{A})=2$，故向量组 $\boldsymbol{\alpha}_1,\boldsymbol{\alpha}_2,\boldsymbol{\alpha}_3$ 线性相关. 为求解方程组(4.9)，再将阶梯形矩阵化成简化行阶梯形

$$\boldsymbol{A}\xrightarrow[\frac{1}{3}r_2]{-r_1}\begin{bmatrix}1&-1&-3\\0&1&\frac{2}{3}\\0&0&0\\0&0&0\end{bmatrix}\xrightarrow{r_1+r_2}\begin{bmatrix}1&0&-\frac{7}{3}\\0&1&\frac{2}{3}\\0&0&0\\0&0&0\end{bmatrix}$$

令 x_3 为自由未知量，得方程组(4.9)的通解为

$$x_1=\frac{7}{3}x_3,\quad x_2=-\frac{2}{3}x_3\quad(x_3\text{ 可任意取值})$$

如令 $x_3=3$，则得方程组的一个非零解 $x_1=7,x_2=-2,x_3=3$，将它们代入式(4.9)，即得 $\boldsymbol{\alpha}_1,\boldsymbol{\alpha}_2,\boldsymbol{\alpha}_3$ 满足线性关系式 $7\boldsymbol{\alpha}_1-2\boldsymbol{\alpha}_2+3\boldsymbol{\alpha}_3=\boldsymbol{0}$.

例 4.7　设向量组 $\boldsymbol{\alpha}_1,\boldsymbol{\alpha}_2,\boldsymbol{\alpha}_3$ 线性无关，

$$\boldsymbol{\beta}_1=\boldsymbol{\alpha}_1+\boldsymbol{\alpha}_2,\ \boldsymbol{\beta}_2=\boldsymbol{\alpha}_2+\boldsymbol{\alpha}_3,\ \boldsymbol{\beta}_3=\boldsymbol{\alpha}_3+\boldsymbol{\alpha}_1$$

试判别向量组 $\boldsymbol{\beta}_1,\boldsymbol{\beta}_2,\boldsymbol{\beta}_3$ 的线性相关性.

解　设有一组数 x_1,x_2,x_3，使得

$$x_1\boldsymbol{\beta}_1+x_2\boldsymbol{\beta}_2+x_3\boldsymbol{\beta}_3=\boldsymbol{0}$$

将 $\boldsymbol{\beta}_i$ 的线性表示式代入上式，得

$$x_1(\boldsymbol{\alpha}_1+\boldsymbol{\alpha}_2)+x_2(\boldsymbol{\alpha}_2+\boldsymbol{\alpha}_3)+x_3(\boldsymbol{\alpha}_3+\boldsymbol{\alpha}_1)=\boldsymbol{0}$$

即

$$(x_1+x_3)\boldsymbol{\alpha}_1+(x_1+x_2)\boldsymbol{\alpha}_2+(x_2+x_3)\boldsymbol{\alpha}_3=\boldsymbol{0}$$

由于 $\boldsymbol{\alpha}_1,\boldsymbol{\alpha}_2,\boldsymbol{\alpha}_3$ 线性无关，故得

$$\begin{cases}x_1+x_3=0\\x_1+x_2=0\\x_2+x_3=0\end{cases}$$

这个齐次线性方程组的系数行列式为

$$\Delta = \begin{vmatrix} 1 & 0 & 1 \\ 1 & 1 & 0 \\ 0 & 1 & 1 \end{vmatrix} = 2 \neq 0$$

因此，方程组 $x_1\boldsymbol{\beta}_1 + x_2\boldsymbol{\beta}_2 + x_3\boldsymbol{\beta}_3 = \mathbf{0}$ 只有零解，即使得式 $x_1\boldsymbol{\beta}_1 + x_2\boldsymbol{\beta}_2 + x_3\boldsymbol{\beta}_3 = \mathbf{0}$ 成立的 x_1, x_2, x_3 必全都为零，故由定义知 $\boldsymbol{\beta}_1, \boldsymbol{\beta}_2, \boldsymbol{\beta}_3$ 线性无关.

下面的几个定理给出了有关线性相关与线性无关的几个简单而基本的性质.

定理 4.4 若向量组 $\boldsymbol{\alpha}_1, \boldsymbol{\alpha}_2, \cdots, \boldsymbol{\alpha}_n$ 线性无关，而向量组 $\boldsymbol{\alpha}_1, \boldsymbol{\alpha}_2, \cdots, \boldsymbol{\alpha}_n, \boldsymbol{\beta}$ 线性相关，则 $\boldsymbol{\beta}$ 可由向量组 $\boldsymbol{\alpha}_1, \boldsymbol{\alpha}_2, \cdots, \boldsymbol{\alpha}_n$ 线性表示，且表示法唯一.

证 由向量组 $\boldsymbol{\alpha}_1, \boldsymbol{\alpha}_2, \cdots, \boldsymbol{\alpha}_n, \boldsymbol{\beta}$ 线性相关知，存在不全为零的一组常数 $k_1, k_2, \cdots, k_n, k$，使得

$$k_1\boldsymbol{\alpha}_1 + k_2\boldsymbol{\alpha}_2 + \cdots + k_n\boldsymbol{\alpha}_n + k\boldsymbol{\beta} = \mathbf{0} \tag{4.10}$$

且可证必有 $k \neq 0$. 事实上，若 $k=0$，则必存在不全为零的 $k_1, k_2, \cdots, k_n$，使得

$$k_1\boldsymbol{\alpha}_1 + k_2\boldsymbol{\alpha}_2 + \cdots + k_n\boldsymbol{\alpha}_n = \mathbf{0}$$

这与 $\boldsymbol{\alpha}_1, \boldsymbol{\alpha}_2, \cdots, \boldsymbol{\alpha}_n$ 线性无关相矛盾，故必有 $k \neq 0$. 于是由式(4.10)可得

$$\boldsymbol{\beta} = -\frac{k_1}{k}\boldsymbol{\alpha}_1 - \frac{k_2}{k}\boldsymbol{\alpha}_2 - \cdots - \frac{k_n}{k}\boldsymbol{\alpha}_n$$

这说明 $\boldsymbol{\beta}$ 可由 $\boldsymbol{\alpha}_1, \boldsymbol{\alpha}_2, \cdots, \boldsymbol{\alpha}_n$ 线性表示.

再证表示法唯一，用反证法. 设 $\boldsymbol{\beta}$ 有两种表示法：

$$\boldsymbol{\beta} = \lambda_1\boldsymbol{\alpha}_1 + \lambda_2\boldsymbol{\alpha}_2 + \cdots + \lambda_n\boldsymbol{\alpha}_n \text{和} \boldsymbol{\beta} = l_1\boldsymbol{\alpha}_1 + l_2\boldsymbol{\alpha}_2 + \cdots + l_n\boldsymbol{\alpha}_n$$

其中 λ_i, l_i 为常数$(i=1,2,\cdots,n)$，上面两式相减，得

$$(\lambda_1 - l_1)\boldsymbol{\alpha}_1 + (\lambda_2 - l_2)\boldsymbol{\alpha}_2 + \cdots + (\lambda_n - l_n)\boldsymbol{\alpha}_n = \mathbf{0}$$

由于 $\boldsymbol{\alpha}_1, \boldsymbol{\alpha}_2, \cdots, \boldsymbol{\alpha}_n$ 线性无关，得 $\lambda_i - l_i = 0$，即 $\lambda_i = l_i(i=1,2,\cdots,n)$，故 $\boldsymbol{\beta}$ 由向量组 $\boldsymbol{\alpha}_1, \boldsymbol{\alpha}_2, \cdots, \boldsymbol{\alpha}_n$ 线性表示的式子是唯一确定的.

定理 4.5 如果向量组 $\boldsymbol{\alpha}_1, \boldsymbol{\alpha}_2, \cdots, \boldsymbol{\alpha}_n$ 有一个部分组(非空子集合)线性相关，则向量组 $\boldsymbol{\alpha}_1, \boldsymbol{\alpha}_2, \cdots, \boldsymbol{\alpha}_n$ 也线性相关.

证 不妨设该向量组的部分组 $\boldsymbol{\alpha}_1, \boldsymbol{\alpha}_2, \cdots, \boldsymbol{\alpha}_r (r<n)$ 线性相关，则存在不全为零的常数 $k_1, k_2, \cdots, k_r$，使得

$$k_1\boldsymbol{\alpha}_1 + k_2\boldsymbol{\alpha}_2 + \cdots + k_r\boldsymbol{\alpha}_r = \mathbf{0}$$

于是，存在不全为零的 n 个常数 $k_1, k_2, \cdots, k_r, 0, \cdots, 0$，使得

$$k_1\boldsymbol{\alpha}_1 + k_2\boldsymbol{\alpha}_2 + \cdots + k_r\boldsymbol{\alpha}_r + 0\boldsymbol{\alpha}_{r+1} + \cdots + 0\boldsymbol{\alpha}_n = \mathbf{0}$$

所以，向量组 $\boldsymbol{\alpha}_1, \boldsymbol{\alpha}_2, \cdots, \boldsymbol{\alpha}_n$ 线性相关.

容易看出，与定理 4.5 等价的逆否命题是下面的推论 4.3.

推论 4.3　如果向量组 $\boldsymbol{\alpha}_1,\boldsymbol{\alpha}_2,\cdots,\boldsymbol{\alpha}_n$ 线性无关，则其任何部分组也线性无关.

例 4.8　设向量组 $\boldsymbol{\alpha}_1,\boldsymbol{\alpha}_2,\boldsymbol{\alpha}_3$ 线性无关，又向量组 $\boldsymbol{\alpha}_2,\boldsymbol{\alpha}_3,\boldsymbol{\alpha}_4$ 线性相关，试问 $\boldsymbol{\alpha}_4$ 能否由 $\boldsymbol{\alpha}_1,\boldsymbol{\alpha}_2,\boldsymbol{\alpha}_3$ 线性表示？为什么？

解　考虑向量组 $\boldsymbol{\alpha}_1,\boldsymbol{\alpha}_2,\boldsymbol{\alpha}_3,\boldsymbol{\alpha}_4$，由于它有一个部分组 $\boldsymbol{\alpha}_2,\boldsymbol{\alpha}_3,\boldsymbol{\alpha}_4$ 线性相关，故向量组 $\boldsymbol{\alpha}_1,\boldsymbol{\alpha}_2,\boldsymbol{\alpha}_3,\boldsymbol{\alpha}_4$ 线性相关，又向量组 $\boldsymbol{\alpha}_1,\boldsymbol{\alpha}_2,\boldsymbol{\alpha}_3$ 线性无关，故由定理 4.4 知 $\boldsymbol{\alpha}_4$ 可由 $\boldsymbol{\alpha}_1,\boldsymbol{\alpha}_2,\boldsymbol{\alpha}_3$ 线性表示.

线性相关与线性无关是线性代数的基本概念之一. 读者应深刻理解其概念，并逐步掌握利用定义、有关性质或判别法判别向量组线性相关性的基本方法.

4.2　向量组的秩与极大线性无关组

在上一节中，我们介绍了剔除方程组多余方程的问题，那么对于一个大型方程组，剔除多余方程后的有效方程有多少个，有没有好的判断方法？从向量角度理解，如果我们把有效的方程对应的向量称为“高质量向量”，那么对于一个向量组而言，高质量向量的个数是多少？这就是我们本节要学习的向量组的秩的问题.

首先讨论两个向量组之间的线性关系，并由此引出向量组的极大无关组和向量组的秩的概念，进而讨论向量组的秩与矩阵的秩的关系.

4.2.1　等价向量组

定义 4.5(等价向量组)　设有两个向量组

$$(\text{I}):\ \boldsymbol{\alpha}_1,\boldsymbol{\alpha}_2,\cdots,\boldsymbol{\alpha}_s;\quad (\text{II}):\ \boldsymbol{\beta}_1,\boldsymbol{\beta}_2,\cdots,\boldsymbol{\beta}_r$$

如果(Ⅰ)中每个向量都可由(Ⅱ)线性表示，则称(Ⅰ)可由(Ⅱ)**线性表示**；如果(Ⅰ)与(Ⅱ)可以互相线性表示，则称向量组(Ⅰ)与向量组(Ⅱ)**等价**.

例如，向量组(Ⅰ)　$\boldsymbol{\alpha}_1=(1,2,3)^{\mathrm T},\boldsymbol{\alpha}_2=(2,3,4)^{\mathrm T}$

与　　　向量组(Ⅱ)　$\boldsymbol{\beta}_1=(1,1,1)^{\mathrm T},\ \boldsymbol{\beta}_2=(3,5,7)^{\mathrm T},\ \boldsymbol{\beta}_3=(2,4,6)^{\mathrm T}$

就是等价的. 这是因为向量组(Ⅰ)可由向量组(Ⅱ)线性表示为

$$\boldsymbol{\alpha}_1=-\frac{1}{2}\boldsymbol{\beta}_1+\frac{1}{2}\boldsymbol{\beta}_2+0\boldsymbol{\beta}_3,\quad \boldsymbol{\alpha}_2=\frac{1}{2}\boldsymbol{\beta}_1+\frac{1}{2}\boldsymbol{\beta}_2+0\boldsymbol{\beta}_3$$

且向量组(Ⅱ)也可由向量组(Ⅰ)线性表示为

$$\boldsymbol{\beta}_1=-\boldsymbol{\alpha}_1+\boldsymbol{\alpha}_2,\quad \boldsymbol{\beta}_2=\boldsymbol{\alpha}_1+\boldsymbol{\alpha}_2,\quad \boldsymbol{\beta}_3=2\boldsymbol{\alpha}_1+0\boldsymbol{\alpha}_2$$

所以(Ⅰ)与(Ⅱ)等价.

由定义 4.5，易知向量组的等价关系具有下列基本性质：

(1) 自反性：(Ⅰ)与(Ⅰ)等价；

(2) 对称性：若(Ⅰ)与(Ⅱ)等价，则(Ⅱ)与(Ⅰ)等价；

(3) 传递性：若(Ⅰ)与(Ⅱ)等价，(Ⅱ)与(Ⅲ)等价，则(Ⅰ)与(Ⅲ)等价.

> **注意**：等价向量组具有传递性、对称性及反身性，但向量个数可以不一样，线性相关性也可以不一样.

例 4.9 设有两个向量组

(Ⅰ) $\boldsymbol{\alpha}_1=(1,1,0,0)^{\mathrm{T}}$，$\boldsymbol{\alpha}_2=(1,0,1,1)^{\mathrm{T}}$，$\boldsymbol{\alpha}_3=(1,3,-2,-2)^{\mathrm{T}}$；

(Ⅱ) $\boldsymbol{\beta}_1=(2,-1,3,3)^{\mathrm{T}}$，$\boldsymbol{\beta}_2=(0,1,-1,-1)^{\mathrm{T}}$

证明：(Ⅰ)与(Ⅱ)等价.

证 考虑对下列矩阵作初等行变换

$$[\boldsymbol{\alpha}_1 \quad \boldsymbol{\alpha}_2 \quad \boldsymbol{\alpha}_3 \mid \boldsymbol{\beta}_1 \quad \boldsymbol{\beta}_2]=\left[\begin{array}{ccc|cc}1 & 1 & 1 & 2 & 0\\1 & 0 & 3 & -1 & 1\\0 & 1 & -2 & 3 & -1\\0 & 1 & -2 & 3 & -1\end{array}\right]$$

$$\to\left[\begin{array}{ccc|cc}1 & 1 & 1 & 2 & 0\\0 & -1 & 2 & -3 & 1\\0 & 1 & -2 & 3 & -1\\0 & 1 & -2 & 3 & -1\end{array}\right]\to\left[\begin{array}{ccc|cc}1 & 1 & 1 & 2 & 0\\0 & -1 & 2 & -3 & 1\\0 & 0 & 0 & 0 & 0\\0 & 0 & 0 & 0 & 0\end{array}\right]$$

由阶梯形矩阵可见

$$r[\boldsymbol{\alpha}_1 \quad \boldsymbol{\alpha}_2 \quad \boldsymbol{\alpha}_3]=r[\boldsymbol{\alpha}_1 \quad \boldsymbol{\alpha}_2 \quad \boldsymbol{\alpha}_3 \mid \boldsymbol{\beta}_j]=2,\ j=1,2$$

因此，由线性方程组解的判定定理知方程组

$$x_1\boldsymbol{\alpha}_1+x_2\boldsymbol{\alpha}_2+x_3\boldsymbol{\alpha}_3=\boldsymbol{\beta}_j,\ j=1,2$$

有解，即向量 $\boldsymbol{\beta}_1$，$\boldsymbol{\beta}_2$ 均可由向量组(Ⅰ)线性表示.

同样对下列矩阵做初等行变换

$$[\boldsymbol{\beta}_1 \quad \boldsymbol{\beta}_2 \mid \boldsymbol{\alpha}_1 \quad \boldsymbol{\alpha}_2 \quad \boldsymbol{\alpha}_3]=\left[\begin{array}{cc|ccc}2 & 0 & 1 & 1 & 1\\-1 & 1 & 1 & 0 & 3\\3 & -1 & 0 & 1 & -2\\3 & -1 & 0 & 1 & -2\end{array}\right]$$

$$\to\left[\begin{array}{cc|ccc}-1 & 1 & 1 & 0 & 3\\0 & 2 & 3 & 1 & 7\\0 & 2 & 3 & 1 & 7\\0 & 2 & 3 & 1 & 7\end{array}\right]\to\left[\begin{array}{cc|ccc}-1 & 1 & 1 & 0 & 3\\0 & 2 & 3 & 1 & 7\\0 & 0 & 0 & 0 & 0\\0 & 0 & 0 & 0 & 0\end{array}\right]$$

得知向量 $\boldsymbol{\alpha}_1$，$\boldsymbol{\alpha}_2$，$\boldsymbol{\alpha}_3$ 均可由向量组(Ⅱ)线性表示. 所以，(Ⅰ)与(Ⅱ)等价.

4.2.2 向量组的极大无关组与向量组的秩

上一节我们介绍了向量组线性相关和线性无关的概念. 当讨论向量组时，如果这组向量线性无关，由推论 4.3，则其任何部分组也是线性无关的. 但如果这组向量线性相关，是否有部分向量组线性无关？最多有多少个向量线性无关？为此特引入下面的定义.

定义 4.6(极大无关组)　如果向量组 $\boldsymbol{U}$ 有一个部分组 $\boldsymbol{\alpha}_1,\boldsymbol{\alpha}_2,\cdots,\boldsymbol{\alpha}_r$ 满足：

(1) $\boldsymbol{\alpha}_1,\boldsymbol{\alpha}_2,\cdots,\boldsymbol{\alpha}_r$ 线性无关；

(2) $\boldsymbol{U}$ 中任意向量 $\boldsymbol{\alpha}$ 都可由向量组 $\boldsymbol{\alpha}_1,\boldsymbol{\alpha}_2,\cdots,\boldsymbol{\alpha}_r$ 线性表示，则称 $\boldsymbol{\alpha}_1,\boldsymbol{\alpha}_2,\cdots,\boldsymbol{\alpha}_r$ 为向量组 $\boldsymbol{U}$ 的一个**极大线性无关组**，简称为**极大无关组**(或**最大无关组**).

例如，对于向量组

$$\boldsymbol{U}:\quad \boldsymbol{\alpha}_1=(1,2,3)^{\mathrm{T}},\quad \boldsymbol{\alpha}_2=(2,3,4)^{\mathrm{T}},\quad \boldsymbol{\alpha}_3=(1,1,1)^{\mathrm{T}}$$

由于 $\boldsymbol{\alpha}_1,\boldsymbol{\alpha}_2$ 线性无关，而且 $\boldsymbol{U}$ 中任一向量都可由 $\boldsymbol{\alpha}_1,\boldsymbol{\alpha}_2$ 线性表示($\boldsymbol{\alpha}_3=\boldsymbol{\alpha}_2-\boldsymbol{\alpha}_1$)，因此，由定义 4.6 即知 $\boldsymbol{\alpha}_1,\boldsymbol{\alpha}_2$ 为向量组 $\boldsymbol{U}$ 的一个极大无关组. 不难验证，$\{\boldsymbol{\alpha}_1,\boldsymbol{\alpha}_3\}$，$\{\boldsymbol{\alpha}_2,\boldsymbol{\alpha}_3\}$也都可作为向量组 $\boldsymbol{U}$ 的极大无关组. 可见，向量组的极大无关组可以不唯一. 但在此例中，任意两个极大无关组所含向量的个数都相同，可以证明这个结论对一般的情况都成立.

定义 4.7(向量组的秩)　向量组 $\boldsymbol{U}$ 的极大无关组所含向量的个数，称为**向量组 $\boldsymbol{U}$ 的秩**，记为 $r(\boldsymbol{U})$.

显然，向量组 $\boldsymbol{U}$ 线性无关，当且仅当 $\boldsymbol{U}$ 的极大无关组就是向量组 $\boldsymbol{U}$ 自身. 因此有：向量组 $\boldsymbol{U}$ 线性无关$\Leftrightarrow\boldsymbol{U}$ 的秩等于 $\boldsymbol{U}$ 所含向量的个数；向量组 $\boldsymbol{U}$ 线性相关$\Leftrightarrow\boldsymbol{U}$ 的秩小于 $\boldsymbol{U}$ 所含向量的个数.

由定义 4.5 易知向量组 $\boldsymbol{U}$ 的极大无关组与 $\boldsymbol{U}$ 本身等价，注意这是极大无关组最本质的性质. 由此性质可知，在线性表示问题中，可用 $\boldsymbol{U}$ 的极大无关组代替向量组 $\boldsymbol{U}$.

例 4.10　已知两个向量组

(Ⅰ) $\boldsymbol{\alpha}_1=(1,2,-3)^{\mathrm{T}}$，$\boldsymbol{\alpha}_2=(3,0,1)^{\mathrm{T}}$，$\boldsymbol{\alpha}_3=(9,6,-7)^{\mathrm{T}}$

(Ⅱ) $\boldsymbol{\beta}_1=(0,1,-1)^{\mathrm{T}}$，$\boldsymbol{\beta}_2=(a,2,1)^{\mathrm{T}}$，$\boldsymbol{\beta}_3=(b,1,0)^{\mathrm{T}}$

(1) 求向量组(Ⅰ)的秩；

(2) 如果向量组(Ⅱ)与向量组(Ⅰ)有相同的秩，且 $\boldsymbol{\beta}_3$ 可由(Ⅰ)线性表示，试求常数 a,b 的值.

解　(1) 显然 $\boldsymbol{\alpha}_1,\boldsymbol{\alpha}_2$ 线性无关，又由计算可得 $\boldsymbol{\alpha}_3=3\boldsymbol{\alpha}_1+2\boldsymbol{\alpha}_2$，故 $\boldsymbol{\alpha}_1,\boldsymbol{\alpha}_2$ 为(Ⅰ)

的极大无关组，从而有 $r(\text{Ⅰ})=2$.

(2) 由条件 $r(\text{Ⅱ})=r(\text{Ⅰ})=2$ 及(Ⅱ)含 3 个向量，知(Ⅱ)线性相关，由推论 4.1，得行列式

$$\det[\boldsymbol{\beta}_1\ \boldsymbol{\beta}_2\ \boldsymbol{\beta}_3]=\begin{vmatrix}0 & a & b\\ 1 & 2 & 1\\ -1 & 1 & 0\end{vmatrix}=0$$

由此解得 $a=3b$. 再由 $\boldsymbol{\beta}_3$ 可由(Ⅰ)线性表示，知 $\boldsymbol{\beta}_3$ 可由(Ⅰ)的极大无关组 $\boldsymbol{\alpha}_1,\boldsymbol{\alpha}_2$ 线性表示，故向量组 $\boldsymbol{\alpha}_1,\boldsymbol{\alpha}_2,\boldsymbol{\beta}_3$ 线性相关，再利用推论 4.1，得

$$\det[\boldsymbol{\alpha}_1\ \boldsymbol{\alpha}_2\ \boldsymbol{\beta}_3]=\begin{vmatrix}1 & 3 & b\\ 2 & 0 & 1\\ -3 & 1 & 0\end{vmatrix}=0$$

由此解得 $b=5$，所以 $a=15,b=5$.

4.2.3 向量组的秩与矩阵的秩的关系

我们知道，一个 $m\times n$ 矩阵 $\boldsymbol{A}$ 可以看作是由它的 m 个 n 维行向量构成的，也可以看作是由它的 n 个 m 维列向量构成的. 通常，称矩阵 $\boldsymbol{A}$ 的行向量组的秩为 $\boldsymbol{A}$ 的**行秩**，称矩阵 $\boldsymbol{A}$ 的列向量组的秩为 $\boldsymbol{A}$ 的**列秩**. 那么，矩阵的秩与它的行秩、列秩之间的关系如何呢？

定理 4.6 对任意矩阵 $\boldsymbol{A}$，有

$$r(\boldsymbol{A})=\boldsymbol{A}\text{ 的列秩}=\boldsymbol{A}\text{ 的行秩}$$

*__证__ 若 $\boldsymbol{A}=\boldsymbol{O}$，则结论显然成立. 下面设 $\boldsymbol{A}\neq\boldsymbol{O}$. 如能证明 $r(\boldsymbol{A})=\boldsymbol{A}$ 的列秩，则有 $r(\boldsymbol{A})=r(\boldsymbol{A}^{\mathrm{T}})=\boldsymbol{A}^{\mathrm{T}}$ 的列秩 $=\boldsymbol{A}$ 的行秩，故只要证明 $r(\boldsymbol{A})=\boldsymbol{A}$ 的列秩即可.

设矩阵 $\boldsymbol{A}$ 的秩为 r，则在 $\boldsymbol{A}$ 中存在 r 阶子式 $D_r\neq 0$，并且 $\boldsymbol{A}$ 中所有的 $r+1$ 阶子式(如存在的话)全都为零. 下面证明 D_r 所在的 r 列为 $\boldsymbol{A}$ 的列向量组的极大无关组，从而证得 $\boldsymbol{A}$ 的列秩也为 r，也就证明了 $r(\boldsymbol{A})=\boldsymbol{A}$ 的列秩.

由 $D_r\neq 0$，以及定理 4.3 的推论 4.1 知，D_r 所在的 r 列线性无关；任取 $\boldsymbol{A}$ 中的 $r+1$ 列，由于 $\boldsymbol{A}$ 的任意 $r+1$ 阶子式都等于零，仍由定理 4.3 的推论 4.1 知，这 $r+1$ 列线性相关，于是由极大线性无关组的定义知，D_r 所在的 r 列是 $\boldsymbol{A}$ 的列向量组的极大线性无关组，因而 $\boldsymbol{A}$ 的列秩为 r.

同理可证 $\boldsymbol{A}$ 的行秩也为 r.

矩阵的秩与其行秩、列秩三者相等，通常称为矩阵三秩相等，这是线性代数中非常重要的结论，它反映了矩阵内在的重要性质. 正是这个性质给我们提供了求向

量组的秩的一种常用方法.

例 4.11　求向量组 $\boldsymbol{\alpha}_1=(1,2,3,4)^{\mathrm{T}},\boldsymbol{\alpha}_2=(2,3,4,5)^{\mathrm{T}},\boldsymbol{\alpha}_3=(3,4,5,6)^{\mathrm{T}},\boldsymbol{\alpha}_4=(4,5,6,7)^{\mathrm{T}}$的秩.

解　以 $\boldsymbol{\alpha}_1,\boldsymbol{\alpha}_2,\boldsymbol{\alpha}_3,\boldsymbol{\alpha}_4$ 为矩阵 $\boldsymbol{A}$ 的列向量组来构造矩阵 $\boldsymbol{A}$,则由定理 4.6 知 $r(\boldsymbol{\alpha}_1,\boldsymbol{\alpha}_2,\boldsymbol{\alpha}_3,\boldsymbol{\alpha}_4)=r(\boldsymbol{A})$. 我们来求 $\boldsymbol{A}$ 的秩. 对 $\boldsymbol{A}$ 做初等变换

$$\boldsymbol{A}=\begin{bmatrix}1&2&3&4\\2&3&4&5\\3&4&5&6\\4&5&6&7\end{bmatrix}\xrightarrow[r_2-r_1]{\substack{r_4-r_3\\r_3-r_2}}\begin{bmatrix}1&2&3&4\\1&1&1&1\\1&1&1&1\\1&1&1&1\end{bmatrix}\xrightarrow{\substack{r_3-r_2\\r_4-r_2}}\begin{bmatrix}1&2&3&4\\1&1&1&1\\0&0&0&0\\0&0&0&0\end{bmatrix}=\boldsymbol{B}$$

由此知 $r(\boldsymbol{A})=r(\boldsymbol{B})=2$,故 $r(\boldsymbol{\alpha}_1,\boldsymbol{\alpha}_2,\boldsymbol{\alpha}_3,\boldsymbol{\alpha}_4)=2$.

下例给出了求向量组的极大无关组的一种常用方法.

例 4.12　求向量组(Ⅰ)$\boldsymbol{\alpha}_1=(1,-2,0,3,)^{\mathrm{T}},\boldsymbol{\alpha}_2=(2,-5,-3,6)^{\mathrm{T}},\boldsymbol{\alpha}_3=(0,1,3,0)^{\mathrm{T}},\boldsymbol{\alpha}_4=(2,-1,4,-7)^{\mathrm{T}},\boldsymbol{\alpha}_5=(5,-8,1,2)^{\mathrm{T}}$ 的一个极大无关组,并用该极大无关组线性表示该组中其他向量.

解　以向量组(Ⅰ)为矩阵 $\boldsymbol{A}$ 的列向量组来构造矩阵 $\boldsymbol{A}$,并用初等行变换将 $\boldsymbol{A}$ 化成阶梯形矩阵

$$\begin{aligned}\boldsymbol{A}&=[\boldsymbol{\alpha}_1\ \boldsymbol{\alpha}_2\ \boldsymbol{\alpha}_3\ \boldsymbol{\alpha}_4\ \boldsymbol{\alpha}_5]\\&=\begin{bmatrix}1&2&0&2&5\\-2&-5&1&-1&-8\\0&-3&3&4&1\\3&6&0&-7&2\end{bmatrix}\xrightarrow{\substack{r_2+2r_1\\r_4-3r_1}}\begin{bmatrix}1&2&0&2&5\\0&-1&1&3&2\\0&-3&3&4&1\\0&0&0&-13&-13\end{bmatrix}\\&\xrightarrow{r_3-3r_2}\begin{bmatrix}1&2&0&2&5\\0&-1&1&3&2\\0&0&0&-5&-5\\0&0&0&-13&-13\end{bmatrix}\xrightarrow{r_4-\frac{13}{5}r_3}\begin{bmatrix}1&2&0&2&5\\0&-1&1&3&2\\0&0&0&-5&-5\\0&0&0&0&0\end{bmatrix}=\boldsymbol{B}\end{aligned}$$

由阶梯形矩阵 $\boldsymbol{B}$ 中非零行的个数为 3 知向量组(Ⅰ)的秩为 3,故(Ⅰ)中任何 3 个线性无关的向量都可作为(Ⅰ)的极大无关组. 注意矩阵 $\boldsymbol{B}$ 中 3 个首非零元所在的列为第 1,2,4 列,因此 $\boldsymbol{A}$ 的第 1,2,4 列,即向量组 $\boldsymbol{\alpha}_1,\boldsymbol{\alpha}_2,\boldsymbol{\alpha}_4$ 就可作为向量组(Ⅰ)的极大无关组,这是因为矩阵

$$[\boldsymbol{\alpha}_1\ \boldsymbol{\alpha}_2\ \boldsymbol{\alpha}_4]\xrightarrow{r}\begin{bmatrix}1&2&2\\0&-1&3\\0&0&-5\\0&0&0\end{bmatrix}$$

的秩为 3,所以,$\boldsymbol{\alpha}_1,\boldsymbol{\alpha}_2,\boldsymbol{\alpha}_4$ 线性无关.

为了用极大无关组 $\boldsymbol{\alpha}_1,\boldsymbol{\alpha}_2,\boldsymbol{\alpha}_4$ 线性表示 $\boldsymbol{\alpha}_3,\boldsymbol{\alpha}_5$,再把矩阵 $\boldsymbol{B}$ 化成简化行阶梯形矩阵

$$\boldsymbol{B}\xrightarrow[-\frac{1}{5}r_3]{-r_2}\begin{bmatrix}1&2&0&2&5\\0&1&-1&-3&-2\\0&0&0&1&1\\0&0&0&0&0\end{bmatrix}\xrightarrow[r_2+3r_3]{r_1-2r_3}\begin{bmatrix}1&2&0&0&3\\0&1&-1&0&1\\0&0&0&1&1\\0&0&0&0&0\end{bmatrix}$$

$$\xrightarrow{r_1-2r_2}\begin{bmatrix}1&0&2&0&1\\0&1&-1&0&1\\0&0&0&1&1\\0&0&0&0&0\end{bmatrix}$$

由此即得

$$\boldsymbol{\alpha}_3=2\boldsymbol{\alpha}_1-\boldsymbol{\alpha}_2,\quad \boldsymbol{\alpha}_5=\boldsymbol{\alpha}_1+\boldsymbol{\alpha}_2+\boldsymbol{\alpha}_4$$

这是因为

$$[\boldsymbol{\alpha}_1\ \boldsymbol{\alpha}_2\ \boldsymbol{\alpha}_4\ \vdots\ \boldsymbol{\alpha}_3]\xrightarrow{r}\left[\begin{array}{ccc:c}1&0&0&2\\0&1&0&-1\\0&0&1&0\\0&0&0&0\end{array}\right]$$

所以非齐次线性方程组

$$x_1\boldsymbol{\alpha}_1+x_2\boldsymbol{\alpha}_2+x_3\boldsymbol{\alpha}_4=\boldsymbol{\alpha}_3$$

有唯一解 $x_1=2,x_2=-1,x_3=0$,从而有 $\boldsymbol{\alpha}_3=2\boldsymbol{\alpha}_1-\boldsymbol{\alpha}_2$.

类似地,可证明 $\boldsymbol{\alpha}_5=\boldsymbol{\alpha}_1+\boldsymbol{\alpha}_2+\boldsymbol{\alpha}_4$.

下面我们不加证明地给出以下结论.

定理 4.7 若向量级(Ⅱ)能由向量组(Ⅰ)线性表示,则 r(Ⅱ)$\leqslant r$(Ⅰ).

推论 4.4 等价的向量组的秩相等.

4.3 线性方程组的解的结构

有了前面的准备,本节运用矩阵和 n 维向量的知识讨论线性方程组的解的性质及解集合的结构,从而完整地解决在上一章一开始所提出的关于线性方程组的几个基本问题.方式由特殊到一般,即由齐次到非齐次进行讨论.

4.3.1 齐次线性方程组

本段讨论 n 元齐次线性方程组

$$\sum_{j=1}^{n} a_{ij}x_j = 0, \quad i = 1,2,\cdots,m \tag{4.11}$$

解的性质与解的结构，方程组的矩阵形式为

$$\boldsymbol{Ax} = \boldsymbol{0} \tag{4.12}$$

其中 $\boldsymbol{A}=(a_{ij})_{m\times n}$ 为方程组(4.11)的系数矩阵.

我们已经知道方程组(4.11)的解的情况只有两种，其充要条件分别为：

(1) $\boldsymbol{Ax}=\boldsymbol{0}$只有零解$\Leftrightarrow\boldsymbol{A}$ 的列向量组线性无关$\Leftrightarrow r(\boldsymbol{A})=n$；

(2) $\boldsymbol{Ax}=\boldsymbol{0}$有非零解$\Leftrightarrow\boldsymbol{A}$ 的列向量组线性相关$\Leftrightarrow r(\boldsymbol{A})=r<n$，且此时通解中有 $n-r$ 个自由未知量.

齐次线性方程组总有零解 $\boldsymbol{x}=(0,0,\cdots,0)^{\mathrm{T}}=\boldsymbol{0}$，我们主要关心的是它有没有非零解. 如果方程组 $\boldsymbol{Ax}=\boldsymbol{0}$有非零解，那么它的解具有哪些性质呢？解集合的结构又如何呢？

我们先来讨论解的性质. 利用式(4.12)，易证齐次线性方程组的解有下述两个基本性质.

性质 4.1　如果 $\boldsymbol{\xi}_1$、$\boldsymbol{\xi}_2$ 都是齐次线性方程组 $\boldsymbol{Ax}=\boldsymbol{0}$的解，则 $\boldsymbol{\xi}_1+\boldsymbol{\xi}_2$ 也是$\boldsymbol{Ax}=\boldsymbol{0}$的解.

这是因为 $\boldsymbol{A}(\boldsymbol{\xi}_1+\boldsymbol{\xi}_2)=\boldsymbol{A\xi}_1+\boldsymbol{A\xi}_2=\boldsymbol{0}+\boldsymbol{0}=\boldsymbol{0}$.

性质 4.2　如果 $\boldsymbol{\xi}$ 是齐次线性方程组 $\boldsymbol{Ax}=\boldsymbol{0}$的解，$k$ 为任意常数，则 $k\boldsymbol{\xi}$ 也是 $\boldsymbol{Ax}=\boldsymbol{0}$的解.

这是因为 $\boldsymbol{A}(k\boldsymbol{\xi})=k(\boldsymbol{A\xi})=k\,\boldsymbol{0}=\boldsymbol{0}$.

由此可知，若方程组 $\boldsymbol{Ax}=\boldsymbol{0}$有非零解，则这些解的任意线性组合仍是$\boldsymbol{Ax}=\boldsymbol{0}$的解，因而可得当 $\boldsymbol{Ax}=\boldsymbol{0}$有非零解时必有无穷多解的结论.

n 元齐次线性方程组 $\boldsymbol{Ax}=\boldsymbol{0}$的解是 $\mathbf{F}^n$(表示 n 维向量空间)中的向量，因此其解集合

$$S = \{\boldsymbol{x} \mid \boldsymbol{x} \in \mathbf{F}^n, \boldsymbol{Ax} = \boldsymbol{0}\}$$

是 $\mathbf{F}^n$ 的子集合. 由前面的讨论知道，当 $r(\boldsymbol{A})=n$ 时，$S=\{\boldsymbol{0}\}$；当 $r(\boldsymbol{A})<n$ 时，S 是由无穷多个向量组成的集合，由于解的任意线性组合都仍然是解，所以我们希望能在 S 中找到个数最少的一组向量，使得能用这组向量线性表示 $\boldsymbol{Ax}=\boldsymbol{0}$的任一解，或者说，$\boldsymbol{Ax}=\boldsymbol{0}$的全部解可以用这组向量的所有线性组合来表示. 容易想到，如果将 S 看作向量组，则这组向量中的每个向量均可由 S 的极大无关组来线性表示. 显然，

如果找到了 S 的一个极大无关组,则解集合 S 的结构也就清楚了.

因此,下面将重点讨论这个极大无关组.通常称这个极大无关组为方程组 $\boldsymbol{Ax}=\mathbf{0}$的基础解系.

定义 4.8(基础解系) 如果齐次线性方程组 $\boldsymbol{Ax}=\mathbf{0}$的一组解向量 $\boldsymbol{\xi}_1,\boldsymbol{\xi}_2,\cdots,\boldsymbol{\xi}_t$ 满足

(1) $\boldsymbol{\xi}_1,\boldsymbol{\xi}_2,\cdots,\boldsymbol{\xi}_t$ 线性无关;

(2) 方程组 $\boldsymbol{Ax}=\mathbf{0}$的任一解都可由 $\boldsymbol{\xi}_1,\boldsymbol{\xi}_2,\cdots,\boldsymbol{\xi}_t$ 线性表示;

则称 $\boldsymbol{\xi}_1,\boldsymbol{\xi}_2,\cdots,\boldsymbol{\xi}_t$ 为方程组 $\boldsymbol{Ax}=\mathbf{0}$的一个**基础解系**.

显然,与基础解系等价的线性无关向量组也是基础解系.

如果 $\boldsymbol{\xi}_1,\boldsymbol{\xi}_2,\cdots,\boldsymbol{\xi}_t$ 为方程组 $\boldsymbol{Ax}=\mathbf{0}$的一个基础解系,则由定义 4.8 知基础解系的所有线性组合

$$c_1\boldsymbol{\xi}_1+c_2\boldsymbol{\xi}_2+\cdots+c_t\boldsymbol{\xi}_t \quad (c_1,c_2,\cdots,c_t \text{ 为任意常数})$$

代表了方程组 $\boldsymbol{Ax}=\mathbf{0}$的全部解,所以它就是 $\boldsymbol{Ax}=\mathbf{0}$的**通解**.由于这种通解清楚地显示了解集合的结构,因而也称这种形式的通解为齐次线性方程组的**结构式通解**,简称为**结构解**.我们将上述的讨论归结为下面的定理.

定理 4.8(齐次线性方程组解的结构定理) 设 $\boldsymbol{\xi}_1,\boldsymbol{\xi}_2,\cdots,\boldsymbol{\xi}_t$ 为齐次方程组 $\boldsymbol{Ax}=\mathbf{0}$的一个基础解系,则方程组 $\boldsymbol{Ax}=\mathbf{0}$的通解可表示为

$$\boldsymbol{x}=\sum_{i=1}^{t}c_i\boldsymbol{\xi}_i \quad (c_1,c_2,\cdots,c_t \text{ 为任意常数}) \tag{4.13}$$

确切地说,就是基础解系的线性组合.

由此可见,基础解系的理论是齐次线性方程组解的理论中的核心理论.因此,基础解系的存在性及其计算问题自然就是我们十分关心的问题.当方程组 $\boldsymbol{Ax}=\mathbf{0}$只有零解时,它显然不存在基础解系.那么,当 $\boldsymbol{Ax}=\mathbf{0}$有非零解时,它是否必定存在基础解系呢?又如何来求基础解系呢?下面的定理回答了这些问题.

定理 4.9 设 $\boldsymbol{A}$ 为 $m\times n$ 矩阵,$r(\boldsymbol{A})=r<n$,则 n 元齐次线性方程组 $\boldsymbol{Ax}=\mathbf{0}$必存在基础解系,且基础解系含 $n-r$ 个向量.

简记:基础解系解向量的个数=所求方程组未知量的个数—系数矩阵的秩.

证 由于 $r(\boldsymbol{A})=r<n$,故由定理 3.5 知方程组 $\boldsymbol{Ax}=\mathbf{0}$的由自由未知量表示的通解中有 $n-r$ 个自由未知量,有 r 个约束未知量.不妨设 $x_1,x_2,\cdots,x_r$ 为约束未知量,因此由消元法可求得方程组的由自由未知量表示的通解为

$$\begin{cases} x_1 = c_{1,r+1}x_{r+1} + c_{1,r+2}x_{r+2} + \cdots + c_{1n}x_n \\ x_2 = c_{2,r+1}x_{r+1} + c_{2,r+2}x_{r+2} + \cdots + c_{2n}x_n \\ \quad\vdots \\ x_r = c_{r,r+1}x_{r+1} + c_{r,r+2}x_{r+2} + \cdots + c_{rn}x_n \end{cases} \tag{4.14}$$

其中 $x_{r+1},x_{r+2},\cdots,x_n$ 为自由未知量,把式(4.14)中的任意解写成列向量,就有

$$\boldsymbol{x}=\begin{bmatrix} x_1 \\ x_2 \\ \vdots \\ x_r \\ x_{r+1} \\ x_{r+2} \\ \vdots \\ x_n \end{bmatrix}=\begin{bmatrix} c_{1,r+1}x_{r+1} & + & c_{1,r+2}x_{r+2} & +\cdots+ & c_{1n}x_n \\ c_{2,r+1}x_{r+1} & + & c_{2,r+2}x_{r+2} & +\cdots+ & c_{2n}x_n \\ & & \vdots & & \\ c_{r,r+1}x_{r+1} & + & c_{r,r+2}x_{r+2} & +\cdots+ & c_{rn}x_n \\ x_{r+1} & + & 0 & +\cdots+ & 0 \\ 0 & + & x_{r+2} & +\cdots+ & 0 \\ & & \vdots & & \\ 0 & + & 0 & +\cdots+ & x_n \end{bmatrix}$$

$$= x_{r+1}\begin{bmatrix} c_{1,r+1} \\ c_{2,r+1} \\ \vdots \\ c_{r,r+1} \\ 1 \\ 0 \\ \vdots \\ 0 \end{bmatrix} + x_{r+2}\begin{bmatrix} c_{1,r+2} \\ c_{2,r+2} \\ \vdots \\ c_{r,r+2} \\ 0 \\ 1 \\ \vdots \\ 0 \end{bmatrix} + \cdots + x_n\begin{bmatrix} c_{1n} \\ c_{2n} \\ \vdots \\ c_{rn} \\ 0 \\ 0 \\ \vdots \\ 1 \end{bmatrix} \tag{4.15}$$

或

$$\boldsymbol{x} = x_{r+1}\boldsymbol{\xi}_1 + x_{r+2}\boldsymbol{\xi}_2 + \cdots + x_n\boldsymbol{\xi}_{n-r} \tag{4.16}$$

其中

$$\boldsymbol{\xi}_1 = \begin{bmatrix} c_{1,r+1} \\ c_{2,r+1} \\ \vdots \\ c_{r,r+1} \\ 1 \\ 0 \\ \vdots \\ 0 \end{bmatrix}, \quad \boldsymbol{\xi}_2 = \begin{bmatrix} c_{1,r+2} \\ c_{2,r+2} \\ \vdots \\ c_{r,r+2} \\ 0 \\ 1 \\ \vdots \\ 0 \end{bmatrix}, \cdots, \boldsymbol{\xi}_{n-r} = \begin{bmatrix} c_{1n} \\ c_{2n} \\ \vdots \\ c_{rn} \\ 0 \\ 0 \\ \vdots \\ 1 \end{bmatrix} \tag{4.17}$$

以下证明 $\boldsymbol{\xi}_1,\boldsymbol{\xi}_2,\cdots,\boldsymbol{\xi}_{n-r}$ 就是方程组 $\boldsymbol{Ax}=\boldsymbol{0}$ 的基础解系.

首先证明 $\boldsymbol{\xi}_1,\boldsymbol{\xi}_2,\cdots,\boldsymbol{\xi}_{n-r}$ 是方程组的解向量. 这只要在通解(4.14)或(4.15)中令自由未知量 $x_{r+1},x_{r+2},\cdots,x_n$ 分别取如下的 $n-r$ 组值

$$\begin{bmatrix}x_{r+1}\\x_{r+2}\\\vdots\\x_n\end{bmatrix}=\begin{bmatrix}1\\0\\\vdots\\0\end{bmatrix},\ \begin{bmatrix}x_{r+1}\\x_{r+2}\\\vdots\\x_n\end{bmatrix}=\begin{bmatrix}0\\1\\\vdots\\0\end{bmatrix},\ \cdots,\ \begin{bmatrix}x_{r+1}\\x_{r+2}\\\vdots\\x_n\end{bmatrix}=\begin{bmatrix}0\\0\\\vdots\\1\end{bmatrix}\tag{4.18}$$

相应地就得到了方程组的 $n-r$ 个解向量,它们就是式(4.17)中的 $n-r$ 个向量.

其次来证 $\boldsymbol{\xi}_1,\boldsymbol{\xi}_2,\cdots,\boldsymbol{\xi}_{n-r}$ 线性无关. 容易看出由 $\boldsymbol{\xi}_1,\boldsymbol{\xi}_2,\cdots,\boldsymbol{\xi}_{n-r}$ 的后 $n-r$ 个分量所组成的向量组(为 $n-r$ 维基本单位向量组)是线性无关的,由此易知 $\boldsymbol{\xi}_1,\boldsymbol{\xi}_2,\cdots,\boldsymbol{\xi}_{n-r}$ 线性无关.

最后,由式(4.16)知方程组的任意解都可由向量组 $\boldsymbol{\xi}_1,\boldsymbol{\xi}_2,\cdots,\boldsymbol{\xi}_{n-r}$ 线性表示,这样由基础解系的定义即知 $\boldsymbol{\xi}_1,\boldsymbol{\xi}_2,\cdots,\boldsymbol{\xi}_{n-r}$ 就是方程组的一个基础解系. 因此,当 $r(\boldsymbol{A})=r<n$ 时,方程组 $\boldsymbol{Ax}=\boldsymbol{0}$ 必存在基础解系,且基础解系含 $n-r$ 个向量.

定理 4.9 的证明过程实际上已给出了求基础解系的一般方法. 这就是:首先求出由自由未知量表示的通解(4.14);以下有两种方法,一种方法是在通解(4.14)中令 $n-r$ 个自由未知量分别取如下的 $n-r$ 组值:1,0,…,0;0,1,…,0;…;0,0,…,1,相应地就得到了方程组的 $n-r$ 个解向量,这组解向量就构成了方程组的基础解系;另一种方法是将由自由未知量表示的通解(4.14)改写成向量形式(4.15),则相应所得到的式(4.17)中的 $n-r$ 个向量就是基础解系. 两种作法的结果是一样的.

例 4.13 求下列齐次线性方程组的基础解系与结构式通解

$$\begin{cases}x_1+2x_2+4x_3-3x_4=0\\3x_1+5x_2+6x_3-4x_4=0\\4x_1+5x_2-2x_3+3x_4=0\\3x_1+8x_2+24x_3-19x_4=0\end{cases}$$

解 对方程组的系数矩阵 $\boldsymbol{A}$ 做初等行变换

$$\boldsymbol{A}=\begin{bmatrix}1&2&4&-3\\3&5&6&-4\\4&5&-2&3\\3&8&24&-19\end{bmatrix}\longrightarrow\begin{bmatrix}1&0&-8&7\\0&1&6&-5\\0&0&0&0\\0&0&0&0\end{bmatrix}$$

由阶梯形矩阵得方程组的由自由未知量表示的通解为

$$\begin{cases}x_1=8x_3-7x_4\\x_2=-6x_3+5x_4\end{cases}\quad(x_3,x_4\text{ 为自由未知量})\tag{4.19}$$

令 $x_3=1,x_4=0$，得解向量 $\boldsymbol{\xi}_1=(8,-6,1,0)^{\mathrm{T}}$；令 $x_3=0,x_4=1$，得解向量 $\boldsymbol{\xi}_2=(-7,5,0,1)^{\mathrm{T}}$，从而 $\boldsymbol{\xi}_1,\boldsymbol{\xi}_2$ 就是方程组的基础解系，所以，方程组的结构式通解为

$$\boldsymbol{x}=c_1\boldsymbol{\xi}_1+c_2\boldsymbol{\xi}_2 \quad (c_1,c_2 \text{ 为任意常数}).$$

若令自由未知量 $x_3=c_1,x_4=c_2$，并将通解(4.19)写成向量形式，便得结构式通解

$$\boldsymbol{x}=\begin{bmatrix}x_1\\x_2\\x_3\\x_4\end{bmatrix}=\begin{bmatrix}8c_1-7c_2\\-6c_1+5c_2\\c_1\\c_2\end{bmatrix}=c_1\begin{bmatrix}8\\-6\\1\\0\end{bmatrix}+c_2\begin{bmatrix}-7\\5\\0\\1\end{bmatrix} \quad (c_1,c_2 \text{ 为任意常数})$$

例 4.14　设有齐次线性方程组

$$\begin{cases}(1+a)x_1+x_2+x_3+x_4=0\\2x_1+(2+a)x_2+2x_3+2x_4=0\\3x_1+3x_2+(3+a)x_3+3x_4=0\\4x_1+4x_2+4x_3+(4+a)x_4=0\end{cases}$$

试问 a 取何值时，该方程组有非零解，并在有非零解时求出其结构解.

解　该方程组的系数矩阵 $\boldsymbol{A}$ 为方阵，其行列式

$$\det(\boldsymbol{A})=\begin{vmatrix}1+a&1&1&1\\2&2+a&2&2\\3&3&3+a&3\\4&4&4&4+a\end{vmatrix}=(a+10)a^3$$

由于方程组有非零解 $\Leftrightarrow\det(\boldsymbol{A})=0$，故当且仅当 $a=0$ 或 $a=-10$ 时，方程组有非零解.

当 $a=0$ 时，对系数矩阵 $\boldsymbol{A}$ 作初等行变换，有

$$\boldsymbol{A}=\begin{bmatrix}1&1&1&1\\2&2&2&2\\3&3&3&3\\4&4&4&4\end{bmatrix}\to\begin{bmatrix}1&1&1&1\\0&0&0&0\\0&0&0&0\\0&0&0&0\end{bmatrix}$$

由此得方程组的由自由未知量表示的通解为

$$x_1=-x_2-x_3-x_4 \quad (x_2,x_3,x_4 \text{ 为自由未知量})$$

从而得方程组的基础解系为

$$\boldsymbol{\xi}_1=(-1,1,0,0)^{\mathrm{T}},\ \boldsymbol{\xi}_2=(-1,0,1,0)^{\mathrm{T}},\ \boldsymbol{\xi}_3=(-1,0,0,1)^{\mathrm{T}}$$

故得所求的通解为

$$x = k_1\xi_1 + k_2\xi_2 + k_3\xi_3 \quad (k_1, k_2, k_3 \text{ 为任意常数})$$

当 $a=-10$ 时，对系数矩阵 A 作初等行变换，有

$$A = \begin{bmatrix} -9 & 1 & 1 & 1 \\ 2 & -8 & 2 & 2 \\ 3 & 3 & -7 & 3 \\ 4 & 4 & 4 & -6 \end{bmatrix} \xrightarrow[(k=2,3,4)]{r_k - kr_1} \begin{bmatrix} -9 & 1 & 1 & 1 \\ 20 & -10 & 0 & 0 \\ 30 & 0 & -10 & 0 \\ 40 & 0 & 0 & -10 \end{bmatrix}$$

$$\longrightarrow \begin{bmatrix} -9 & 1 & 1 & 1 \\ -2 & 1 & 0 & 0 \\ -3 & 0 & 1 & 0 \\ -4 & 0 & 0 & 1 \end{bmatrix} \longrightarrow \begin{bmatrix} 0 & 0 & 0 & 0 \\ -2 & 1 & 0 & 0 \\ -3 & 0 & 1 & 0 \\ -4 & 0 & 0 & 1 \end{bmatrix}$$

上面最后这个矩阵虽然不是简化行阶梯形矩阵，但它与简化行阶梯形矩阵有相同的功效，由于它的秩为 3，且有一个子矩阵（右下角的三阶子矩阵）为三阶单位矩阵，因而可选与这个单位矩阵对应的未知量——x_2, x_3, x_4 作为约束未知量，从而 x_1 就是自由未知量，于是得方程组的由自由未知量表示的通解为

$$x_2 = 2x_1, \quad x_3 = 3x_1, \quad x_4 = 4x_1 \quad (x_1 \text{ 为自由未知量})$$

令自由未知量 $x_1=1$，得方程组的基础解系为

$$\xi = (1,2,3,4)^{\mathrm{T}}$$

故方程组的结构解为 $x=k\xi$（k 为任意常数）.

注意基础解系不是唯一的，但由基础解系的定义知 $Ax=0$ 的任意两个基础解系是两个等价的线性无关向量组，所以它们所含向量的个数相同，这就是说基础解系所含向量的个数是唯一确定的.

例 4.15 设 $\alpha_1, \alpha_2, \alpha_3$ 是齐次线性方程组 $Ax=0$ 的基础解系，证明向量组

$$\beta_1 = \alpha_1 + 2\alpha_2, \beta_2 = 2\alpha_2 + 3\alpha_3, \beta_3 = 3\alpha_3 + \alpha_1$$

也是 $Ax=0$ 的基础解系.

证 已知 $Ax=0$ 的基础解系含 3 个向量，因此只要证明 $\beta_1, \beta_2, \beta_3$ 是 $Ax=0$ 的线性无关解向量即可. 首先，由齐次线性方程组的解的线性组合仍是解，知 $\beta_1, \beta_2, \beta_3$ 都是 $Ax=0$ 的解向量. 其次，由 $\alpha_1, \alpha_2, \alpha_3$ 线性无关，易证（请读者补证）$\beta_1, \beta_2, \beta_3$ 线性无关，所以，$\beta_1, \beta_2, \beta_3$ 也是 $Ax=0$ 的一个基础解系.

4.3.2 非齐次线性方程组

非齐次方程组的解具有怎样的结构，是否和齐次方程组一样呢？

下面我们将重点讨论 n 元非齐次线性方程组

$$\sum_{j=1}^{n} a_{ij} x_j = b_i, \quad i = 1,2,\cdots,m \tag{4.20}$$

解的性质与解的结构.

方程组(4.20)的矩阵形式为

$$\boldsymbol{A}\boldsymbol{x} = \boldsymbol{b}$$

其中 $\boldsymbol{A}=(a_{ij})_{m\times n}$,向量 $\boldsymbol{b}=(b_1,b_2,\cdots,b_m)^{\mathrm{T}}\neq\boldsymbol{0}$. $\bar{\boldsymbol{A}}=[\boldsymbol{A} \mid \boldsymbol{b}]$为方程组(4.20)的增广矩阵.通常称方程组 $\boldsymbol{Ax}=\boldsymbol{0}$为与方程组$\boldsymbol{Ax}=\boldsymbol{b}$**对应的齐次线性方程组**.

关于 n 元非齐次线性方程组 $\boldsymbol{Ax}=\boldsymbol{b}$,我们已经知道其解的情况只有三种,其充要条件分别为

(1) $\boldsymbol{Ax}=\boldsymbol{b}$ 无解$\Leftrightarrow\boldsymbol{b}$ 不能由 $\boldsymbol{A}$ 的列向量组线性表示$\Leftrightarrow r(\boldsymbol{A})\neq(\bar{\boldsymbol{A}})$;

(2) $\boldsymbol{Ax}=\boldsymbol{b}$ 有唯一解$\Leftrightarrow\boldsymbol{b}$ 可由 $\boldsymbol{A}$ 的列向量组唯一地线性表示$\Leftrightarrow r(\boldsymbol{A})=r(\bar{\boldsymbol{A}})=n$;

(3) $\boldsymbol{Ax}=\boldsymbol{b}$ 有无穷多解$\Leftrightarrow\boldsymbol{b}$ 可由 $\boldsymbol{A}$ 的列向量组线性表示,且有无穷多种表示法$\Leftrightarrow r(\boldsymbol{A})=r(\bar{\boldsymbol{A}})=r<n$,此时 $\boldsymbol{Ax}=\boldsymbol{b}$ 的通解中有 $n-r$ 个自由未知量.

为了研究非齐次线性方程组在有无穷多解时解集合的结构,需要先研究它的解的性质.

当方程组 $\boldsymbol{Ax}=\boldsymbol{b}$ 有解时,它的解也有两条基本性质:

性质 4.3　如果 $\boldsymbol{\eta}_1,\boldsymbol{\eta}_2$ 都是非齐次线性方程组 $\boldsymbol{Ax}=\boldsymbol{b}$ 的解,则 $\boldsymbol{\eta}_1-\boldsymbol{\eta}_2$ 是对应齐次线性方程组 $\boldsymbol{Ax}=\boldsymbol{0}$的解.

这是因为 $\boldsymbol{A}(\boldsymbol{\eta}_1-\boldsymbol{\eta}_2)=\boldsymbol{A}\boldsymbol{\eta}_1-\boldsymbol{A}\boldsymbol{\eta}_2=\boldsymbol{b}-\boldsymbol{b}=\boldsymbol{0}$.

性质 4.4　如果 $\boldsymbol{\eta}$ 是 $\boldsymbol{Ax}=\boldsymbol{b}$ 的一个解,$\boldsymbol{\xi}$ 是 $\boldsymbol{Ax}=\boldsymbol{0}$的一个解,则 $\boldsymbol{\eta}+\boldsymbol{\xi}$ 是$\boldsymbol{Ax}=\boldsymbol{b}$ 的一个解.

这是因为 $\boldsymbol{A}(\boldsymbol{\eta}+\boldsymbol{\xi})=\boldsymbol{A}\boldsymbol{\eta}+\boldsymbol{A}\boldsymbol{\xi}=\boldsymbol{b}+\boldsymbol{0}=\boldsymbol{b}$.

由解的上述两条性质,容易得到非齐次线性方程组解的结构定理.

定理 4.10(非齐次线性方程组解的结构定理)　设 $\boldsymbol{\eta}^*$ 为非齐次线性方程组 $\boldsymbol{Ax}=\boldsymbol{b}$ 的一个特解(即不含任意常数的一个确定解),则 $\boldsymbol{Ax}=\boldsymbol{b}$ 的任一解 $\boldsymbol{x}$ 可表示为

$$\boldsymbol{x} = \boldsymbol{\eta}^* + \boldsymbol{\xi} \tag{4.21}$$

其中 $\boldsymbol{\xi}$ 为对应齐次线性方程组 $\boldsymbol{Ax}=\boldsymbol{0}$的某个解.

证　方程组 $\boldsymbol{Ax}=\boldsymbol{b}$ 的任一解 $\boldsymbol{x}$ 显然可表示成

$$\boldsymbol{x} = \boldsymbol{\eta}^* + (\boldsymbol{x} - \boldsymbol{\eta}^*)$$

令 $\boldsymbol{\xi}=\boldsymbol{x}-\boldsymbol{\eta}^*$,则 $\boldsymbol{x}=\boldsymbol{\eta}^*+\boldsymbol{\xi}$,且由上述性质 4.3 知 $\boldsymbol{\xi}$ 是 $\boldsymbol{Ax}=\boldsymbol{0}$的一个解.

由式(4.21)也可以说明,在 $\boldsymbol{Ax}=\boldsymbol{b}$ 有解的前提下,$\boldsymbol{Ax}=\boldsymbol{b}$ 的解的情况只有两种:当方程组 $\boldsymbol{Ax}=\boldsymbol{0}$ 只有零解,即 $\boldsymbol{Ax}=\boldsymbol{0}$ 有唯一解时,方程组 $\boldsymbol{Ax}=\boldsymbol{b}$ 也有唯一解;当 $\boldsymbol{Ax}=\boldsymbol{0}$ 有非零解,即 $\boldsymbol{Ax}=\boldsymbol{0}$ 有无穷多解时,$\boldsymbol{Ax}=\boldsymbol{b}$ 也有无穷多解,此时,由于方程组 $\boldsymbol{Ax}=\boldsymbol{b}$ 的任一解都能表示成式(4.21)的形式,因此当 $\boldsymbol{\xi}$ 取遍方程组 $\boldsymbol{Ax}=\boldsymbol{0}$ 的全部解的时候,由式(4.21)就给出了方程组 $\boldsymbol{Ax}=\boldsymbol{b}$ 的全部解,换句话说,方程组 $\boldsymbol{Ax}=\boldsymbol{b}$ 的通解可以表示成它的任一特解 $\boldsymbol{\eta}^*$ 与对应齐次线性方程组 $\boldsymbol{Ax}=\boldsymbol{0}$ 的通解之和,即方程组 $\boldsymbol{Ax}=\boldsymbol{b}$ 的通解可以表示为

$$\boldsymbol{x}=\boldsymbol{\eta}^*+\sum_{i=1}^{n-r}c_i\boldsymbol{\xi}_i \quad (c_1,c_2,\cdots,c_{n-r}\text{ 为任意常数}) \tag{4.22}$$

其中,$\boldsymbol{\eta}^*$ 为 $\boldsymbol{Ax}=\boldsymbol{b}$ 的一个特解,$\boldsymbol{\xi}_1,\boldsymbol{\xi}_2,\cdots,\boldsymbol{\xi}_{n-r}$ 为方程组 $\boldsymbol{Ax}=\boldsymbol{0}$ 的基础解系. 也称式(4.22)为方程组 $\boldsymbol{Ax}=\boldsymbol{b}$ 的**结构式通解**,简称为**结构解**.

简记:非齐次方程组的通解=对应的齐次方程组的通解+非齐次方程的某个特解.

根据以上讨论,线性方程组在有无穷多解时解的结构均已清楚,虽然有无穷多解,但可以用有限个向量的线性组合来表示全部解. 至此,我们在上一章一开始所提出的关于线性方程组的几个基本问题,就都得到了圆满解决.

例 4.16 求解方程组

$$\begin{cases} x_1+x_2-x_3+2x_4=3 \\ 2x_1+x_2-3x_4=1 \\ -2x_1-2x_3+10x_4=4 \end{cases}$$

如有无穷多解,求出其结构解.

解 用初等行变换将方程组的增广矩阵化成阶梯形

$$\overline{\boldsymbol{A}}=[\boldsymbol{A}\ \vdots\ \boldsymbol{b}]=\begin{bmatrix} 1 & 1 & -1 & 2 & \vdots & 3 \\ 2 & 1 & 0 & -3 & \vdots & 1 \\ -2 & 0 & -2 & 10 & \vdots & 4 \end{bmatrix}\longrightarrow\begin{bmatrix} 1 & 1 & -1 & 2 & \vdots & 3 \\ 0 & -1 & 2 & -7 & \vdots & -5 \\ 0 & 0 & 0 & 0 & \vdots & 0 \end{bmatrix}$$

由阶梯形矩阵可见 $r(\boldsymbol{A})=r(\overline{\boldsymbol{A}})=2<4$(未知量个数),故方程组有解且有无穷多解. 为求解,将 $\overline{\boldsymbol{A}}$ 进一步化成简化行阶梯形矩阵

$$\overline{\boldsymbol{A}}\xrightarrow[-r_2]{r_1+r_2}\begin{bmatrix} 1 & 0 & 1 & -5 & \vdots & -2 \\ 0 & 1 & -2 & 7 & \vdots & 5 \\ 0 & 0 & 0 & 0 & \vdots & 0 \end{bmatrix}$$

令 x_3,x_4 为自由未知量,则方程组的通解可表示为

$$\begin{cases} x_1=-2-x_3+5x_4 \\ x_2=5+2x_3-7x_4 \end{cases} \tag{4.23}$$

为求结构解，我们给出两种方法：

(1) 只要求出方程组的任意一个特解及对应的齐次线性方程组的基础解系就行了. 在式(4.23)中令自由未知量 $x_3=x_4=0$，可求得方程组的一个特解

$$\boldsymbol{\eta}^* = (-2,5,0,0)^{\mathrm{T}}$$

在(4.23)中令等号右端的常数项全为零，则得对应的齐次线性方程组的用自由未知量表示的通解为

$$\begin{cases} x_1 = -x_3 + 5x_4 \\ x_2 = 2x_3 - 7x_4 \end{cases} \quad (x_3, x_4 \text{ 为自由未知量}).$$

由此可求出 $\boldsymbol{Ax}=\boldsymbol{0}$ 的基础解系为

$$\boldsymbol{\xi}_1 = (-1,2,1,0)^{\mathrm{T}}, \quad \boldsymbol{\xi}_2 = (5,-7,0,1)^{\mathrm{T}}$$

于是得方程组的结构解为

$$\boldsymbol{x} = \boldsymbol{\eta}^* + c_1\boldsymbol{\xi}_1 + c_2\boldsymbol{\xi}_2 \quad (c_1, c_2 \text{ 为任意常数})$$

(2)也可以用下面的方法求得结构解：在由自由未知量表示的通解(4.23)中，令自由未知量 $x_3=c_1$，$x_4=c_2$，并把通解写成向量形式，得方程组的结构解

$$\boldsymbol{x} = \begin{bmatrix} x_1 \\ x_2 \\ x_3 \\ x_4 \end{bmatrix} = \begin{bmatrix} -2-c_1+5c_2 \\ 5+2c_1-7c_2 \\ c_1 \\ c_2 \end{bmatrix} = \begin{bmatrix} -2 \\ 5 \\ 0 \\ 0 \end{bmatrix} + c_1\begin{bmatrix} -1 \\ 2 \\ 1 \\ 0 \end{bmatrix} + c_2\begin{bmatrix} 5 \\ -7 \\ 0 \\ 1 \end{bmatrix}$$

其中 c_1, c_2 为任意常数.

例 4.17　a 取何值时，方程组

$$\begin{cases} x_1 + 2x_2 + x_3 = 1 \\ 2x_1 + 3x_2 + (a+2)x_3 = 3 \\ x_1 + ax_2 - 2x_3 = 0 \end{cases}$$

有唯一解、无解、有无穷多解？并在有解时，求出方程组的通解.

解　对方程组的增广矩阵施行初等行变换

$$\overline{\boldsymbol{A}} = [\boldsymbol{A} \mid \boldsymbol{b}] = \left[\begin{array}{ccc|c} 1 & 2 & 1 & 1 \\ 2 & 3 & a+2 & 3 \\ 1 & a & -2 & 0 \end{array}\right] \longrightarrow \left[\begin{array}{ccc|c} 1 & 2 & 1 & 1 \\ 0 & -1 & a & 1 \\ 0 & a-2 & -3 & -1 \end{array}\right]$$

$$\longrightarrow \left[\begin{array}{ccc|c} 1 & 2 & 1 & 1 \\ 0 & -1 & a & 1 \\ 0 & 0 & (a-3)(a+1) & a-3 \end{array}\right] \xlongequal{\text{记为}} \boldsymbol{B}$$

由阶梯形矩阵 $\boldsymbol{B}$ 可见：

(1) 当 $a\neq 3$ 且 $a\neq -1$ 时，$r(\boldsymbol{A})=r(\bar{\boldsymbol{A}})=3$(未知量个数)，故此时方程组有唯一解. 为求解，将矩阵 $\boldsymbol{B}$ 再化成简化行阶梯形

$$\boldsymbol{B}\to\left[\begin{array}{ccc:c}1&2&1&1\\0&-1&a&1\\0&0&a+1&1\end{array}\right]\to\left[\begin{array}{ccc:c}1&2&1&1\\0&-1&a&1\\0&0&1&\dfrac{1}{a+1}\end{array}\right]$$

$$\to\left[\begin{array}{ccc:c}1&2&0&\dfrac{a}{a+1}\\0&1&0&\dfrac{-1}{a+1}\\0&0&1&\dfrac{1}{a+1}\end{array}\right]\to\left[\begin{array}{ccc:c}1&0&0&\dfrac{a+2}{a+1}\\0&1&0&\dfrac{-1}{a+1}\\0&0&1&\dfrac{1}{a+1}\end{array}\right]$$

由此得方程组的唯一解为 $x_1=\dfrac{a+2}{a+1},x_2=-\dfrac{1}{a+1},x_3=\dfrac{1}{a+1}$.

(2) 当 $a=-1$ 时，阶梯形矩阵 $\boldsymbol{B}$ 为

$$\boldsymbol{B}=\left[\begin{array}{ccc:c}1&2&1&1\\0&-1&-1&1\\0&0&0&-4\end{array}\right]$$

由此得 $r(\boldsymbol{A})=2,r(\bar{\boldsymbol{A}})=3$，故由解的判定定理知方程组无解.

(3) 当 $a=3$ 时，由矩阵 $\boldsymbol{B}$ 可知 $r(\boldsymbol{A})=r(\bar{\boldsymbol{A}})=2<3$，故此时方程组有解且有无穷多解. 为求解，将矩阵 $\boldsymbol{B}$ 再化成简化行阶梯形

$$\boldsymbol{B}=\left[\begin{array}{ccc:c}1&2&1&1\\0&-1&3&1\\0&0&0&0\end{array}\right]\to\left[\begin{array}{ccc:c}1&0&7&3\\0&1&-3&-1\\0&0&0&0\end{array}\right]$$

令 x_3 为自由未知量，则方程组的通解为

$$\begin{cases}x_1=3-7x_3\\x_2=-1+3x_3\end{cases}$$

令自由未知量 $x_3=c$，得方程组的结构解为

$$\boldsymbol{x}=\begin{bmatrix}x_1\\x_2\\x_3\end{bmatrix}=\begin{bmatrix}3-7c\\-1+3c\\c\end{bmatrix}=\begin{bmatrix}3\\-1\\0\end{bmatrix}+c\begin{bmatrix}-7\\3\\1\end{bmatrix}\quad(c\text{ 为任意常数})$$

*4.4 线性空间与线性变换

在许多科学与工程问题中需要研究更广泛的线性系统，即线性空间. 线性空

间、线性变换及与之相联系的矩阵理论是线性代数的又一个核心内容，它是研究各类线性问题的有力工具，鉴于本书的宗旨，在此仅对线性空间与线性变换做一个概要的介绍.

事实上，在解析几何和物理中，矢量加法的平行四边形法则和矢量数乘可以通过向量加法和数乘表示；在幂级数中，有的连续函数可以通过无穷个多项式函数数乘后相加表示；不管是矢量还是函数，它们都有一个共同点，就是加法和数乘运算，因此我们可以进一步抽象出线性空间这一代数结构. 线性空间抽象掉了集合中具体的元素，只要一个集合满足一定条件，它就可以是线性空间. 这个集合中的元素可以是有序数组、有序数表、矢量，也可以是多项式或者某一闭区间上的连续函数.

4.4.1　线性空间的定义与性质

定义 4.9 (线性空间)　设 X 为任一非空集合，若在 X 中规定了线性运算——元素的加法和元素与数(实数或复数，实数域记为 $\mathbf{R}$，复数域记为 $\mathbf{C}$)的乘法，并满足下列条件：

(Ⅰ) 对任意的 $\boldsymbol{x},\boldsymbol{y}\in X$，有 X 中的一个元素 $\boldsymbol{u}$ 与之对应，称为 $\boldsymbol{x}$ 和 $\boldsymbol{y}$ 的**和**，记为 $\boldsymbol{u}=\boldsymbol{x}+\boldsymbol{y}$，且满足

(1) $\boldsymbol{x}+\boldsymbol{y}=\boldsymbol{y}+\boldsymbol{x}$　　(加法交换律)；

(2) $(\boldsymbol{x}+\boldsymbol{y})+\boldsymbol{z}=\boldsymbol{x}+(\boldsymbol{y}+\boldsymbol{z})$　　(加法结合律)；

(3) X 中存在**零元** $\mathbf{0}$，使得对任意 $\boldsymbol{x}\in X$，有 $\boldsymbol{x}+\mathbf{0}=\boldsymbol{x}$；

(4) 对任意 $\boldsymbol{x}\in X$，都对应一个关于加法的**负元** $\boldsymbol{x}'$，使得 $\boldsymbol{x}+\boldsymbol{x}'=\mathbf{0}$，通常把 $\boldsymbol{x}'$ 记作 $-\boldsymbol{x}$.

(Ⅱ) 对任意 $\boldsymbol{x}\in X$ 及任意数 λ(实数或复数)，有 X 中的元素 $\boldsymbol{v}$ 与之对应，称为 λ 与 $\boldsymbol{x}$ 的**数积**，记为 $\boldsymbol{v}=\lambda\boldsymbol{x}$，且对任意数 λ,μ 及 $\boldsymbol{x},\boldsymbol{y}\in X$ 满足

(5) $1\boldsymbol{x}=\boldsymbol{x}$，　$0\boldsymbol{x}=\mathbf{0}$；

(6) $\lambda(\mu\boldsymbol{x})=\lambda\mu\boldsymbol{x}$　　(数乘结合律)；

(7) $(\lambda+\mu)\boldsymbol{x}=\lambda\boldsymbol{x}+\mu\boldsymbol{x}$；

(8) $\lambda(\boldsymbol{x}+\boldsymbol{y})=\lambda\boldsymbol{x}+\lambda\boldsymbol{y}$　　(7)(8)：(数乘分配律).

则称 X 为(实的或复的)**线性空间**或**向量空间**，X 中的元素称为**向量**.

线性空间的范围很广，下面略举几个例子.

1. $\mathbf{R}^n$

在本章 4.1.1 中定义的 n 维空间 $\mathbf{R}^n$，按照向量的加法与数乘，即设 $\boldsymbol{x}=(x_1,x_2,\cdots,x_n)^{\mathrm{T}}$，$\boldsymbol{y}=(y_1,y_2,\cdots,y_n)^{\mathrm{T}}\in\mathbf{R}^n$，$\lambda$ 为数，则

$$x + y = (x_1 + y_1, x_2 + y_2, \cdots, x_n + y_n)^{\mathrm{T}} \in \mathbf{R}^n$$
$$\lambda x = (\lambda x_1, \lambda x_2, \cdots, \lambda x_n)^{\mathrm{T}} \in \mathbf{R}^n$$

我们在 4.1 节已指出 $\mathbf{R}^n$ 的线性运算满足定义 4.9 中(Ⅰ),(Ⅱ)两组条件,所以 $\mathbf{R}^n$ 为线性空间,且零元$\mathbf{0}=(0,0,\cdots,0)^{\mathrm{T}}$.

2. 连续函数空间 $C[a,b]$

设 $C[a,b]$为闭区间$[a,b]$上连续函数的全体. $C[a,b]$中的元素($[a,b]$上的连续函数)按照函数的加法与数乘,即设 $f(x),g(x)\in C[a,b]$, λ 为数,则

$$f(x) + g(x) \in C[a,b], \quad \lambda f(x) \in C[a,b]$$

同时也满足定义 4.9 中(Ⅰ),(Ⅱ)两组条件,故 $C[a,b]$为线性空间,其中零元$\mathbf{0}$为零函数.

3. n 阶方阵空间 M_n

设 M_n 为 n 阶方阵的全体. 容易验证 M_n 按照矩阵的加法与数乘运算,也是一个线性空间.

定义 4.10 (子空间) 设 L 为线性空间 X 的一个子集,若对 L 中任意两个元素 x,y,有 $x+y\in L$ 及对任意数λ,有 $\lambda x\in L$,则称 L 为 X 的**线性子空间**(简称**子空间**).

设 M 为线性空间 X 的子集,L 表示 M 中元素所有可能的线性组合构成的集合,即

$$L = \left\{ \sum_{i=1}^{n} \lambda_i x_i \,\middle|\, x_i \in M,\ \lambda_i \text{ 为数}, n \text{ 为任意正整数} \right\}$$

容易验证,L 为 X 的线性子空间,称 L 为**由子集 M 生成的线性子空间**,记作

$$L = \mathbf{span} M$$

例 4.18 $\mathbf{R}^n$ 的子集合

$$V = \{(0, x_2, \cdots, x_n)^{\mathrm{T}} \mid x_i \in \mathbf{R}, i = 2, \cdots, n\}$$

是 $\mathbf{R}^n$ 的一个子空间,这是因为若 $\boldsymbol{\alpha}=(0,x_2,\cdots,x_n)^{\mathrm{T}}\in V$,$\boldsymbol{\beta}=(0,y_2,\cdots,y_n)^{\mathrm{T}}\in V$,$k\in\mathbf{R}$,则 $\boldsymbol{\alpha}+\boldsymbol{\beta}=(0,x_2+y_2,\cdots,x_n+y_n)^{\mathrm{T}}\in V$,$k\boldsymbol{\alpha}=(0,kx_2,\cdots,kx_n)^{\mathrm{T}}\in V$,于是,由定义 4.9 知 V 是一个向量空间,再由定义 4.10 知 V 是 $\mathbf{R}^n$ 的一个子空间.

例 4.19 $\mathbf{R}^n$ 的子集合

$$V = \{(1, x_2, \cdots, x_n)^{\mathrm{T}} \mid x_i \in \mathbf{R}, i = 2, \cdots, n\}$$

不是向量空间,这是因为若 $\boldsymbol{\alpha}=(1,x_2,\cdots,x_n)^{\mathrm{T}}\in V$,则 $2\boldsymbol{\alpha}=(2,2x_2,\cdots,2x_n)^{\mathrm{T}}\notin V$.

例 4.20 设 $\boldsymbol{A}$ 为 $m\times n$ 实矩阵,则 n 元齐次线性方程组 $\boldsymbol{Ax}=\mathbf{0}$的解集合

$$S = \{x \in \mathbf{R}^n \mid \boldsymbol{A}x = \mathbf{0}\}$$

是 $\mathbf{R}^n$ 的一个子空间. 这是因为 S 非空(至少含有零向量),且由性质 4.1 和性质 4.2知 S 关于向量的线性运算封闭. 称 S 为方程组 $\boldsymbol{A}\boldsymbol{x}=\mathbf{0}$的**解空间**.

例 4.21　非齐次线性方程组 $\boldsymbol{A}\boldsymbol{x}=\boldsymbol{b}$ 的解集合

$$S=\{\boldsymbol{x}\mid \boldsymbol{A}\boldsymbol{x}=\boldsymbol{b}\}$$

不是向量空间. 这是因为当 $\boldsymbol{A}\boldsymbol{x}=\boldsymbol{b}$ 无解时,S 为空集;当 $\boldsymbol{A}\boldsymbol{x}=\boldsymbol{b}$ 有解 $\boldsymbol{\eta}$ 时,$\boldsymbol{A}(2\boldsymbol{\eta})=2\boldsymbol{b}$,故 $2\boldsymbol{\eta}\notin S$.

例 4.22　在三维空间 $\mathbf{R}^3$ 中,设 $\boldsymbol{\varepsilon}_1=(1,0,0)$,$\boldsymbol{\varepsilon}_2=(0,1,0)$,则由 $\boldsymbol{\varepsilon}_1$ 和 $\boldsymbol{\varepsilon}_2$ 生成的线性子空间为 xOy 平面,即

$$\mathbf{span}\{\boldsymbol{\varepsilon}_1,\boldsymbol{\varepsilon}_2\}=xOy\text{ 平面}$$

设 $\boldsymbol{\alpha}_1=(1,1,0)$,$\boldsymbol{\alpha}_2=(-1,1,0)$,容易验证,由 $\boldsymbol{\alpha}_1$ 和 $\boldsymbol{\alpha}_2$ 生成的线性子空间也为 xOy 平面,即

$$\mathbf{span}\{\boldsymbol{\alpha}_1,\boldsymbol{\alpha}_2\}=xOy\text{ 平面}$$

定义 4.11 (基、维数与坐标)　如果在线性空间 X 中存在一组向量 $\boldsymbol{\alpha}_1,\boldsymbol{\alpha}_2,\cdots,\boldsymbol{\alpha}_r$,满足:

(1) $\boldsymbol{\alpha}_1,\boldsymbol{\alpha}_2,\cdots,\boldsymbol{\alpha}_r$ 线性无关;

(2) $\forall\boldsymbol{\alpha}\in X$, $\boldsymbol{\alpha}$ 可由 $\boldsymbol{\alpha}_1,\boldsymbol{\alpha}_2,\cdots,\boldsymbol{\alpha}_r$ 线性表示

$$\boldsymbol{\alpha}=x_1\boldsymbol{\alpha}_1+x_2\boldsymbol{\alpha}_2+\cdots+x_r\boldsymbol{\alpha}_r\quad(x_i\in\mathbf{F},i=1,2,\cdots,r)$$

则称向量组 $\boldsymbol{\alpha}_1,\boldsymbol{\alpha}_2,\cdots,\boldsymbol{\alpha}_r$ 为 X 的一个**基**;称基中所含向量的个数 r 为 X 的**维数**,并称 X 为 r 维线性空间;称有序数组 $x_1,x_2,\cdots,x_r$ 为向量 $\boldsymbol{\alpha}$ 在基 $\boldsymbol{\alpha}_1,\boldsymbol{\alpha}_2,\cdots,\boldsymbol{\alpha}_r$ 下的**坐标**,记为$(x_1,x_2,\cdots,x_r)^{\mathrm{T}}$.

显然,如果将线性空间 X 看作向量组,则 X 的基与维数就分别相当于它的极大无关组与秩.

由单个零向量组成的集合$\{\mathbf{0}\}$,用定义可验证它也是一个线性空间,称为**零空间**,零空间是唯一的没有基的线性空间,规定零空间的维数为零. 如果已经找到了线性空间 X 的基 $\boldsymbol{\alpha}_1,\boldsymbol{\alpha}_2,\cdots,\boldsymbol{\alpha}_r$,则由基的定义知

$$X=\{k_1\boldsymbol{\alpha}_1+k_2\boldsymbol{\alpha}_2+\cdots+k_r\boldsymbol{\alpha}_r\mid k_i\in\mathbf{F},i=1,2,\cdots,r\}$$

或 $X=\mathbf{span}\{\boldsymbol{\alpha}_1,\boldsymbol{\alpha}_2,\cdots,\boldsymbol{\alpha}_r\}$,即 X 是由向量组 $\boldsymbol{\alpha}_1,\boldsymbol{\alpha}_2,\cdots,\boldsymbol{\alpha}_r$ 生成的,这就比较清楚地显示出线性空间的构造.

由例 4.2 及例 4.4 知 n 维基本单位向量组 $\boldsymbol{\varepsilon}_1,\boldsymbol{\varepsilon}_2,\cdots,\boldsymbol{\varepsilon}_n$ 线性无关,而且可以线性表示 $\mathbf{R}^n$ 中任一向量,于是由定义 4.11 知 $\boldsymbol{\varepsilon}_1,\boldsymbol{\varepsilon}_2,\cdots,\boldsymbol{\varepsilon}_n$ 就是 $\mathbf{R}^n$ 的一个基.

对于例 4.20 中 n 元齐次线性方程组 $\boldsymbol{A}\boldsymbol{x}=\mathbf{0}$的解空间 S 来说,S 的基显然就是方程组 $\boldsymbol{A}\boldsymbol{x}=\mathbf{0}$的基础解系,因此,$S$ 的维数等于 $n-r(\boldsymbol{A})$.

对于生成子空间

$$V=\mathbf{span}\{\boldsymbol{\alpha}_1,\boldsymbol{\alpha}_2,\cdots,\boldsymbol{\alpha}_m\}$$

来说，显然，向量组 $\boldsymbol{\alpha}_1,\boldsymbol{\alpha}_2,\cdots,\boldsymbol{\alpha}_m$ 的极大无关组与秩，分别就是 V 的基与维数.

例 4.23 验证向量组 $\boldsymbol{\alpha}_1=(1,2,3)^{\mathrm{T}}$，$\boldsymbol{\alpha}_2=(2,2,4)^{\mathrm{T}}$，$\boldsymbol{\alpha}_3=(-1,0,2)^{\mathrm{T}}$ 是 $\mathbf{R}^3$ 的一个基，并求向量 $\boldsymbol{\beta}=(3,2,3)^{\mathrm{T}}$ 在此基下的坐标.

解 由于 $\mathbf{R}^3$ 是三维向量空间，故 $\mathbf{R}^3$ 中任意 3 个线性无关的向量都可作为 $\mathbf{R}^3$ 的基. 由行列式

$$|\boldsymbol{\alpha}_1\ \boldsymbol{\alpha}_2\ \boldsymbol{\alpha}_3|=\begin{vmatrix}1 & 2 & -1\\ 2 & 2 & 0\\ 3 & 4 & 2\end{vmatrix}=-6\neq 0$$

知 $\boldsymbol{\alpha}_1,\boldsymbol{\alpha}_2,\boldsymbol{\alpha}_3$ 线性无关，因而 $\boldsymbol{\alpha}_1,\boldsymbol{\alpha}_2,\boldsymbol{\alpha}_3$ 可作为 $\mathbf{R}^3$ 的基.

设有一组数 x_1,x_2,x_3，使得

$$x_1\boldsymbol{\alpha}_1+x_2\boldsymbol{\alpha}_2+x_3\boldsymbol{\alpha}_3=\boldsymbol{\beta}$$

解此非齐次线性方程组，得唯一解 $(x_1,x_2,x_3)^{\mathrm{T}}=(-\frac{1}{3},\frac{4}{3},-\frac{2}{3})^{\mathrm{T}}$，故 $\boldsymbol{\beta}$ 在基 $\boldsymbol{\alpha}_1$，$\boldsymbol{\alpha}_2,\boldsymbol{\alpha}_3$ 下的坐标为 $(-\frac{1}{3},\frac{4}{3},-\frac{2}{3})^{\mathrm{T}}$.

4.4.2 线性变换及其矩阵表示

在数学上，事物与事物之间的联系用**映射(Mapping)**来刻画；而一个集合内部元素之间的映射，又称为**变换(Transform)**，即非空集合到自身的一个映射.

线性变换是在线性空间中进行的最基本的一种变换. 最简单的例子就是一元线性函数

$$y=f(x)=ax$$

它是线性空间 $\mathbf{R}$ 到 $\mathbf{R}$ 的映射，这个映射的特点是，对任意向量 $x_1,x_2,x\in\mathbf{R}$ 及数 $k\in\mathbf{R}$ 成立

$$f(x_1+x_2)=f(x_1)+f(x_2) \tag{4.24}$$

$$f(kx)=kf(x) \tag{4.25}$$

保持线性性质，将这类映射的定义域及值域由 $\mathbf{R}$ 推广到 n 维线性空间 V_n，就得到一般线性空间的线性变换的定义.

定义 4.12(线性变换) 设 σ 是 n 维线性空间 V_n 到其自身的映射，即对任意 $\boldsymbol{\alpha}\in V_n$，$\sigma(\boldsymbol{\alpha})\in V_n$. 如果 σ 具有如下两个性质：

(1) $\forall\boldsymbol{\alpha}_1,\boldsymbol{\alpha}_2\in V_n$，恒有 $\sigma(\boldsymbol{\alpha}_1+\boldsymbol{\alpha}_2)=\sigma(\boldsymbol{\alpha}_1)+\sigma(\boldsymbol{\alpha}_2)$；

(2) $\forall \boldsymbol{\alpha} \in V_n$ 及 $k \in \mathbf{R}$,恒有 $\sigma(k\boldsymbol{\alpha}) = k\sigma(\boldsymbol{\alpha})$.

则称 σ 是 V_n 的一个**线性变换**,$\sigma(\boldsymbol{\alpha})$称为 $\boldsymbol{\alpha}$ 在线性变换 σ 下的**像**,而 $\boldsymbol{\alpha}$ 称为$\sigma(\boldsymbol{\alpha})$在线性变换 σ 下的**原象**.

定义 4.13(线性变换相等)　设 σ 与 τ 都是 n 维线性空间 V_n 的线性变换. 如果对任意 $\boldsymbol{\alpha} \in V_n$,都有 $\sigma(\boldsymbol{\alpha}) = \tau(\boldsymbol{\alpha})$,则称两个线性变换**相等**,记为 $\sigma = \tau$.

下面给出 n 维线性空间 V_n 的线性变换的几个例子.

例 4.24　在线性空间 V_n 上定义如下变换。

(1) 恒等变换 I:任给 $\boldsymbol{\alpha} \in V_n$,$I(\boldsymbol{\alpha}) = \boldsymbol{\alpha}$;

(2) 数乘变换 Λ:给定 $\lambda \in \mathbf{R}$,任给 $\boldsymbol{\alpha} \in V_n$,$\Lambda(\boldsymbol{\alpha}) = \lambda\boldsymbol{\alpha}$;

(3) 零变换 θ:任给 $\boldsymbol{\alpha} \in V_n$,$\theta(\boldsymbol{\alpha}) = \mathbf{0}$,其中$\mathbf{0}$是 V_n 的零向量.

则容易验证这些变换都是 V_n 的线性变换.

例 4.25　平面旋转变换:在二维线性空间 $\mathbf{R}^2$ 中,每个向量绕坐标原点 O 按逆时针方向旋转 θ 角的变换 R_θ 是 $\mathbf{R}^2$ 的一个线性变换.

证　如图 4.1 所示,在 $\mathbf{R}^2$ 中,设向量 $\boldsymbol{\alpha}$ 绕原点按逆时针旋转 θ 角后变成向量 $\boldsymbol{\alpha}_1$,即

$$\boldsymbol{\alpha}_1 = R_\theta(\boldsymbol{\alpha})$$

设它们在原坐标系 xOy 中的坐标分别为

$$\boldsymbol{\alpha} = (x, y)^{\mathrm{T}}$$

$$R_\theta(\boldsymbol{\alpha}) = \boldsymbol{\alpha}_1 = (x_1, y_1)^{\mathrm{T}}$$

为了导出从 $\boldsymbol{\alpha}$ 旋转到 $\boldsymbol{\alpha}_1$ 的关系式,我们将原坐标系 xOy 也绕原点按逆时针旋转 θ 角得到新的坐标系 $x'Oy'$.

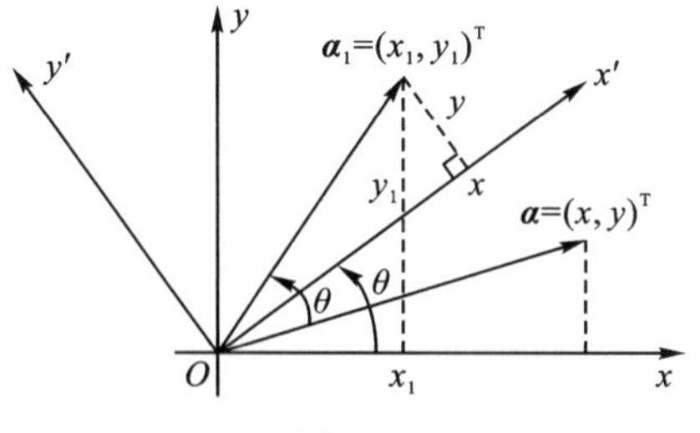

图 4.1

考察向量 $\boldsymbol{\alpha}_1$ 在新、旧坐标系中坐标之间的关系,由图 4.1 容易看出 $\boldsymbol{\alpha}_1$ 在旧坐标系中的坐标为$(x_1, y_1)^{\mathrm{T}}$,而在新坐标系中的坐标为$(x, y)^{\mathrm{T}}$. 这样,可利用第 2 章中坐标旋转时新旧坐标之间的关系式得

$$\begin{cases} x_1 = \cos\theta x - \sin\theta y \\ y_1 = \sin\theta x + \cos\theta y \end{cases}$$

其矩阵表示为

$$\begin{bmatrix} x_1 \\ y_1 \end{bmatrix} = \begin{bmatrix} \cos\theta & -\sin\theta \\ \sin\theta & \cos\theta \end{bmatrix} \begin{bmatrix} x \\ y \end{bmatrix}$$

即 $R_\theta(\boldsymbol{\alpha}) = \boldsymbol{A\alpha}$，其中

$$\boldsymbol{A} = \begin{bmatrix} \cos\theta & -\sin\theta \\ \sin\theta & \cos\theta \end{bmatrix}$$

由矩阵的运算性质知，对任意向量 $\boldsymbol{\alpha}, \boldsymbol{\beta}$ 与数 λ，有

$$R_\theta(\boldsymbol{\alpha} + \boldsymbol{\beta}) = \boldsymbol{A}(\boldsymbol{\alpha} + \boldsymbol{\beta}) = \boldsymbol{A}(\boldsymbol{\alpha}) + \boldsymbol{A}(\boldsymbol{\beta}) = R_\theta(\boldsymbol{\alpha}) + R_\theta(\boldsymbol{\beta})$$

$$R_\theta(\lambda\boldsymbol{\alpha}) = \boldsymbol{A}(\lambda\boldsymbol{\alpha}) = \lambda\boldsymbol{A}(\boldsymbol{\alpha}) = \lambda R_\theta(\boldsymbol{\alpha})$$

可见 R_θ 满足线性性质，故 R_θ 为 $\mathbf{R}^2$ 上的线性变换.

例 4.26 设 $\mathbf{R}^3$ 有两个基：（Ⅰ）$\boldsymbol{\alpha}_1, \boldsymbol{\alpha}_2, \boldsymbol{\alpha}_3$；（Ⅱ）$\boldsymbol{\beta}_1, \boldsymbol{\beta}_2, \boldsymbol{\beta}_3$，记矩阵 $\boldsymbol{A} = [\boldsymbol{\alpha}_1\ \boldsymbol{\alpha}_2\ \boldsymbol{\alpha}_3]$，$\boldsymbol{B} = [\boldsymbol{\beta}_1\ \boldsymbol{\beta}_2\ \boldsymbol{\beta}_3]$，求用基（Ⅰ）线性表示基（Ⅱ）的公式(**基变换公式**). 又若 $\mathbf{R}^3$ 中向量 $\boldsymbol{\alpha}$ 在基（Ⅰ）下的坐标为 $\boldsymbol{x} = (x_1, x_2, x_3)^{\mathrm{T}}$，$\boldsymbol{\alpha}$ 在基（Ⅱ）下的坐标为 $\boldsymbol{y} = (y_1, y_2, y_3)^{\mathrm{T}}$，求 $\boldsymbol{x}$ 与 $\boldsymbol{y}$ 之间的关系式(**坐标变换公式**).

解 设基（Ⅱ）可由基（Ⅰ）线性表示为

$$\boldsymbol{\beta}_1 = p_{11}\boldsymbol{\alpha}_1 + p_{21}\boldsymbol{\alpha}_2 + p_{31}\boldsymbol{\alpha}_3$$

$$\boldsymbol{\beta}_2 = p_{12}\boldsymbol{\alpha}_1 + p_{22}\boldsymbol{\alpha}_2 + p_{33}\boldsymbol{\alpha}_3$$

$$\boldsymbol{\beta}_3 = p_{13}\boldsymbol{\alpha}_1 + p_{23}\boldsymbol{\alpha}_2 + p_{33}\boldsymbol{\alpha}_3$$

其中 $p_{ij}(i,j=1,2,3)$ 为常数. 写成矩阵形式就是

$$[\boldsymbol{\beta}_1\ \boldsymbol{\beta}_2\ \boldsymbol{\beta}_3] = [\boldsymbol{\alpha}_1\ \boldsymbol{\alpha}_2\ \boldsymbol{\alpha}_3] \begin{bmatrix} p_{11} & p_{12} & p_{13} \\ p_{21} & p_{22} & p_{23} \\ p_{31} & p_{32} & p_{33} \end{bmatrix} \tag{4.26}$$

或

$$\boldsymbol{B} = \boldsymbol{AP},\ \boldsymbol{P} = (p_{ij})_{3\times 3}$$

由于矩阵 $\boldsymbol{A}$ 为三阶可逆方阵，故由上式得 $\boldsymbol{P} = \boldsymbol{A}^{-1}\boldsymbol{B}$，代入式(4.26)，即得由基（Ⅰ）线性表示基（Ⅱ）的公式为

$$[\boldsymbol{\beta}_1\ \boldsymbol{\beta}_2\ \boldsymbol{\beta}_3] = [\boldsymbol{\alpha}_1\ \boldsymbol{\alpha}_2\ \boldsymbol{\alpha}_3]\boldsymbol{A}^{-1}\boldsymbol{B} \tag{4.27}$$

并称矩阵 $\boldsymbol{P} = \boldsymbol{A}^{-1}\boldsymbol{B}$ 为从基（Ⅰ）到基（Ⅱ）的**过渡矩阵**.

由题设条件，有

$$\boldsymbol{\alpha} = x_1\boldsymbol{\alpha}_1 + x_2\boldsymbol{\alpha}_2 + x_3\boldsymbol{\alpha}_3 = [\boldsymbol{\alpha}_1\ \boldsymbol{\alpha}_2\ \boldsymbol{\alpha}_3]\boldsymbol{x} \tag{4.28}$$

$$\boldsymbol{\alpha} = y_1\boldsymbol{\beta}_1 + y_2\boldsymbol{\beta}_2 + y_3\boldsymbol{\beta}_3 = [\boldsymbol{\beta}_1\ \boldsymbol{\beta}_2\ \boldsymbol{\beta}_3]\boldsymbol{y} \tag{4.29}$$

将基变换公式(4.27)代入式(4.29)右端,得

$$\boldsymbol{\alpha} = [\boldsymbol{\alpha}_1\ \boldsymbol{\alpha}_2\ \boldsymbol{\alpha}_3]\boldsymbol{P}\boldsymbol{y} \tag{4.30}$$

将式(4.30)与式(4.28)比较,即得坐标变换公式

$$\boldsymbol{x} = \boldsymbol{P}\boldsymbol{y} \quad 或 \quad \boldsymbol{y} = \boldsymbol{P}^{-1}\boldsymbol{x}$$

习题四

(A)

1. 试将向量 $\boldsymbol{\beta}$ 用向量组 $\boldsymbol{\alpha}_1,\boldsymbol{\alpha}_2,\boldsymbol{\alpha}_3,\boldsymbol{\alpha}_4$ 线性表示,其中 $\boldsymbol{\beta}=(1,2,1,1)^{\mathrm{T}}$,$\boldsymbol{\alpha}_1=(1,1,1,1)^{\mathrm{T}}$,$\boldsymbol{\alpha}_2=(1,1,-1,-1)^{\mathrm{T}}$,$\boldsymbol{\alpha}_3=(1,-1,1,-1)^{\mathrm{T}}$,$\boldsymbol{\alpha}_4=(1,-1,-1,1)^{\mathrm{T}}$.

2. 设向量 $\boldsymbol{\beta}=(-1,0,1,b)^{\mathrm{T}}$,$\boldsymbol{\alpha}_1=(3,1,0,0)^{\mathrm{T}}$,$\boldsymbol{\alpha}_2=(2,1,1,-1)^{\mathrm{T}}$,$\boldsymbol{\alpha}_3=(1,1,2,a-3)^{\mathrm{T}}$. 问 a,b 取何值时,$\boldsymbol{\beta}$ 可由 $\boldsymbol{\alpha}_1,\boldsymbol{\alpha}_2,\boldsymbol{\alpha}_3$ 线性表示?并求出此表示式.

3. 下列命题是否正确?如正确,给出证明;如不正确,举出反例.

(1) 若向量组 $\boldsymbol{\alpha}_1,\boldsymbol{\alpha}_2,\cdots,\boldsymbol{\alpha}_m$ 线性相关,则其中每个向量都可由该组中其余 $m-1$ 个向量线性表示;

(2) 若向量组 $\boldsymbol{\alpha}_1,\boldsymbol{\alpha}_2,\cdots,\boldsymbol{\alpha}_m$ 中存在一个向量不能由该组中其余 $m-1$ 个向量线性表示,则该向量组线性无关;

(3) 齐次线性方程组 $\boldsymbol{A}\boldsymbol{x}=\boldsymbol{0}$ 只有零解的充要条件是 $\boldsymbol{A}$ 的列向量组线性无关;

(4) 对于实向量 $\boldsymbol{x}=(a_1,a_2,\cdots,a_n)^{\mathrm{T}}$,则 $\boldsymbol{x}^{\mathrm{T}}\boldsymbol{x}\geqslant 0$,而且 $\boldsymbol{x}^{\mathrm{T}}\boldsymbol{x}=0 \Leftrightarrow \boldsymbol{x}=\boldsymbol{0}$.

4. λ 取何值时,向量组 $\boldsymbol{\alpha}_1=(\lambda,-\frac{1}{2},-\frac{1}{2})^{\mathrm{T}}$,$\boldsymbol{\alpha}_2=(-\frac{1}{2},\lambda,-\frac{1}{2})^{\mathrm{T}}$,$\boldsymbol{\alpha}_3=(-\frac{1}{2},-\frac{1}{2},\lambda)^{\mathrm{T}}$ 线性相关?

5. 判断下列向量组的线性相关性.

(1) $\boldsymbol{\alpha}_1=(6,2,4,-9)^{\mathrm{T}}$,$\boldsymbol{\alpha}_2=(3,1,2,3)^{\mathrm{T}}$,$\boldsymbol{\alpha}_3=(15,3,2,0)^{\mathrm{T}}$;

(2) $\boldsymbol{\alpha}_1=(2,-1,3,2)^{\mathrm{T}}$,$\boldsymbol{\alpha}_2=(-1,-2,1,-1)^{\mathrm{T}}$,$\boldsymbol{\alpha}_3=(0,-1,1,0)^{\mathrm{T}}$;

(3) $\boldsymbol{\alpha}_1=(1,-a,1,1)^{\mathrm{T}}$,$\boldsymbol{\alpha}_2=(1,1,-a,1)^{\mathrm{T}}$,$\boldsymbol{\alpha}_3=(1,1,1,-a)^{\mathrm{T}}$.

6. 设向量组 $\boldsymbol{\alpha}_1,\boldsymbol{\alpha}_2,\boldsymbol{\alpha}_3$ 线性无关,试判断下列向量组的线性相关性.

(1) $\boldsymbol{\beta}_1=\boldsymbol{\alpha}_1+2\boldsymbol{\alpha}_2$,$\boldsymbol{\beta}_2=2\boldsymbol{\alpha}_2+3\boldsymbol{\alpha}_3$, $\boldsymbol{\beta}_3=4\boldsymbol{\alpha}_3-\boldsymbol{\alpha}_1$;

(2) $\boldsymbol{\beta}_1=\boldsymbol{\alpha}_1+\boldsymbol{\alpha}_2+\boldsymbol{\alpha}_3$,$\boldsymbol{\beta}_2=2\boldsymbol{\alpha}_1-3\boldsymbol{\alpha}_2+2\boldsymbol{\alpha}_3$,$\boldsymbol{\beta}_3=3\boldsymbol{\alpha}_1+5\boldsymbol{\alpha}_2-5\boldsymbol{\alpha}_3$.

7. 设向量组 $\boldsymbol{\alpha}_1,\boldsymbol{\alpha}_2,\boldsymbol{\alpha}_3$ 线性相关，而向量组 $\boldsymbol{\alpha}_2,\boldsymbol{\alpha}_3,\boldsymbol{\alpha}_4$ 线性无关，问

(1) $\boldsymbol{\alpha}_1$ 能否由 $\boldsymbol{\alpha}_2,\boldsymbol{\alpha}_3$ 线性表示？为什么？

(2) $\boldsymbol{\alpha}_4$ 能否由 $\boldsymbol{\alpha}_1,\boldsymbol{\alpha}_2,\boldsymbol{\alpha}_3$ 线性表示？为什么？

8. 设向量组 $\boldsymbol{\alpha}_1,\boldsymbol{\alpha}_2,\cdots,\boldsymbol{\alpha}_m(m\geqslant 3)$ 线性无关. 证明：向量组 $\boldsymbol{\beta}_1=\boldsymbol{\alpha}_2+\boldsymbol{\alpha}_3+\cdots+\boldsymbol{\alpha}_m,\boldsymbol{\beta}_2=\boldsymbol{\alpha}_1+\boldsymbol{\alpha}_3+\cdots+\boldsymbol{\alpha}_m,\cdots,\boldsymbol{\beta}_m=\boldsymbol{\alpha}_1+\boldsymbol{\alpha}_2+\cdots+\boldsymbol{\alpha}_{m-1}$ 线性无关.

9. 设 $\boldsymbol{\alpha}_1,\boldsymbol{\alpha}_2,\cdots,\boldsymbol{\alpha}_t$ 为齐次线性方程组 $\boldsymbol{A}\boldsymbol{x}=\boldsymbol{0}$ 的 t 个线性无关的解向量，而向量 $\boldsymbol{\beta}$ 不是 $\boldsymbol{A}\boldsymbol{x}=\boldsymbol{0}$ 的解. 证明：向量组 $\boldsymbol{\alpha}_1+\boldsymbol{\beta},\boldsymbol{\alpha}_2+\boldsymbol{\beta},\cdots,\boldsymbol{\alpha}_t+\boldsymbol{\beta}$ 线性无关.

10. 设向量 $\boldsymbol{\beta}$ 可由向量组 $\boldsymbol{\alpha}_1,\boldsymbol{\alpha}_2,\cdots,\boldsymbol{\alpha}_m$ 线性表示，证明：表示式唯一 $\Leftrightarrow$ 向量组 $\boldsymbol{\alpha}_1,\boldsymbol{\alpha}_2,\cdots,\boldsymbol{\alpha}_m$ 线性无关.

11. 设向量组 $\boldsymbol{\alpha}_1,\boldsymbol{\alpha}_2,\cdots,\boldsymbol{\alpha}_m$ 线性无关，而且向量 $\boldsymbol{\beta}$ 不能由向量组 $\boldsymbol{\alpha}_1,\boldsymbol{\alpha}_2,\cdots,\boldsymbol{\alpha}_m$ 线性表示，证明：$\boldsymbol{\alpha}_1,\boldsymbol{\alpha}_2,\cdots,\boldsymbol{\alpha}_m,\boldsymbol{\beta}$ 线性无关.

12. 已知向量组 $\boldsymbol{\alpha}_1=(1,2,1)^{\mathrm{T}},\boldsymbol{\alpha}_2=(2,3,1)^{\mathrm{T}},\boldsymbol{\alpha}_3=(2,b,3)^{\mathrm{T}},\boldsymbol{\alpha}_4=(a,3,1)^{\mathrm{T}}$ 的秩为 2，试求 a,b 的值.

13. 求下列向量组的一个极大无关组及向量组的秩，并用极大无关组线性表示该组中其他向量.

(1) $\boldsymbol{\alpha}_1=(1,-1,2,4)^{\mathrm{T}}$，$\boldsymbol{\alpha}_2=(0,3,1,2)^{\mathrm{T}}$，$\boldsymbol{\alpha}_3=(3,0,7,14)^{\mathrm{T}}$，$\boldsymbol{\alpha}_4=(1,-2,2,0)^{\mathrm{T}},\boldsymbol{\alpha}_5=(2,1,5,10)^{\mathrm{T}}$；

(2) $\boldsymbol{\alpha}_1=(1,1,1,1)^{\mathrm{T}}$，$\boldsymbol{\alpha}_2=(1,2,3,4)^{\mathrm{T}}$，$\boldsymbol{\alpha}_3=(1,4,9,16)^{\mathrm{T}}$，$\boldsymbol{\alpha}_4=(1,3,7,13)^{\mathrm{T}},\boldsymbol{\alpha}_5=(1,2,5,10)^{\mathrm{T}}$.

14. 设有向量组（Ⅰ）$\boldsymbol{\alpha}_1=(1,1,1,3)^{\mathrm{T}}$，$\boldsymbol{\alpha}_2=(-1,-3,5,1)^{\mathrm{T}}$，$\boldsymbol{\alpha}_3=(3,2,-1,p+2)^{\mathrm{T}}$，$\boldsymbol{\alpha}_4=(-2,-6,10,p)^{\mathrm{T}}$.

(1) p 取何值时，向量组（Ⅰ）线性无关？并在此时将 $\boldsymbol{\alpha}=(4,1,6,10)^{\mathrm{T}}$ 用向量组（Ⅰ）线性表示；

(2) p 取何值时，向量组（Ⅰ）线性相关？并在此时求（Ⅰ）的秩及一个极大无关组.

15. 证明：与基础解系等价的线性无关向量组也是基础解系.

16. 求齐次线性方程组 $\boldsymbol{A}\boldsymbol{x}=\boldsymbol{0}$ 的基础解系与结构解，其中系数矩阵 $\boldsymbol{A}$ 为

(1) $\begin{bmatrix} 3 & 2 & 1 & 3 & 5 \\ 6 & 4 & 3 & 5 & 7 \\ 9 & 6 & 5 & 7 & 9 \\ 3 & 2 & 0 & 4 & 8 \end{bmatrix}$　　(2) $\begin{bmatrix} 1 & 1 & -2 & 3 \\ 2 & 1 & -6 & 4 \\ 3 & 2 & a & 7 \\ 1 & -1 & -6 & -1 \end{bmatrix}$

17. 设矩阵 $\boldsymbol{A}=\begin{bmatrix}1&2&1&2\\0&1&a&a\\1&a&0&1\end{bmatrix}$，已知线性方程组 $\boldsymbol{Ax}=\boldsymbol{0}$ 的基础解系含两个向量，求 a 的值，并求方程组 $\boldsymbol{Ax}=\boldsymbol{0}$ 的结构解.

18. 求作一个齐次线性方程组 $\boldsymbol{Ax}=\boldsymbol{0}$，使它的基础解系为 $\boldsymbol{\xi}_1=(0,1,2,3)^{\mathrm{T}}$，$\boldsymbol{\xi}_2=(3,2,1,0)^{\mathrm{T}}$.

19. 设 $\boldsymbol{\alpha}_1,\boldsymbol{\alpha}_2,\boldsymbol{\alpha}_3$ 是齐次线性方程组 $\boldsymbol{Ax}=\boldsymbol{0}$ 的基础解系，证明：向量组 $\boldsymbol{\beta}_1=\boldsymbol{\alpha}_1+\boldsymbol{\alpha}_2$，$\boldsymbol{\beta}_2=\boldsymbol{\alpha}_2+\boldsymbol{\alpha}_3$，$\boldsymbol{\beta}_3=\boldsymbol{\alpha}_3+\boldsymbol{\alpha}_1$ 也可作为 $\boldsymbol{Ax}=\boldsymbol{0}$ 的基础解系.

20. 若 n 阶方阵 $\boldsymbol{A}$ 的各行元素之和均为零，且 $r(\boldsymbol{A})=n-1$，证明：齐次线性方程组 $\boldsymbol{Ax}=\boldsymbol{0}$ 的通解为 $\boldsymbol{x}=k(1,1,\cdots,1)^{\mathrm{T}}$（$k$ 为任意常数）.

21. 求下列方程组的结构解.

(1) $\begin{cases}x_1+x_2-3x_3-x_4=1\\3x_1-x_2-3x_3+4x_4=4\\x_1+5x_2-9x_3-8x_4=0\end{cases}$　　(2) $\begin{cases}6x_1+4x_2+5x_3+2x_4+3x_5=1\\3x_1+2x_2+4x_3+x_4+2x_5=3\\3x_1+2x_2-2x_3+x_4=-7\\9x_1+6x_2+x_3+3x_4+2x_5=2\end{cases}$

22. 设有向量 $\boldsymbol{\alpha}_1=(-1,1,4)^{\mathrm{T}}$，$\boldsymbol{\alpha}_2=(-2,1,5)^{\mathrm{T}}$，$\boldsymbol{\alpha}_3=(a,2,10)^{\mathrm{T}}$，$\boldsymbol{\beta}=(1,b,-1)^{\mathrm{T}}$，问 a,b 为何值时，向量 $\boldsymbol{\beta}$ 可由向量组 $\boldsymbol{\alpha}_1,\boldsymbol{\alpha}_2,\boldsymbol{\alpha}_3$ 线性表示？并求出线性表示式.

23. 证明：方程组 $x_1-x_2=a_1$，$x_2-x_3=a_2$，$x_3-x_4=a_3$，$x_4-x_5=a_4$，$x_5-x_1=a_5$ 有解 $\Leftrightarrow a_1+a_2+a_3+a_4+a_5=0$，并在有解时，求其通解.

24. a,b 取何值时，下列方程组有解？并在有解时求其通解.

(1) $\begin{cases}x_1+x_2-2x_3+3x_4=0\\2x_1+x_2-6x_3+4x_4=-1\\3x_1+2x_2+ax_3+7x_4=-1\\x_1-x_2-6x_3-x_4=b\end{cases}$　　(2) $\begin{cases}ax_1+x_2+x_3=4\\x_1+bx_2+x_3=3\\x_1+2bx_2+x_3=4\end{cases}$

25. 设四元非齐次线性方程组 $\boldsymbol{Ax}=\boldsymbol{b}$ 有解 $\boldsymbol{\alpha}_1,\boldsymbol{\alpha}_2,\boldsymbol{\alpha}_3$，其中 $\boldsymbol{\alpha}_1=(1,2,3,4)^{\mathrm{T}}$，$\boldsymbol{\alpha}_2+\boldsymbol{\alpha}_3=(2,3,4,5)^{\mathrm{T}}$，且 $r(\boldsymbol{A})=3$. 求方程组 $\boldsymbol{Ax}=\boldsymbol{b}$ 的通解.

26. 验证 $V=\{(x,2x,3y)^{\mathrm{T}}\mid x,y\in\mathbf{R}\}$ 是 $\mathbf{R}^3$ 的子空间，并求 V 的基.

27. 设 $V_1=\{(x_1,x_2,x_3)^{\mathrm{T}}\mid x_i\in\mathbf{R},i=1,2,3,x_1+x_2+x_3=0\}$；

$V_2=\{(x_1,x_2,x_3)^{\mathrm{T}}\mid x_i\in\mathbf{R},i=1,2,3,x_1+x_2+x_3=1\}$.

问 V_1,V_2 是否为 $\mathbf{R}^3$ 的子空间？为什么？

28. 验证向量组 $\boldsymbol{\alpha}_1=(1,-3,4)^{\mathrm{T}}$，$\boldsymbol{\alpha}_2=(4,0,5)^{\mathrm{T}}$，$\boldsymbol{\alpha}_3=(3,1,2)^{\mathrm{T}}$ 是 $\mathbf{R}^3$ 的一个

基，并求向量 $\boldsymbol{\beta}=(7,-3,9)^{\mathrm{T}}$ 在此基下的坐标.

29. 设 $\boldsymbol{\alpha}_1=(1,1,0,0)^{\mathrm{T}},\boldsymbol{\alpha}_2=(1,0,1,1)^{\mathrm{T}}$；$\boldsymbol{\beta}_1=(2,-1,3,3)^{\mathrm{T}},\boldsymbol{\beta}_2=(0,1,-1,-1)^{\mathrm{T}}$，向量空间 $V_1=\mathbf{span}\{\boldsymbol{\alpha}_1,\boldsymbol{\alpha}_2\}$，$V_2=\mathbf{span}\{\boldsymbol{\beta}_1,\boldsymbol{\beta}_2\}$. 试证 $V_1=V_2$.

30. 设 $\mathbf{R}^3$ 有两个基：(Ⅰ)$\boldsymbol{\alpha}_1=(1,2,1)^{\mathrm{T}},\boldsymbol{\alpha}_2=(2,3,3)^{\mathrm{T}},\boldsymbol{\alpha}_3=(3,7,1)^{\mathrm{T}}$；(Ⅱ)$\boldsymbol{\beta}_1=(9,24,-1)^{\mathrm{T}},\boldsymbol{\beta}_2=(8,22,-2)^{\mathrm{T}},\boldsymbol{\beta}_3=(12,28,4)^{\mathrm{T}}$. 求由基(Ⅰ)到基(Ⅱ)的过渡矩阵.

(B)

1. 证明：若向量组(Ⅰ)可由向量组(Ⅱ)线性表示，则 r(Ⅰ)$\leqslant r$(Ⅱ).

2. 设 $\boldsymbol{A}$ 为 n 阶方阵，k 为正整数，$\boldsymbol{\alpha}$ 为齐次线性方程组 $\boldsymbol{A}^k\boldsymbol{x}=\mathbf{0}$ 的解向量，但 $\boldsymbol{A}^{k-1}\boldsymbol{\alpha}\neq\mathbf{0}$，证明：向量组 $\boldsymbol{\alpha},\boldsymbol{A\alpha},\cdots,\boldsymbol{A}^{k-1}\boldsymbol{\alpha}$ 线性无关.

3. 设向量组(Ⅰ)$\boldsymbol{\alpha}_1,\cdots,\boldsymbol{\alpha}_n$ 是一个 n 维向量组，且 n 维基本单位向量组(Ⅱ)$\boldsymbol{\varepsilon}_1,\cdots,\boldsymbol{\varepsilon}_n$ 可由(Ⅰ)线性表示，证明：(Ⅰ)线性无关.

4. 设 $\boldsymbol{\alpha}_1,\cdots,\boldsymbol{\alpha}_n$ 是一组 n 维向量，证明：它们线性无关的充要条件是任一 n 维向量都可由它们线性表示.

5. 设矩阵 $\boldsymbol{A}_{n\times m},\boldsymbol{B}_{m\times n}$ 满足 $\boldsymbol{AB}=\boldsymbol{I}_n$，其中 $n<m$. 证明：(1) 矩阵 $\boldsymbol{B}$ 的列向量组线性无关；(2) 矩阵 $\boldsymbol{A}$ 的行向量组线性无关.

6. 设 $\boldsymbol{A}$ 为 $m\times n$ 矩阵，$\boldsymbol{B}$ 为 $n\times s$ 矩阵，证明：$r(\boldsymbol{AB})\leqslant r(\boldsymbol{A})$，且 $r(\boldsymbol{AB})\leqslant r(\boldsymbol{B})$.

7. 设齐次线性方程组 $\boldsymbol{Ax}=\mathbf{0}$ 与 $\boldsymbol{Bx}=\mathbf{0}$ 同解，证明：$r(\boldsymbol{A})=r(\boldsymbol{B})$.

8. 设有矩阵 $\boldsymbol{A}_{m\times n},\boldsymbol{B}_{n\times p}$，且 $r(\boldsymbol{A})=n$，证明：$r(\boldsymbol{AB})=r(\boldsymbol{B})$.

9. 设向量组 $\boldsymbol{\alpha}_1,\boldsymbol{\alpha}_2,\cdots,\boldsymbol{\alpha}_r$ 线性无关，向量组 $\boldsymbol{\beta}_1,\boldsymbol{\beta}_2,\cdots,\boldsymbol{\beta}_s$ 可由向量组 $\boldsymbol{\alpha}_1,\boldsymbol{\alpha}_2,\cdots,\boldsymbol{\alpha}_r$ 线性表示：$\boldsymbol{\beta}_j=b_{1j}\boldsymbol{\alpha}_1+b_{2j}\boldsymbol{\alpha}_2+\cdots+b_{rj}\boldsymbol{\alpha}_r,j=1,2,\cdots,s$，写成矩阵形式就是

$$[\boldsymbol{\beta}_1\ \boldsymbol{\beta}_2\ \cdots\ \boldsymbol{\beta}_s]=[\boldsymbol{\alpha}_1\ \boldsymbol{\alpha}_2\ \cdots\ \boldsymbol{\alpha}_r]\boldsymbol{B}$$

其中，矩阵 $\boldsymbol{B}=(b_{ij})_{r\times s}$. 试利用上题证明：向量组 $\boldsymbol{\beta}_1,\boldsymbol{\beta}_2,\cdots,\boldsymbol{\beta}_s$ 线性无关$\Leftrightarrow r(\boldsymbol{B})=s$. 特别当 $s=r$ 时，有：$\boldsymbol{\beta}_1,\boldsymbol{\beta}_2,\cdots,\boldsymbol{\beta}_r$ 线性无关$\Leftrightarrow\det(\boldsymbol{B})\neq0$.

10. 设向量组 $\boldsymbol{\alpha}_1,\boldsymbol{\alpha}_2,\boldsymbol{\alpha}_3$ 是齐次线性方程组 $\boldsymbol{Ax}=\mathbf{0}$ 的基础解系，又向量 $\boldsymbol{\beta}_1=t_1\boldsymbol{\alpha}_1+t_2\boldsymbol{\alpha}_2,\boldsymbol{\beta}_2=t_1\boldsymbol{\alpha}_2+t_2\boldsymbol{\alpha}_3,\boldsymbol{\beta}_3=t_1\boldsymbol{\alpha}_3+t_2\boldsymbol{\alpha}_1$，其中 t_1,t_2 为实常数. 问 t_1,t_2 满足何种条件时，$\boldsymbol{\beta}_1,\boldsymbol{\beta}_2,\boldsymbol{\beta}_3$ 也可作为方程组 $\boldsymbol{Ax}=\mathbf{0}$ 的基础解系？

复习题四

1. 填空题.

(1) 若向量组 $\begin{bmatrix}1\\0\\0\end{bmatrix},\begin{bmatrix}2\\3\\4\end{bmatrix},\begin{bmatrix}5\\6\\t\end{bmatrix}$ 线性相关,则常数 $t=$________.

(2) 若向量组 $\begin{bmatrix}1\\1\\k\end{bmatrix},\begin{bmatrix}1\\k\\1\end{bmatrix},\begin{bmatrix}k\\1\\1\end{bmatrix}$ 的秩为 2,则常数 $k=$________.

(3) 若向量 $\boldsymbol{\beta}=\begin{bmatrix}a\\1\\1\end{bmatrix}$ 可由向量组 $\boldsymbol{\alpha}_1=\begin{bmatrix}1\\-1\\1\end{bmatrix},\boldsymbol{\alpha}_2=\begin{bmatrix}1\\a\\1\end{bmatrix}$ 线性表示,则常数 $a=$________.

(4) 若线性方程组 $\begin{cases}x_1+x_2+x_3=1\\x_1+\lambda x_3=2\\x_1-x_2+x_3=1\end{cases}$ 无解,则 $\lambda=$________.

(5) 齐次线性方程组 $\begin{cases}x_1-2x_2+x_3-x_4=0\\x_1+x_2-2x_3+x_4=0\\x_1-11x_2+10x_3-7x_4=0\end{cases}$ 的基础解系所含解向量的个数为________.

2. 单项选择题.

(1) 设 $\boldsymbol{A}$ 为 $m\times n$ 矩阵,则齐次线性方程组 $\boldsymbol{Ax}=\boldsymbol{0}$ 有非零解的充分必要条件是(　).

(A) $\boldsymbol{A}$ 的行向量组线性相关　　(B) $\boldsymbol{A}$ 的行向量组线性无关

(C) $\boldsymbol{A}$ 的列向量组线性相关　　(D) $\boldsymbol{A}$ 的列向量组线性无关

(2) n 元非齐次线性方程组 $\boldsymbol{Ax}=\boldsymbol{b}$ 有唯一解的充分必要条件是(　).

(A) $\boldsymbol{A}$ 为方阵　　(B) 方程组 $\boldsymbol{Ax}=\boldsymbol{0}$ 只有零解

(C) $\boldsymbol{A}$ 的列向量组线性无关　　(D) $r(\boldsymbol{A})=r(\boldsymbol{A}\ \vdots\ \boldsymbol{b})=n$

(3) 设向量组 $\boldsymbol{\alpha}_1,\boldsymbol{\alpha}_2,\boldsymbol{\alpha}_3$ 线性无关,则下列向量组中线性无关的是(　).

(A) $\boldsymbol{\alpha}_1+\boldsymbol{\alpha}_2,\boldsymbol{\alpha}_2+\boldsymbol{\alpha}_3,\boldsymbol{\alpha}_1-\boldsymbol{\alpha}_3$　　(B) $\boldsymbol{\alpha}_1,\boldsymbol{\alpha}_1+\boldsymbol{\alpha}_2,\boldsymbol{\alpha}_2+\boldsymbol{\alpha}_3$

(C) $\boldsymbol{\alpha}_1-\boldsymbol{\alpha}_2,\boldsymbol{\alpha}_2-\boldsymbol{\alpha}_3,\boldsymbol{\alpha}_1-\boldsymbol{\alpha}_3$　　(D) $\boldsymbol{\alpha}_1+\boldsymbol{\alpha}_2,\boldsymbol{\alpha}_2+3\boldsymbol{\alpha}_3,2\boldsymbol{\alpha}_1-6\boldsymbol{\alpha}_3$

(4) 设 $\boldsymbol{\beta}_1,\boldsymbol{\beta}_2$ 为非齐次线性方程组 $\boldsymbol{Ax}=\boldsymbol{b}$ 的两个特解,$\boldsymbol{\alpha}_1,\boldsymbol{\alpha}_2$ 为对应齐次线性方程组$\boldsymbol{Ax}=\boldsymbol{0}$的基础解系,$c_1,c_2$ 为任意常数,则 $\boldsymbol{Ax}=\boldsymbol{b}$ 的通解为(　).

(A) $c_1(\boldsymbol{\alpha}_1+\boldsymbol{\alpha}_2)+c_2(\boldsymbol{\beta}_1-\boldsymbol{\beta}_2)+\frac{1}{2}(\boldsymbol{\beta}_1+\boldsymbol{\beta}_2)$

(B) $c_1(\boldsymbol{\alpha}_1+\boldsymbol{\alpha}_2)+c_2\boldsymbol{\alpha}_2+\frac{1}{2}(\boldsymbol{\beta}_1+\boldsymbol{\beta}_2)$

(C) $c_1(\boldsymbol{\alpha}_1-\boldsymbol{\alpha}_2)+c_2\boldsymbol{\alpha}_2+\frac{1}{2}(\boldsymbol{\beta}_1-\boldsymbol{\beta}_2)$

(D) $c_1(\boldsymbol{\alpha}_1+\boldsymbol{\alpha}_2)+c_2(\boldsymbol{\alpha}_1-\boldsymbol{\alpha}_2)+\frac{1}{2}(\boldsymbol{\beta}_1-\boldsymbol{\beta}_2)$

(5) 若 $\boldsymbol{\alpha}_1=(1,-1,1,0)^{\mathrm{T}}$，$\boldsymbol{\alpha}_2=(2,-3,0,1)^{\mathrm{T}}$ 是齐次线性方程组 $\boldsymbol{Ax}=\boldsymbol{0}$的基础解系，则该方程组的系数矩阵 $\boldsymbol{A}$ 为( ).

(A) $\begin{bmatrix}0 & 1 & 1 & 3\end{bmatrix}$　　(B) $\begin{bmatrix}0 & 1 & 1 & 3\\1 & 1 & 0 & 1\\0 & 1 & 2 & 1\end{bmatrix}$

(C) $\begin{bmatrix}1 & 1 & 0 & 1\\1 & 2 & 1 & 4\end{bmatrix}$　　(D) $\begin{bmatrix}1 & 1 & 0 & 1\\0 & 0 & 0 & 0\end{bmatrix}$

3. 求向量组 $\boldsymbol{\alpha}_1=(-1,2,2)^{\mathrm{T}}$，$\boldsymbol{\alpha}_2=(2,-1,2)^{\mathrm{T}}$，$\boldsymbol{\alpha}_3=(2,2,-1)^{\mathrm{T}}$，$\boldsymbol{\alpha}_4=(1,7,-2)^{\mathrm{T}}$ 的秩及一个极大无关组，并用这个极大无关组线性表示该组中的其他向量.

4. 求下列齐次线性方程组的基础解系与通解.

$$\begin{cases}x_1+x_3-x_4=0\\2x_1-x_2+4x_3-3x_4=0\\3x_1+x_2+x_3-2x_4=0\\x_1-2x_2+5x_3-3x_4=0\end{cases}$$

5. a,b 取何值时，方程组

$$\begin{bmatrix}1 & 1 & 1 & 1\\0 & 1 & 2 & 2\\1 & 0 & 3-a & -1\\3 & 2 & 1 & a-3\end{bmatrix}\begin{bmatrix}x_1\\x_2\\x_3\\x_4\end{bmatrix}=\begin{bmatrix}0\\1\\-b\\-1\end{bmatrix}$$

有唯一解、无解、有无穷多解？并在有无穷多解时，求出方程组的结构解.

6. 设 $\boldsymbol{\alpha}_1,\boldsymbol{\alpha}_2,\boldsymbol{\alpha}_3$ 是齐次线性方程组 $\boldsymbol{Ax}=\boldsymbol{0}$的基础解系，证明：$\boldsymbol{\beta}_1=\boldsymbol{\alpha}_1+2\boldsymbol{\alpha}_2$，$\boldsymbol{\beta}_2=2\boldsymbol{\alpha}_2+3\boldsymbol{\alpha}_3$，$\boldsymbol{\beta}_3=3\boldsymbol{\alpha}_3+\boldsymbol{\alpha}_1$ 也可作为方程组 $\boldsymbol{Ax}=\boldsymbol{0}$的基础解系.

7. 设矩阵 $\boldsymbol{A}$ 按列分块为 $\boldsymbol{A}=[\boldsymbol{\alpha}_1\ \boldsymbol{\alpha}_2\ \boldsymbol{\alpha}_3\ \boldsymbol{\alpha}_4]$，其中，列向量组 $\boldsymbol{\alpha}_1,\boldsymbol{\alpha}_2,\boldsymbol{\alpha}_3,\boldsymbol{\alpha}_4$ 满足：$\boldsymbol{\alpha}_1,\boldsymbol{\alpha}_2,\boldsymbol{\alpha}_3$ 线性无关，$\boldsymbol{\alpha}_4=-2\boldsymbol{\alpha}_2+\boldsymbol{\alpha}_3$. 设向量 $\boldsymbol{\beta}=\boldsymbol{\alpha}_1+2\boldsymbol{\alpha}_2+3\boldsymbol{\alpha}_3+4\boldsymbol{\alpha}_4$，试求非齐次线性方程组 $\boldsymbol{Ax}=\boldsymbol{\beta}$ 的通解.

第⑤章

特征值与特征向量及二次型

特征值与特征向量是重要的数学概念,在几何学、力学、常微分方程动力系统、密码学、管理工程及经济等方面都有着广泛的应用.例如,工程技术中的振动问题和稳定性问题、最大最小值问题,常常可以归结为求一个方阵的特征值和特征向量的问题.数学中诸如求解线性微分方程组和矩阵的对角化等问题,也都要用到矩阵的特征值与特征向量.二次型是 n 元二次齐次函数,主要问题是化简分类,用特征值与特征向量的理论,使问题得到解决.

本章首先介绍矩阵的特征值与特征向量的概念、性质与计算;其次,讨论矩阵的相似对角化问题;接着,在介绍 $\mathbf{R}^n$ 的内积及正交矩阵的基础上,讨论实对称矩阵的正交相似对角化问题;最后,讨论二次型化为标准型的问题,以及正(负)定二次型的概念和判别问题.

需要说明的是:本章所涉及的矩阵都是方阵,并且,如无特别说明,都可以是复方阵;所涉及的数都可以是复数.如果限于在实数域内讨论问题,则另加说明.

5.1 实向量的内积与正交矩阵

在第 4 章中,我们研究了向量的线性运算,并利用它讨论了向量之间的线性关系,但尚未涉及向量的度量性质.因此,本节介绍 $\mathbf{R}^n$ 的内积及正交矩阵等基本概念,其目的一方面是为了将几何空间的有关度量概念(如长度、距离、夹角、正交等)推广到 $\mathbf{R}^n$ 中去,另一方面也为 5.3 节讨论实对称矩阵的正交相似对角化问题提供必要的准备.

本节的讨论限于实数范围内,即凡涉及的数都是实数,凡涉及的向量和矩阵也都是实的.

5.1.1 内积的基本概念

在解析几何中,我们曾定义了两个向量的内积,即对于两个三维向量

$$\boldsymbol{\alpha}=\begin{bmatrix}a_1\\a_2\\a_3\end{bmatrix},\quad \boldsymbol{\beta}=\begin{bmatrix}b_1\\b_2\\b_3\end{bmatrix}$$

称实数

$$\boldsymbol{\alpha}\cdot\boldsymbol{\beta}=a_1b_1+a_2b_2+a_3b_3$$

为 $\boldsymbol{\alpha}$ 与 $\boldsymbol{\beta}$ 的**内积**(或**数量积**).现在,将 $\mathbf{R}^3$ 中两个向量的内积概念推广到 $\mathbf{R}^n$ 中去.

定义 5.1(内积) 对于 $\mathbf{R}^n$ 中任意两个向量

$$\boldsymbol{\alpha}=\begin{bmatrix}a_1\\a_2\\\vdots\\a_n\end{bmatrix},\quad \boldsymbol{\beta}=\begin{bmatrix}b_1\\b_2\\\vdots\\b_n\end{bmatrix}$$

规定 $\boldsymbol{\alpha}$ 与 $\boldsymbol{\beta}$ 的内积是一个实数,这个实数记为 $\langle\boldsymbol{\alpha},\boldsymbol{\beta}\rangle$,定义为

$$\langle\boldsymbol{\alpha},\boldsymbol{\beta}\rangle=a_1b_1+a_2b_2+\cdots+a_nb_n=\boldsymbol{\alpha}^{\mathrm{T}}\boldsymbol{\beta}=\boldsymbol{\beta}^{\mathrm{T}}\boldsymbol{\alpha}$$

容易验证,内积具有下列基本性质(其中 $\boldsymbol{\alpha},\boldsymbol{\beta},\boldsymbol{\gamma}$ 是 $\mathbf{R}^n$ 中任意向量,k 为任意实数).

(1) 对称性:$\langle\boldsymbol{\alpha},\boldsymbol{\beta}\rangle=\langle\boldsymbol{\beta},\boldsymbol{\alpha}\rangle$;

(2) 线性:$\langle\boldsymbol{\alpha}+\boldsymbol{\beta},\boldsymbol{\gamma}\rangle=\langle\boldsymbol{\alpha},\boldsymbol{\gamma}\rangle+\langle\boldsymbol{\beta},\boldsymbol{\gamma}\rangle$;

$\langle k\boldsymbol{\alpha},\boldsymbol{\beta}\rangle=k\langle\boldsymbol{\alpha},\boldsymbol{\beta}\rangle$;

(3) 非负性:$\langle\boldsymbol{\alpha},\boldsymbol{\alpha}\rangle\geqslant 0$,而且 $\langle\boldsymbol{\alpha},\boldsymbol{\alpha}\rangle=0\Leftrightarrow\boldsymbol{\alpha}=\mathbf{0}$.

由内积的对称性,可将内积的线性推广为

$$\left\langle\sum_{i=1}^{m}k_i\boldsymbol{\alpha}_i,\ \sum_{j=1}^{n}l_j\boldsymbol{\beta}_j\right\rangle=\sum_{i=1}^{m}\sum_{j=1}^{n}k_il_j\langle\boldsymbol{\alpha}_i,\boldsymbol{\beta}_j\rangle$$

其中 $\boldsymbol{\alpha}_i,\boldsymbol{\beta}_j\in\mathbf{R}^n$;$k_i,l_j\in\mathbf{R}$;$i=1,2,\cdots,m$;$j=1,2,\cdots,n$.

由内积的非负性,定义向量 $\boldsymbol{\alpha}=(a_1,a_2,\cdots,a_n)^{\mathrm{T}}$ 的**长度**(或**范数**)为

$$\|\boldsymbol{\alpha}\|=\sqrt{\langle\boldsymbol{\alpha},\boldsymbol{\alpha}\rangle}=\sqrt{a_1^2+a_2^2+\cdots+a_n^2}$$

称长度为 1 的向量为**单位向量**.例如,向量

$$\boldsymbol{\alpha}=\left(\frac{1}{\sqrt{3}},\frac{1}{\sqrt{3}},-\frac{1}{\sqrt{3}}\right)^{\mathrm{T}},\quad \boldsymbol{\beta}=\left(\frac{1}{\sqrt{2}},0,-\frac{1}{\sqrt{2}},0\right)^{\mathrm{T}},\quad \boldsymbol{\gamma}=(1,0,0,0,0)^{\mathrm{T}}$$

分别是三维、四维、五维单位向量.

若向量 $\boldsymbol{\alpha}\neq\mathbf{0}$,则不难验证向量

$$\boldsymbol{\beta}=\frac{1}{\|\boldsymbol{\alpha}\|}\boldsymbol{\alpha}$$

是一个单位向量. 把以上由非零向量 $\boldsymbol{\alpha}$ 得到单位向量 $\boldsymbol{\beta}$ 的过程称为向量 $\boldsymbol{\alpha}$ 的**单位化**.

n 维向量没有直观的几何意义,所以不能像几何空间中那样定义两个向量的夹角. 但我们知道,几何空间中两个非零向量 $\boldsymbol{\alpha}$ 与 $\boldsymbol{\beta}$ 的夹角 $\theta(0\leqslant\theta\leqslant\pi)$ 可由内积表示为

$$\theta=\arccos\frac{\langle\boldsymbol{\alpha},\boldsymbol{\beta}\rangle}{\sqrt{\langle\boldsymbol{\alpha},\boldsymbol{\alpha}\rangle}\sqrt{\langle\boldsymbol{\beta},\boldsymbol{\beta}\rangle}}$$

那么,能否将这一夹角概念也推广到 $\mathbf{R}^n$ 中去呢?

由反余弦函数的定义知道,能否进行这个推广,关键是看在 $\mathbf{R}^n$ 中是否成立不等式

$$\left|\frac{\langle\boldsymbol{\alpha},\boldsymbol{\beta}\rangle}{\sqrt{\langle\boldsymbol{\alpha},\boldsymbol{\alpha}\rangle}\sqrt{\langle\boldsymbol{\beta},\boldsymbol{\beta}\rangle}}\right|\leqslant 1,\quad \boldsymbol{\alpha}\neq\mathbf{0},\boldsymbol{\beta}\neq\mathbf{0} \tag{5.1}$$

定理 5.1[柯西-施瓦茨(Cauchy-Schwarz)不等式]　对于 $\mathbf{R}^n$ 中两个任意向量 $\boldsymbol{\alpha},\boldsymbol{\beta}$,成立不等式

$$|\langle\boldsymbol{\alpha},\boldsymbol{\beta}\rangle|\leqslant\sqrt{\langle\boldsymbol{\alpha},\boldsymbol{\alpha}\rangle}\sqrt{\langle\boldsymbol{\beta},\boldsymbol{\beta}\rangle}=\|\boldsymbol{\alpha}\|\,\|\boldsymbol{\beta}\| \tag{5.2}$$

定理 5.1 的证明从略.

由定理 5.1 知道,不等式(5.1)在 $\mathbf{R}^n$ 中也成立. 于是,我们定义 $\mathbf{R}^n$ 中两个非零向量 $\boldsymbol{\alpha}$ 与 $\boldsymbol{\beta}$ 的**夹角** $\theta(0\leqslant\theta\leqslant\pi)$ 为

$$\theta=\arccos\frac{\langle\boldsymbol{\alpha},\boldsymbol{\beta}\rangle}{\sqrt{\langle\boldsymbol{\alpha},\boldsymbol{\alpha}\rangle}\sqrt{\langle\boldsymbol{\beta},\boldsymbol{\beta}\rangle}}=\arccos\frac{\langle\boldsymbol{\alpha},\boldsymbol{\beta}\rangle}{\|\boldsymbol{\alpha}\|\,\|\boldsymbol{\beta}\|} \tag{5.3}$$

按照夹角的这个定义,内积 $\langle\boldsymbol{\alpha},\boldsymbol{\beta}\rangle=0\Leftrightarrow\theta=\frac{\pi}{2}$. 所以,作为解析几何中两个向量垂直概念的直接推广,我们规定:当 $\langle\boldsymbol{\alpha},\boldsymbol{\beta}\rangle=0$ 时,称 $\boldsymbol{\alpha}$ 与 $\boldsymbol{\beta}$ **正交(或垂直)**,记为 $\boldsymbol{\alpha}\perp\boldsymbol{\beta}$. 由于零向量与任何向量的内积为零,所以零向量与任何向量都是正交的.

$\mathbf{R}^n$ 中两个向量 $\boldsymbol{\alpha}$ 与 $\boldsymbol{\beta}$ 的**距离**定义为

$$d(\boldsymbol{\alpha},\boldsymbol{\beta})=\|\boldsymbol{\alpha}-\boldsymbol{\beta}\|$$

显然,上述 $\mathbf{R}^n$ 中的内积、长度、夹角、正交和距离等概念,都是 $\mathbf{R}^3$ 中相应概念的推广.

例 5.1　设 $\mathbf{R}^3$ 中向量 $\boldsymbol{\alpha}=(4,0,3)^{\mathrm{T}},\boldsymbol{\beta}=(-\sqrt{3},3,2)^{\mathrm{T}}$,分别求 $\boldsymbol{\alpha}$ 和 $\boldsymbol{\beta}$ 的范数、

内积及它们的夹角 θ.

解 $\|\boldsymbol{\alpha}\|=\sqrt{4^2+0^2+3^2}=5,\ \|\boldsymbol{\beta}\|=\sqrt{(-\sqrt{3})^2+3^2+2^2}=4,$

$$\langle\boldsymbol{\alpha},\boldsymbol{\beta}\rangle=4\times(-\sqrt{3})+0\times3+3\times2=6-4\sqrt{3}$$

由
$$\cos\theta=\frac{\langle\boldsymbol{\alpha},\boldsymbol{\beta}\rangle}{\sqrt{\langle\boldsymbol{\alpha},\boldsymbol{\alpha}\rangle}\sqrt{\langle\boldsymbol{\beta},\boldsymbol{\beta}\rangle}}=\frac{6-4\sqrt{3}}{5\times4}=\frac{3-2\sqrt{3}}{10}$$

得
$$\theta=\arccos\frac{3-2\sqrt{3}}{10}$$

5.1.2 正交向量组与正交矩阵

如果 $\mathbf{R}^n$ 中一个向量组中不含零向量，且其中的向量两两正交，则称此向量组为**正交向量组**. 如果一个正交向量组中每个向量都是单位向量，则称此向量组为**标准正交向量组**(或**规范正交向量组**).

例如，向量组

$$\boldsymbol{\alpha}_1=(1,1,1)^{\mathrm{T}},\quad \boldsymbol{\alpha}_2=(1,-1,0)^{\mathrm{T}},\quad \boldsymbol{\alpha}_3=(1,1,-2)^{\mathrm{T}}$$

就是一个正交向量组. 把一个正交向量组中每个向量单位化，就得到一个标准正交向量组. 例如，对上面这个向量组，令 $\boldsymbol{\beta}_i=\frac{1}{\|\boldsymbol{\alpha}_i\|}\boldsymbol{\alpha}_i\ (i=1,2,3)$，便得到一个标准正交向量组

$$\boldsymbol{\beta}_1=\left(\frac{1}{\sqrt{3}},\frac{1}{\sqrt{3}},\frac{1}{\sqrt{3}}\right)^{\mathrm{T}},\quad \boldsymbol{\beta}_2=\left(\frac{1}{\sqrt{2}},-\frac{1}{\sqrt{2}},0\right)^{\mathrm{T}},\quad \boldsymbol{\beta}_3=\left(\frac{1}{\sqrt{6}},\frac{1}{\sqrt{6}},-\frac{2}{\sqrt{6}}\right)^{\mathrm{T}}$$

定理 5.2 正交向量组必是线性无关向量组.

证 设 $\boldsymbol{\alpha}_1,\boldsymbol{\alpha}_2,\cdots,\boldsymbol{\alpha}_m$ 是一个正交向量组，即有

$$\langle\boldsymbol{\alpha}_i,\boldsymbol{\alpha}_j\rangle=\begin{cases}0, & i\neq j\\ \|\boldsymbol{\alpha}_i\|^2>0, & i=j\end{cases}$$

我们来证明 $\boldsymbol{\alpha}_1,\boldsymbol{\alpha}_2,\cdots,\boldsymbol{\alpha}_m$ 线性无关. 设有一组数 $k_1,k_2,\cdots,k_m$，使得

$$k_1\boldsymbol{\alpha}_1+k_2\boldsymbol{\alpha}_2+\cdots+k_m\boldsymbol{\alpha}_m=\mathbf{0}$$

用 $\boldsymbol{\alpha}_1$ 与两端做内积，并利用内积的性质，得

$$k_1\langle\boldsymbol{\alpha}_1,\boldsymbol{\alpha}_1\rangle+k_2\langle\boldsymbol{\alpha}_2,\boldsymbol{\alpha}_1\rangle+\cdots+k_m\langle\boldsymbol{\alpha}_m,\boldsymbol{\alpha}_1\rangle=0$$

因 $\langle\boldsymbol{\alpha}_k,\boldsymbol{\alpha}_1\rangle=0(k=2,\cdots,m)$，$\langle\boldsymbol{\alpha}_1,\boldsymbol{\alpha}_1\rangle=\|\boldsymbol{\alpha}_1\|^2>0$，故得 $k_1=0$，同理可得 $k_2=\cdots=k_m=0$，所以向量组 $\boldsymbol{\alpha}_1,\boldsymbol{\alpha}_2,\cdots,\boldsymbol{\alpha}_m$ 线性无关.

现在介绍在应用中很重要的正交矩阵.

定义 5.2(正交矩阵) 如果实方阵 $\boldsymbol{A}$ 满足 $\boldsymbol{A}\boldsymbol{A}^{\mathrm{T}}=\boldsymbol{A}^{\mathrm{T}}\boldsymbol{A}=\boldsymbol{I}$(或 $\boldsymbol{A}^{-1}=\boldsymbol{A}^{\mathrm{T}}$)，则称

$\boldsymbol{A}$ 为正交矩阵.

例如,矩阵

$$\boldsymbol{I},\quad \begin{bmatrix}0 & -1\\1 & 0\end{bmatrix},\quad \begin{bmatrix}\cos\theta & -\sin\theta\\ \sin\theta & \cos\theta\end{bmatrix},\quad \begin{bmatrix}1 & 0 & 0\\ 0 & \frac{1}{\sqrt{2}} & -\frac{1}{\sqrt{2}}\\ 0 & \frac{1}{\sqrt{2}} & \frac{1}{\sqrt{2}}\end{bmatrix}$$

都是正交矩阵.

正交矩阵有下列基本性质：

(1) 正交矩阵的行列式等于 1 或 -1；

(2) 设 $\boldsymbol{A}$ 为正交矩阵,则 $\boldsymbol{A}^{\mathrm{T}}$,$\boldsymbol{A}^{-1}$ 及 $\boldsymbol{A}^{*}$ 都是正交矩阵；

(3) 同阶正交矩阵的乘积仍为正交矩阵；

(4) 方阵 $\boldsymbol{A}$ 为正交矩阵$\Leftrightarrow$$\boldsymbol{A}$ 的列(行)向量组为标准正交向量组.

证　性质(1)、(2)及(3)的证明留给读者作为练习. 下证(4). 先证必要性:设 n 阶方阵 $\boldsymbol{A}$ 为正交矩阵,$\boldsymbol{A}$ 按列分块为

$$\boldsymbol{A}=[\boldsymbol{\alpha}_1\ \boldsymbol{\alpha}_2\ \cdots\ \boldsymbol{\alpha}_n]$$

则有

$$\boldsymbol{A}^{\mathrm{T}}\boldsymbol{A}=\begin{bmatrix}\boldsymbol{\alpha}_1^{\mathrm{T}}\\ \boldsymbol{\alpha}_2^{\mathrm{T}}\\ \vdots\\ \boldsymbol{\alpha}_n^{\mathrm{T}}\end{bmatrix}[\boldsymbol{\alpha}_1\ \boldsymbol{\alpha}_2\ \cdots\ \boldsymbol{\alpha}_n]=\boldsymbol{I}$$

亦即

$$\begin{bmatrix}\boldsymbol{\alpha}_1^{\mathrm{T}}\boldsymbol{\alpha}_1 & \boldsymbol{\alpha}_1^{\mathrm{T}}\boldsymbol{\alpha}_2 & \cdots & \boldsymbol{\alpha}_1^{\mathrm{T}}\boldsymbol{\alpha}_n\\ \boldsymbol{\alpha}_2^{\mathrm{T}}\boldsymbol{\alpha}_1 & \boldsymbol{\alpha}_2^{\mathrm{T}}\boldsymbol{\alpha}_2 & \cdots & \boldsymbol{\alpha}_2^{\mathrm{T}}\boldsymbol{\alpha}_n\\ \vdots & \vdots & & \vdots\\ \boldsymbol{\alpha}_n^{\mathrm{T}}\boldsymbol{\alpha}_1 & \boldsymbol{\alpha}_n^{\mathrm{T}}\boldsymbol{\alpha}_2 & \cdots & \boldsymbol{\alpha}_n^{\mathrm{T}}\boldsymbol{\alpha}_n\end{bmatrix}=\begin{bmatrix}1 & 0 & \cdots & 0\\ 0 & 1 & \cdots & 0\\ \vdots & \vdots & & \vdots\\ 0 & 0 & \cdots & 1\end{bmatrix}$$

比较两边的对应元素,得

$$\langle\boldsymbol{\alpha}_i,\boldsymbol{\alpha}_j\rangle=\boldsymbol{\alpha}_i^{\mathrm{T}}\boldsymbol{\alpha}_j=\begin{cases}1, & i=j\\ 0, & i\neq j\end{cases}$$

这表明 $\boldsymbol{A}$ 的列向量组 $\boldsymbol{\alpha}_1,\boldsymbol{\alpha}_2,\cdots,\boldsymbol{\alpha}_n$ 为标准正交向量组.

将以上证明倒推上去就是充分性的证明.

当 $\boldsymbol{A}$ 为正交矩阵时,$\boldsymbol{A}^{\mathrm{T}}$ 也是正交矩阵,因此,由已证明的结果知 $\boldsymbol{A}^{\mathrm{T}}$ 的列向量

组(即 $\boldsymbol{A}$ 的行向量组)也是标准正交向量组.

利用性质(4),容易验证方阵是否为正交矩阵.例如,容易看出方阵

$$\boldsymbol{A}=\begin{bmatrix}\frac{1}{\sqrt{3}} & \frac{1}{\sqrt{2}} & \frac{1}{\sqrt{6}}\\ \frac{1}{\sqrt{3}} & 0 & -\frac{2}{\sqrt{6}}\\ \frac{1}{\sqrt{3}} & -\frac{1}{\sqrt{2}} & \frac{1}{\sqrt{6}}\end{bmatrix}$$

的列向量两两正交,且每个列向量都是单位向量,即 $\boldsymbol{A}$ 的列向量组为标准正交向量组,于是由性质(4)即知 $\boldsymbol{A}$ 为正交矩阵.

定义 5.3($\mathbf{R}^n$ 上的正交变换) 设 $\boldsymbol{A}$ 为一个 n 阶正交矩阵,则称 $\mathbf{R}^n$ 到其自身的变换 T:

$$\boldsymbol{y}=\boldsymbol{A}\boldsymbol{x},\quad \forall\,\boldsymbol{x}\in\mathbf{R}^n$$

为 $\mathbf{R}^n$ 上的一个正交变换.

定理 5.3 $\mathbf{R}^n$ 上的正交变换 $\boldsymbol{y}=\boldsymbol{A}\boldsymbol{x}$ 有如下性质:

对 $\mathbf{R}^n$ 中任意 $\boldsymbol{x}_1,\boldsymbol{x}_2$,经过变换后

(1) 保持内积不变,即 $\langle\boldsymbol{A}\boldsymbol{x}_1,\boldsymbol{A}\boldsymbol{x}_2\rangle=\langle\boldsymbol{x}_1,\boldsymbol{x}_2\rangle$;

(2) 保持长度不变,即 $\|\boldsymbol{A}\boldsymbol{x}_1\|=\|\boldsymbol{x}_1\|$;

(3) 保持夹角不变,即 $\cos(\boldsymbol{A}\boldsymbol{x}_1,\boldsymbol{A}\boldsymbol{x}_2)=\cos(\boldsymbol{x}_1,\boldsymbol{x}_2)$.

证 (1) $\langle\boldsymbol{A}\boldsymbol{x}_1,\boldsymbol{A}\boldsymbol{x}_2\rangle=(\boldsymbol{A}\boldsymbol{x}_2)^{\mathrm{T}}(\boldsymbol{A}\boldsymbol{x}_1)=\boldsymbol{x}_2^{\mathrm{T}}(\boldsymbol{A}^{\mathrm{T}}\boldsymbol{A})\boldsymbol{x}_1=\boldsymbol{x}_2^{\mathrm{T}}\boldsymbol{x}_1=\langle\boldsymbol{x}_1,\boldsymbol{x}_2\rangle$;

(2) 在(1)中取 $\boldsymbol{x}_1=\boldsymbol{x}_2$ 即得证;

(3) $\cos(\boldsymbol{A}\boldsymbol{x}_1,\boldsymbol{A}\boldsymbol{x}_2)=\dfrac{\langle\boldsymbol{A}\boldsymbol{x}_1,\boldsymbol{A}\boldsymbol{x}_2\rangle}{\|\boldsymbol{A}\boldsymbol{x}_1\|\cdot\|\boldsymbol{A}\boldsymbol{x}_2\|}=\dfrac{\langle\boldsymbol{x}_1,\boldsymbol{x}_2\rangle}{\|\boldsymbol{x}_1\|\,\|\boldsymbol{x}_2\|}=\cos(\boldsymbol{x}_1,\boldsymbol{x}_2)$.

我们指出正交变换的几何意义:在几何空间中,空间直角坐标系(或向量)的旋转变换,必是正交变换.

5.1.3 施密特(Schmidt)正交化方法

线性无关向量组未必是正交向量组,但正交向量组又是重要的,因此就出现一个问题:能否从一个线性无关向量组 $\boldsymbol{\alpha}_1,\boldsymbol{\alpha}_2,\cdots,\boldsymbol{\alpha}_m$ 出发,构造出一个标准正交向量组 $\boldsymbol{e}_1,\boldsymbol{e}_2,\cdots,\boldsymbol{e}_m$,并且使向量组 $\boldsymbol{\alpha}_1,\boldsymbol{\alpha}_2,\cdots,\boldsymbol{\alpha}_r$ 与向量组 $\boldsymbol{e}_1,\boldsymbol{e}_2,\cdots,\boldsymbol{e}_r$ 等价($r=1,2,\cdots,m$)呢?回答是肯定的.下面就来介绍这个方法.由于把一个正交向量组中每个向量经过单位化,就得到一个标准正交向量组,所以,上述问题的关键是如何由一个线性无关向量组来构造出一个正交向量组.

定理 5.4　设 $\boldsymbol{\alpha}_1,\boldsymbol{\alpha}_2,\cdots,\boldsymbol{\alpha}_m(m\leqslant n)$是 $\mathbf{R}^n$ 中的一个线性无关向量组,若令

$$\boldsymbol{\beta}_1=\boldsymbol{\alpha}_1$$

$$\boldsymbol{\beta}_2=\boldsymbol{\alpha}_2-\frac{\langle\boldsymbol{\alpha}_2,\boldsymbol{\beta}_1\rangle}{\langle\boldsymbol{\beta}_1,\boldsymbol{\beta}_1\rangle}\boldsymbol{\beta}_1$$

$$\vdots$$

$$\boldsymbol{\beta}_m=\boldsymbol{\alpha}_m-\frac{\langle\boldsymbol{\alpha}_m,\boldsymbol{\beta}_1\rangle}{\langle\boldsymbol{\beta}_1,\boldsymbol{\beta}_1\rangle}\boldsymbol{\beta}_1-\frac{\langle\boldsymbol{\alpha}_m,\boldsymbol{\beta}_2\rangle}{\langle\boldsymbol{\beta}_2,\boldsymbol{\beta}_2\rangle}\boldsymbol{\beta}_2-\cdots-\frac{\langle\boldsymbol{\alpha}_m,\boldsymbol{\beta}_{m-1}\rangle}{\langle\boldsymbol{\beta}_{m-1},\boldsymbol{\beta}_{m-1}\rangle}\boldsymbol{\beta}_{m-1}$$

则 $\boldsymbol{\beta}_1,\boldsymbol{\beta}_2,\cdots,\boldsymbol{\beta}_m$ 就是一个正交向量组. 若再令

$$\boldsymbol{e}_i=\frac{\boldsymbol{\beta}_i}{\|\boldsymbol{\beta}_i\|},\quad i=1,2,\cdots,m$$

就得到了一个标准正交向量组 $\boldsymbol{e}_1,\boldsymbol{e}_2,\cdots,\boldsymbol{e}_m$,且向量组 $\boldsymbol{e}_1,\boldsymbol{e}_2,\cdots,\boldsymbol{e}_r$ 与向量组 $\boldsymbol{\alpha}_1,\boldsymbol{\alpha}_2,\cdots,\boldsymbol{\alpha}_r$ 等价$(r=1,2,\cdots,m)$.

定理 5.4 所提供的由线性无关向量组获得标准正交向量组的方法称为施密特正交化方法. 注意,这个方法是先正交化,再单位化.

例 5.2　试利用施密特正交化方法,由 $\mathbf{R}^4$ 的线性无关向量组

$$\boldsymbol{\alpha}_1=(1,2,2,-1)^{\mathrm{T}},\ \boldsymbol{\alpha}_2=(1,1,-5,3)^{\mathrm{T}},\ \boldsymbol{\alpha}_3=(3,2,8,-7)^{\mathrm{T}}$$

构造一个标准正交向量组 $\boldsymbol{e}_1,\boldsymbol{e}_2,\boldsymbol{e}_3$,且使 $\boldsymbol{\alpha}_1,\boldsymbol{\alpha}_2,\boldsymbol{\alpha}_3$ 与 $\boldsymbol{e}_1,\boldsymbol{e}_2,\boldsymbol{e}_3$ 等价.

解　先正交化,即令

$$\boldsymbol{\beta}_1=\boldsymbol{\alpha}_1=(1,2,2,-1)^{\mathrm{T}}$$

$$\boldsymbol{\beta}_2=\boldsymbol{\alpha}_2-\frac{\langle\boldsymbol{\alpha}_2,\boldsymbol{\beta}_1\rangle}{\langle\boldsymbol{\beta}_1,\boldsymbol{\beta}_1\rangle}\boldsymbol{\beta}_1=(1,1,-5,3)^{\mathrm{T}}-\frac{-10}{10}(1,2,2,-1)^{\mathrm{T}}$$

$$=(2,3,-3,2)^{\mathrm{T}}$$

$$\boldsymbol{\beta}_3=\boldsymbol{\alpha}_3-\frac{\langle\boldsymbol{\alpha}_3,\boldsymbol{\beta}_1\rangle}{\langle\boldsymbol{\beta}_1,\boldsymbol{\beta}_1\rangle}\boldsymbol{\beta}_1-\frac{\langle\boldsymbol{\alpha}_3,\boldsymbol{\beta}_2\rangle}{\langle\boldsymbol{\beta}_2,\boldsymbol{\beta}_2\rangle}\boldsymbol{\beta}_2$$

$$=(3,2,8,-7)^{\mathrm{T}}-\frac{30}{10}(1,2,2,-1)^{\mathrm{T}}-\frac{-26}{26}(2,3,-3,2)^{\mathrm{T}}$$

$$=(2,-1,-1,-2)^{\mathrm{T}}$$

再单位化,即令 $\boldsymbol{e}_i=\dfrac{\boldsymbol{\beta}_i}{\|\boldsymbol{\beta}_i\|}(i=1,2,3)$,便得到满足条件的标准正交向量组:

$$\boldsymbol{e}_1=\frac{1}{\sqrt{10}}(1,2,2,-1)^{\mathrm{T}},\quad \boldsymbol{e}_2=\frac{1}{\sqrt{26}}(2,3,-3,2)^{\mathrm{T}}$$

$$\boldsymbol{e}_3=\frac{1}{\sqrt{10}}(2,-1,-1,-2)^{\mathrm{T}}$$

5.2 矩阵的特征值与特征向量

对于方阵 $\boldsymbol{A}$，尽管线性变换 $\boldsymbol{x}\to\boldsymbol{A}\boldsymbol{x}$ 可能会把向量 $\boldsymbol{x}$ 往各种方向上移动，但其中存在一些特殊的向量，$\boldsymbol{A}$ 在其上的作用十分简单. 例如，设 $\boldsymbol{A}=\begin{bmatrix}3 & -2\\1 & 0\end{bmatrix}$，$\boldsymbol{x}=\begin{bmatrix}2\\1\end{bmatrix}$，则 $\boldsymbol{A}\boldsymbol{x}=2\boldsymbol{x}$，即 $\boldsymbol{A}$ 在 $\boldsymbol{x}$ 上的作用相当于将向量 $\boldsymbol{x}$ 拉伸为原来的两倍.

本节中，我们要研究形如 $\boldsymbol{A}\boldsymbol{x}=\lambda\boldsymbol{x}$（$\lambda$ 为一数量）的方程，并求那些被 $\boldsymbol{A}$ 作用相当于被数乘作用的向量，此即为方阵的特征值与特征向量问题.

5.2.1 特征值与特征向量的定义及计算

定义 5.4(特征值与特征向量) 设 $\boldsymbol{A}=(a_{ij})_{n\times n}$ 是一个 n 阶矩阵，如果有一个数 λ 及一个 n 维非零列向量 $\boldsymbol{x}=(x_1,\cdots,x_n)^{\mathrm{T}}\in\mathbf{C}^n$，使得

$$\boldsymbol{A}\boldsymbol{x}=\lambda\boldsymbol{x} \tag{5.4}$$

或

$$(\lambda\boldsymbol{I}-\boldsymbol{A})\boldsymbol{x}=\boldsymbol{0} \tag{5.5}$$

则称 λ 为矩阵 $\boldsymbol{A}$ 的一个**特征值**，称非零列向量 $\boldsymbol{x}$ 为 $\boldsymbol{A}$ 的对应于(或属于)特征值 λ 的**特征向量**.

下面来讨论特征值与特征向量的计算问题.

由于式(5.5)可看成一个系数矩阵是 n 阶矩阵 $\lambda\boldsymbol{I}-\boldsymbol{A}$ 的齐次线性方程组，特征向量 $\boldsymbol{x}$ 是它的非零解，故由 n 元齐次线性方程组有非零解的充要条件，知

$$\det(\lambda\boldsymbol{I}-\boldsymbol{A})=0 \tag{5.6}$$

或

$$\begin{vmatrix}\lambda-a_{11} & -a_{12} & \cdots & -a_{1n}\\ -a_{21} & \lambda-a_{22} & \cdots & -a_{2n}\\ \vdots & \vdots & & \vdots\\ -a_{n1} & -a_{n2} & \cdots & \lambda-a_{nn}\end{vmatrix}=0 \tag{5.7}$$

这表明，$\boldsymbol{A}$ 的特征值 λ 一定满足方程(5.6). 反过来，方程(5.6)的任一根 λ，必使齐次线性方程组(5.5)有非零解，这样的非零解 $\boldsymbol{x}$ 就是 $\boldsymbol{A}$ 的对应于特征值 λ 的特征向量. 因此，λ 为矩阵 $\boldsymbol{A}$ 的特征值，当且仅当 λ 为方程(5.6)的根. 我们引入下述定义.

定义 5.5(特征方程、特征多项式) 称关于 λ 的一元 n 次代数方程(5.6)或(5.7)为矩阵 $\boldsymbol{A}$ 的**特征方程**；称一元 n 次多项式 $f(\lambda)=\det(\lambda\boldsymbol{I}-\boldsymbol{A})$ 为 $\boldsymbol{A}$ 的**特征多**

项式.

前面的讨论表明,矩阵 $\boldsymbol{A}$ 的特征值就是 $\boldsymbol{A}$ 的特征方程的根.特征方程是关于 λ 的 n 次代数方程,由代数学基本定理,它在复数范围内有 n 个根(重根按重数计算),所以 n 阶矩阵 $\boldsymbol{A}$ 有 n 个特征值.如果 λ_i 为特征方程的单根,称 λ_i 为 $\boldsymbol{A}$ 的**单特征值**;如果 λ_i 为特征方程的 k 重根,则称 λ_i 为 $\boldsymbol{A}$ 的 k **重特征值**,并称 k 为 λ_i 的**代数重数**,单特征值的代数重数为 1.

根据定义 5.4,矩阵 $\boldsymbol{A}$ 的对应于特征值 λ_i 的特征向量是齐次线性方程组

$$(\lambda_i \boldsymbol{I} - \boldsymbol{A})\boldsymbol{x} = \boldsymbol{0} \tag{5.8}$$

的非零解.因此,为求出对应于 λ_i 的全部特征向量,只要通过求方程组(5.8)的基础解系来求出通解,再从通解中删去零向量,就是对应于 λ_i 的全部特征向量.通常称齐次线性方程组(5.8)的基础解系所含向量个数为特征值 λ_i 的**几何重数**,它就是对应于特征值 λ_i 的线性无关特征向量的最大个数.

综上可知,求 n 阶矩阵 $\boldsymbol{A}$ 的特征值与特征向量的一般步骤是:

(1) 求出特征方程 $\det(\lambda\boldsymbol{I}-\boldsymbol{A})=0$ 的全部根 $\lambda_1,\lambda_2,\cdots,\lambda_n$,则 $\lambda_1,\lambda_2,\cdots,\lambda_n$ 就是 $\boldsymbol{A}$ 的全部特征值;

(2) 对于 $\boldsymbol{A}$ 的特征值 λ_i,求出齐次线性方程组(5.8)的基础解系

$$\boldsymbol{\xi}_{i1},\boldsymbol{\xi}_{i2},\cdots,\boldsymbol{\xi}_{ik_i}$$

则 $\boldsymbol{A}$ 的属于特征值 λ_i 的全部特征向量为

$$\boldsymbol{x} = c_1\boldsymbol{\xi}_{i1} + c_2\boldsymbol{\xi}_{i2} + \cdots + c_{k_i}\boldsymbol{\xi}_{ik_i}$$

其中,$c_1,c_2,\cdots,c_{k_i}$ 是不全为零的任意常数.

对应于特征值 λ_i 的特征向量是齐次线性方程组(5.8)的非零解(应特别注意特征向量是非零列向量),由齐次线性方程组解的性质可知,如果 $\boldsymbol{x}_1,\boldsymbol{x}_2$ 都是属于 λ_i 的特征向量,则当 $\boldsymbol{x}_1+\boldsymbol{x}_2\neq\boldsymbol{0}$时,$\boldsymbol{x}_1+\boldsymbol{x}_2$ 也是属于 λ_i 的特征向量;当$k\boldsymbol{x}_1\neq\boldsymbol{0}$时($k$ 为常数),$k\boldsymbol{x}_1$ 也是属于 λ_i 的特征向量.一般地,如果 $\boldsymbol{x}_1,\boldsymbol{x}_2,\cdots,\boldsymbol{x}_m$ 都是属于特征值 λ_i 的特征向量,$c_1,c_2,\cdots,c_m$ 为任意常数,则当 $c_1\boldsymbol{x}_1+c_2\boldsymbol{x}_2+\cdots+c_m\boldsymbol{x}_m\neq\boldsymbol{0}$时,$c_1\boldsymbol{x}_1+c_2\boldsymbol{x}_2+\cdots+c_m\boldsymbol{x}_m$ 也仍是属于 λ_i 的特征向量.可见,属于同一特征值 λ_i 的特征向量不是唯一的.

如果矩阵 $\boldsymbol{A}$ 有一个特征值为零,即存在列向量 $\boldsymbol{x}\neq\boldsymbol{0}$,使得 $\boldsymbol{A}\boldsymbol{x}=0$,于是由齐次线性方程组有非零解的充要条件立即可得,矩阵 $\boldsymbol{A}$ 不可逆$\Leftrightarrow\boldsymbol{A}$ 至少有一个特征值为零;等价地有,矩阵 $\boldsymbol{A}$ 可逆$\Leftrightarrow\boldsymbol{A}$ 的特征值都不为零.

例 5.3　求矩阵 $\boldsymbol{A}=\begin{bmatrix}1 & -1\\ 2 & 4\end{bmatrix}$的特征值与特征向量.

解 由 $\boldsymbol{A}$ 的特征方程

$$|\lambda\boldsymbol{I}-\boldsymbol{A}|=\begin{vmatrix}\lambda-1 & 1\\ -2 & \lambda-4\end{vmatrix}=(\lambda-2)(\lambda-3)=0$$

得 $\boldsymbol{A}$ 的全部特征值为 $\lambda_1=2,\lambda_2=3$.

对于特征值 $\lambda_1=2$，求齐次线性方程组 $(2\boldsymbol{I}-\boldsymbol{A})\boldsymbol{x}=\boldsymbol{0}$ 的基础解系，由

$$2\boldsymbol{I}-\boldsymbol{A}=\begin{bmatrix}1 & 1\\ -2 & -2\end{bmatrix}\rightarrow\begin{bmatrix}1 & 1\\ 0 & 0\end{bmatrix}$$

得通解：$x_1=-x_2$（x_2 任意）. 令 $x_2=-1$，得其基础解系为 $\boldsymbol{\xi}_1=(1,-1)^{\mathrm{T}}$，$\boldsymbol{\xi}_1$ 就是对应于 $\lambda_1=2$ 的线性无关特征向量，故属于 $\lambda_1=2$ 的全部特征向量为 $\boldsymbol{x}=k_1\boldsymbol{\xi}_1$（$k_1$ 为任意非零常数）.

同理，由解齐次线性方程组 $(3\boldsymbol{I}-\boldsymbol{A})\boldsymbol{x}=\boldsymbol{0}$，得属于 $\lambda_2=3$ 的线性无关特征向量可取为 $\boldsymbol{\xi}_2=(1,-2)^{\mathrm{T}}$，故对应于 $\lambda_2=3$ 的全部特征向量为 $\boldsymbol{x}=k_2\boldsymbol{\xi}_2$（$k_2$ 为任意非零常数）.

例 5.4 求矩阵

$$\boldsymbol{A}=\begin{bmatrix}1 & 2 & 1\\ -1 & 0 & 1\\ 1 & 1 & 0\end{bmatrix}$$

的特征值与特征向量.

解 由 $\boldsymbol{A}$ 的特征方程

$$\begin{aligned}|\lambda\boldsymbol{I}-\boldsymbol{A}|&=\begin{vmatrix}\lambda-1 & -2 & -1\\ 1 & \lambda & -1\\ -1 & -1 & \lambda\end{vmatrix}\xlongequal{r_3+r_2}\begin{vmatrix}\lambda-1 & -2 & -1\\ 1 & \lambda & -1\\ 0 & \lambda-1 & \lambda-1\end{vmatrix}\\&=(\lambda-1)\begin{vmatrix}\lambda-1 & -2 & -1\\ 1 & \lambda & -1\\ 0 & 1 & 1\end{vmatrix}\xlongequal{c_2-c_3}(\lambda-1)\begin{vmatrix}\lambda-1 & -1 & -1\\ 1 & \lambda+1 & -1\\ 0 & 0 & 1\end{vmatrix}\\&=(\lambda-1)\lambda^2=0\end{aligned}$$

得 $\boldsymbol{A}$ 的全部特征值为 $\lambda_1=\lambda_2=0,\lambda_3=1$.

对于特征值 $\lambda_1=\lambda_2=0$，求方程组 $(0\boldsymbol{I}-\boldsymbol{A})\boldsymbol{x}=\boldsymbol{0}$ 的基础解系，由

$$0\boldsymbol{I}-\boldsymbol{A}=-\boldsymbol{A}\rightarrow\boldsymbol{A}=\begin{bmatrix}1 & 2 & 1\\ -1 & 0 & 1\\ 1 & 1 & 0\end{bmatrix}\rightarrow\begin{bmatrix}1 & 0 & -1\\ 0 & 1 & 1\\ 0 & 0 & 0\end{bmatrix}$$

得通解：$x_1=x_3,x_2=-x_3$（x_3 任意），令 $x_3=1$，得其基础解系为 $\boldsymbol{\xi}_1=(1,-1,1)^{\mathrm{T}}$，

故对应于 $\lambda_1=\lambda_2=0$ 的全部特征向量为 $\boldsymbol{x}=k_1\boldsymbol{\xi}_1$($k_1$ 为任意非零常数).

对于特征值 $\lambda_3=1$,求方程组$(\boldsymbol{I}-\boldsymbol{A})\boldsymbol{x}=\boldsymbol{0}$的基础解系. 由

$$\boldsymbol{I}-\boldsymbol{A}=\begin{bmatrix}0 & -2 & -1\\ 1 & 1 & -1\\ -1 & -1 & 1\end{bmatrix}\rightarrow\begin{bmatrix}1 & 0 & -\dfrac{3}{2}\\ 0 & 1 & \dfrac{1}{2}\\ 0 & 0 & 0\end{bmatrix}$$

得通解:$x_1=\dfrac{3}{2}x_3$,$x_2=-\dfrac{1}{2}x_3$(x_3 任意). 令 $x_3=2$,得其基础解系为 $\boldsymbol{\xi}_2=(3,-1,2)^{\mathrm{T}}$. 故对应于 $\lambda_3=1$ 的全部特征向量为 $\boldsymbol{x}=k_2\boldsymbol{\xi}_2$($k_2$ 为任意非零常数).

例 5.5 求矩阵

$$\boldsymbol{A}=\begin{bmatrix}3 & -6 & -3\\ 3 & -6 & -3\\ -4 & 8 & 4\end{bmatrix}$$

的特征值与特征向量.

解 由 $\boldsymbol{A}$ 的特征方程

$$|\lambda\boldsymbol{I}-\boldsymbol{A}|=\begin{vmatrix}\lambda-3 & 6 & 3\\ -3 & \lambda+6 & 3\\ 4 & -8 & \lambda-4\end{vmatrix}\xlongequal{c_1+c_3}\begin{vmatrix}\lambda & 6 & 3\\ 0 & \lambda+6 & 3\\ \lambda & -8 & \lambda-4\end{vmatrix}$$

$$=\lambda\begin{vmatrix}1 & 6 & 3\\ 0 & \lambda+6 & 3\\ 1 & -8 & \lambda-4\end{vmatrix}\xlongequal{r_3-r_1}\lambda\begin{vmatrix}1 & 6 & 3\\ 0 & \lambda+6 & 3\\ 0 & -14 & \lambda-7\end{vmatrix}$$

$$=\lambda(\lambda^2-\lambda)=\lambda^2(\lambda-1)=0$$

得 $\boldsymbol{A}$ 的全部特征值为 $\lambda_1=\lambda_2=0$,$\lambda_3=1$.

对于 $\lambda_1=\lambda_2=0$,由

$$0\boldsymbol{I}-\boldsymbol{A}=-\boldsymbol{A}\rightarrow\boldsymbol{A}=\begin{bmatrix}3 & -6 & -3\\ 3 & -6 & -3\\ -4 & 8 & 4\end{bmatrix}\rightarrow\begin{bmatrix}1 & -2 & -1\\ 0 & 0 & 0\\ 0 & 0 & 0\end{bmatrix}$$

得方程组$(0\boldsymbol{I}-\boldsymbol{A})\boldsymbol{x}=\boldsymbol{0}$的通解:$x_1=2x_2+x_3$($x_2$,$x_3$ 任意),在此通解中分别令 $x_2=1$,$x_3=0$ 和 $x_2=0$,$x_3=1$,从而得对应于 $\lambda_1=\lambda_2=0$ 的线性无关特征向量可取为

$$\boldsymbol{\xi}_1=(2,1,0)^{\mathrm{T}},\quad \boldsymbol{\xi}_2=(1,0,1)^{\mathrm{T}}$$

故对应于 $\lambda_1=\lambda_2=0$ 的全部特征向量为 $\boldsymbol{x}=k_1\boldsymbol{\xi}_1+k_2\boldsymbol{\xi}_2$($k_1$,$k_2$ 为不全为零的任意常数).

对于特征值 $\lambda_3=1$，由

$$\boldsymbol{I}-\boldsymbol{A}=\begin{bmatrix}-2&6&3\\-3&7&3\\4&-8&-3\end{bmatrix}\xrightarrow{r_3+r_2}\begin{bmatrix}-2&6&3\\-3&7&3\\1&-1&0\end{bmatrix}\to\begin{bmatrix}1&-1&0\\-2&6&3\\-3&7&3\end{bmatrix}$$

$$\to\begin{bmatrix}1&-1&0\\0&4&3\\0&4&3\end{bmatrix}\to\begin{bmatrix}1&0&\frac{3}{4}\\0&1&\frac{3}{4}\\0&0&0\end{bmatrix}$$

得方程组 $(\boldsymbol{I}-\boldsymbol{A})\boldsymbol{x}=\boldsymbol{0}$ 的通解：$x_1=-\frac{3}{4}x_3$，$x_2=-\frac{3}{4}x_3$（x_3 任意）. 令 $x_3=-4$，从而得对应于 $\lambda_3=1$ 的线性无关特征向量可取为 $\boldsymbol{\xi}_3=(3,3,-4)^{\mathrm{T}}$. 故对应于 $\lambda_3=1$ 的全部特征向量为 $\boldsymbol{x}=k_3\boldsymbol{\xi}_3$（$k_3$ 为任意非零常数）.

例 5.6 设矩阵 $\boldsymbol{A}=\begin{bmatrix}2&1&1\\1&2&1\\1&1&2\end{bmatrix}$，向量 $\boldsymbol{x}=(1,k,1)^{\mathrm{T}}$ 是 $\boldsymbol{A}$ 的伴随矩阵 $\boldsymbol{A}^*$ 的一个特征向量. 求常数 k 的值及与 $\boldsymbol{x}$ 对应的特征值 λ.

解 由条件，有 $\boldsymbol{A}^*\boldsymbol{x}=\lambda\boldsymbol{x}$，用 $\boldsymbol{A}$ 左乘两端，并利用 $\boldsymbol{A}\boldsymbol{A}^*=\det(\boldsymbol{A})\boldsymbol{I}=4\boldsymbol{I}$，得

$$\lambda\boldsymbol{A}\boldsymbol{x}=4\boldsymbol{x}$$

即

$$\lambda\begin{bmatrix}2&1&1\\1&2&1\\1&1&2\end{bmatrix}\begin{bmatrix}1\\k\\1\end{bmatrix}=4\begin{bmatrix}1\\k\\1\end{bmatrix}$$

对比两端的对应分量，得

$$\begin{cases}\lambda(2+k+1)=4\\\lambda(1+2k+1)=4k\end{cases}$$

解上面的方程组，得 $k=-2,\lambda=4$，或 $k=1,\lambda=1$.

5.2.2 特征值与特征向量的性质

如果已知 λ 为矩阵 $\boldsymbol{A}$ 的特征值，$\boldsymbol{x}$ 为 $\boldsymbol{A}$ 的对应于 λ 的特征向量，那么是否可由此导出与 $\boldsymbol{A}$ 相关的一些矩阵的特征值与对应的特征向量？

下面介绍几个常用的基本性质.

性质 5.1 设 λ 是 n 阶矩阵 $\boldsymbol{A}$ 的特征值，$\boldsymbol{x}$ 是 $\boldsymbol{A}$ 的对应于 λ 的特征向量，则

(1) $r\lambda$ 为 $r\boldsymbol{A}$ 的特征值，其中 r 为任意常数；

(2) λ^k 为 $\boldsymbol{A}^k$ 的特征值，其中 k 为任意正整数；

(3) 当 $\boldsymbol{A}$ 可逆时，有 $\lambda\neq 0$，且 $\frac{1}{\lambda}$ 是 $\boldsymbol{A}^{-1}$ 的特征值，$\frac{|\boldsymbol{A}|}{\lambda}$ 是 $\boldsymbol{A}^*$ 的特征值.

而且 $\boldsymbol{x}$ 分别是 $r\boldsymbol{A}, \boldsymbol{A}^k, \boldsymbol{A}^{-1}$ 及 $\boldsymbol{A}^*$ 对应于 $r\lambda, \lambda^k, \frac{1}{\lambda}$ 及 $\frac{|\boldsymbol{A}|}{\lambda}$ 的特征向量.

证　只证(2)，(1)、(3)留给读者自行证明.

利用数学归纳法：设 $\boldsymbol{x}$ 是 $\boldsymbol{A}$ 的对应于特征值 λ 的特征向量，则有 $\boldsymbol{Ax}=\lambda\boldsymbol{x}$，两端左乘 $\boldsymbol{A}$，得 $\boldsymbol{A}^2\boldsymbol{x}=\lambda\boldsymbol{Ax}$，将 $\boldsymbol{Ax}=\lambda\boldsymbol{x}$ 代入右端，得 $\boldsymbol{A}^2\boldsymbol{x}=\lambda^2\boldsymbol{x}$. 设 $\boldsymbol{x}$ 满足 $\boldsymbol{A}^{k-1}\boldsymbol{x}=\lambda^{k-1}\boldsymbol{x}$，两端左乘 $\boldsymbol{A}$，得 $\boldsymbol{A}^k\boldsymbol{x}=\lambda^{k-1}\boldsymbol{Ax}$，将 $\boldsymbol{Ax}=\lambda\boldsymbol{x}$ 代入右端，得 $\boldsymbol{A}^k\boldsymbol{x}=\lambda^k\boldsymbol{x}$，由数学归纳法即知 $\boldsymbol{A}^k\boldsymbol{x}=\lambda^k\boldsymbol{x}$ 对任意正整数 k 都成立，注意 $\boldsymbol{A}$ 的特征向量 $\boldsymbol{x}\neq\boldsymbol{0}$，于是由定义即知 λ^k 是 $\boldsymbol{A}^k$ 的一个特征值且 $\boldsymbol{x}$ 为对应的一个特征向量.

设二阶矩阵

$$\boldsymbol{A}=\begin{bmatrix} a_{11} & a_{12} \\ a_{21} & a_{22} \end{bmatrix}$$

的全部特征值为 λ_1, λ_2，即 λ_1, λ_2 是 $\boldsymbol{A}$ 的特征方程

$$|\lambda\boldsymbol{I}-\boldsymbol{A}|=\begin{vmatrix} \lambda-a_{11} & -a_{12} \\ -a_{21} & \lambda-a_{22} \end{vmatrix}=\lambda^2-(a_{11}+a_{22})\lambda+|\boldsymbol{A}|=0$$

的全部根. 于是由因式定理有

$$\lambda^2-(a_{11}+a_{22})\lambda+|\boldsymbol{A}|=(\lambda-\lambda_1)(\lambda-\lambda_2)=\lambda^2-(\lambda_1+\lambda_2)\lambda+\lambda_1\lambda_2$$

比较两端关于 λ 的同次幂系数，可得

$$\lambda_1+\lambda_2=a_{11}+a_{22},\quad \lambda_1\lambda_2=|\boldsymbol{A}|$$

这就是说，$\boldsymbol{A}$ 的全部特征值之和等于 $\boldsymbol{A}$ 的主对角线元素之和，$\boldsymbol{A}$ 的全部特征值之积等于 $\boldsymbol{A}$ 的行列式. 二阶矩阵的这两个性质可以推广到 n 阶矩阵的情况. 一般地，有以下结论(证明从略).

性质 5.2　设 n 阶矩阵 $\boldsymbol{A}=(a_{ij})_{n\times n}$ 的全部特征值为 $\lambda_1, \lambda_2, \cdots, \lambda_n$，则有

(1) $\lambda_1+\lambda_2+\cdots+\lambda_n=a_{11}+a_{22}+\cdots+a_{nn}$；

(2) $\lambda_1\lambda_2\cdots\lambda_n=|\boldsymbol{A}|$.

对矩阵主对角线上元素的和特别给出下面定义：

定义 5.6(矩阵的迹)　n 阶矩阵 $\boldsymbol{A}=(a_{ij})_{n\times n}$ 的主对角线上所有元素之和 $a_{11}+a_{22}+\cdots+a_{nn}$ 称为 $\boldsymbol{A}$ 的迹，记为 $\mathrm{tr}(\boldsymbol{A})$，即 $\mathrm{tr}(\boldsymbol{A})=a_{11}+a_{22}+\cdots+a_{nn}$.

性质 5.2 说明，n 阶矩阵 $\boldsymbol{A}=(a_{ij})_{n\times n}$ 的全部特征值的和等于 $\boldsymbol{A}$ 的迹，全部特征值的乘积等于 $\boldsymbol{A}$ 的行列式，这样就将特征值与矩阵的迹、行列式联系起来.

例 5.7　设三阶矩阵 $\boldsymbol{A}$ 的全部特征值为 $\lambda_1=1, \lambda_2=-1, \lambda_3=2$，求矩阵 $\boldsymbol{B}=$

$\boldsymbol{A}^2-\boldsymbol{A}^*+3\boldsymbol{I}$ 的行列式,其中 $\boldsymbol{A}^*$ 为 $\boldsymbol{A}$ 的伴随矩阵,$\boldsymbol{I}$ 为三阶单位矩阵.

解 如能求出矩阵 $\boldsymbol{B}$ 的全部特征值,则由性质 5.2 的(2)便可求出 $|\boldsymbol{B}|$. 首先,由 $\boldsymbol{A}$ 的全部特征值可得 $|\boldsymbol{A}|=\lambda_1\lambda_2\lambda_3=-2\neq 0$,故 $\boldsymbol{A}$ 可逆. 设 $\boldsymbol{A}$ 的对应于特征值 $\lambda_1,\lambda_2,\lambda_3$ 的特征向量分别为 $\boldsymbol{x}_1,\boldsymbol{x}_2,\boldsymbol{x}_3$,则由性质 5.1 可知

$$\boldsymbol{A}^2\boldsymbol{x}_1=\lambda_1^2\boldsymbol{x}_1,\boldsymbol{A}^*\boldsymbol{x}_1=\frac{|\boldsymbol{A}|}{\lambda_1}\boldsymbol{x}_1$$

于是有

$$\begin{aligned}\boldsymbol{B}\boldsymbol{x}_1&=(\boldsymbol{A}^2-\boldsymbol{A}^*+3\boldsymbol{I})\boldsymbol{x}_1=\boldsymbol{A}^2\boldsymbol{x}_1-\boldsymbol{A}^*\boldsymbol{x}_1+3\boldsymbol{x}_1\\&=\lambda_1^2\boldsymbol{x}_1-\frac{|\boldsymbol{A}|}{\lambda_1}\boldsymbol{x}_1+3\boldsymbol{x}_1=(\lambda_1^2-\frac{|\boldsymbol{A}|}{\lambda_1}+3)\boldsymbol{x}_1\\&=(1+2+3)\boldsymbol{x}_1=6\boldsymbol{x}_1\end{aligned}$$

类似可得

$$\boldsymbol{B}\boldsymbol{x}_2=(\lambda_2^2-\frac{|\boldsymbol{A}|}{\lambda_2}+3)\boldsymbol{x}_2=(1-2+3)\boldsymbol{x}_2=2\boldsymbol{x}_2$$

$$\boldsymbol{B}\boldsymbol{x}_3=(\lambda_3^2-\frac{|\boldsymbol{A}|}{\lambda_3}+3)\boldsymbol{x}_3=(4+1+3)\boldsymbol{x}_3=8\boldsymbol{x}_3$$

由于特征向量 $\boldsymbol{x}_1,\boldsymbol{x}_2,\boldsymbol{x}_3$ 均为非零向量,故由定义知 $\boldsymbol{B}$ 有特征值 6,2,8(且 $\boldsymbol{x}_1,\boldsymbol{x}_2,\boldsymbol{x}_3$ 分别为对应的特征向量). 因三阶矩阵 $\boldsymbol{B}$ 最多有 3 个互不相同的特征值,故 6,2,8 就是 $\boldsymbol{B}$ 的全部特征值,于是由性质 5.2 的(2),便得

$$|\boldsymbol{B}|=6\times 2\times 8=96$$

下述性质在下一节关于矩阵对角化问题的讨论中要用到.

性质 5.3 设 $\lambda_1,\lambda_2,\cdots,\lambda_m$ 是矩阵 $\boldsymbol{A}$ 的互不相同的特征值,$\boldsymbol{x}_i$ 为 $\boldsymbol{A}$ 的对应于特征值 λ_i 的特征向量($i=1,2,\cdots,m$),则 $\boldsymbol{x}_1,\boldsymbol{x}_2,\cdots,\boldsymbol{x}_m$ 线性无关,即对应于互不相同特征值的特征向量是线性无关的.

*__证__ 我们对特征值的个数 m 用数学归纳法来证明. 当 $m=1$ 时,由于 $\boldsymbol{x}_1\neq\boldsymbol{0}$,故 $\boldsymbol{x}_1$ 线性无关. 设当 $m=k$ 时结论成立,即向量组 $\boldsymbol{x}_1,\boldsymbol{x}_2,\cdots,\boldsymbol{x}_k$ 线性无关,我们来证 $m=k+1$ 时结论也成立. 设有一组数 $a_1,a_2,\cdots,a_k,a_{k+1}$,使得

$$a_1\boldsymbol{x}_1+a_2\boldsymbol{x}_2+\cdots+a_k\boldsymbol{x}_k+a_{k+1}\boldsymbol{x}_{k+1}=\boldsymbol{0}\tag{5.9}$$

用矩阵 $\boldsymbol{A}$ 左乘上式两端,并利用 $\boldsymbol{A}\boldsymbol{x}_i=\lambda_i\boldsymbol{x}_i$($i=1,2,\cdots,k+1$),得

$$a_1\lambda_1\boldsymbol{x}_1+a_2\lambda_2\boldsymbol{x}_2+\cdots+a_k\lambda_k\boldsymbol{x}_k+a_{k+1}\lambda_{k+1}\boldsymbol{x}_{k+1}=\boldsymbol{0}\tag{5.10}$$

用 λ_{k+1} 乘式(5.9)两端后再与式(5.10)相减,得

$$a_1(\lambda_{k+1}-\lambda_1)\boldsymbol{x}_1+a_2(\lambda_{k+1}-\lambda_2)\boldsymbol{x}_2+\cdots+a_k(\lambda_{k+1}-\lambda_k)\boldsymbol{x}_k=\boldsymbol{0}\tag{5.11}$$

因 $\boldsymbol{x}_1,\boldsymbol{x}_2,\cdots,\boldsymbol{x}_k$ 线性无关,故由式(5.11)得

$$a_1(\lambda_{k+1}-\lambda_1)=0,\ a_2(\lambda_{k+1}-\lambda_2)=0,\ \cdots,\ a_k(\lambda_{k+1}-\lambda_k)=0$$

注意 $\lambda_{k+1}\neq\lambda_i(i=1,\cdots,k)$，得 $a_1=a_2=\cdots=a_k=0$，代入式(5.9)，得 $a_{k+1}\boldsymbol{x}_{k+1}=\boldsymbol{0}$，因 $\boldsymbol{x}_{k+1}\neq\boldsymbol{0}$，得 $a_{k+1}=0$. 于是，使得式(5.9)成立的 $a_1,a_2,\cdots,a_{k+1}$ 全都为零，所以，向量组 $\boldsymbol{x}_1,\boldsymbol{x}_2,\cdots,\boldsymbol{x}_{k+1}$ 线性无关. 因此，由数学归纳法知，对任意正整数 m，结论都成立.

例 5.8　设 λ_1,λ_2 是矩阵 $\boldsymbol{A}$ 的两个不同的特征值，$\boldsymbol{x}_i$ 为对应于 λ_i 的特征向量 $(i=1,2)$. 证明：$\boldsymbol{x}_1+\boldsymbol{x}_2$ 不是 $\boldsymbol{A}$ 的特征向量.

证　用反证法. 如果 $\boldsymbol{x}_1+\boldsymbol{x}_2$ 是 $\boldsymbol{A}$ 的属于特征值 λ_0 的特征向量，则有

$$\boldsymbol{A}(\boldsymbol{x}_1+\boldsymbol{x}_2)=\lambda_0(\boldsymbol{x}_1+\boldsymbol{x}_2)$$

即

$$\boldsymbol{A}\boldsymbol{x}_1+\boldsymbol{A}\boldsymbol{x}_2=\lambda_0\boldsymbol{x}_1+\lambda_0\boldsymbol{x}_2$$

把 $\boldsymbol{A}\boldsymbol{x}_i=\lambda_i\boldsymbol{x}_i(i=1,2)$ 代入上式，得

$$(\lambda_1-\lambda_0)\boldsymbol{x}_1+(\lambda_2-\lambda_0)\boldsymbol{x}_2=\boldsymbol{0}$$

由于 $\boldsymbol{x}_1,\boldsymbol{x}_2$ 是对应于相异特征值的特征向量，故由性质 5.3 知 $\boldsymbol{x}_1,\boldsymbol{x}_2$ 线性无关. 于是得

$$\lambda_1-\lambda_0=0,\quad \lambda_2-\lambda_0=0$$

从而有 $\lambda_1=\lambda_2$，这与已知的 $\lambda_1\neq\lambda_2$ 矛盾. 故 $\boldsymbol{x}_1+\boldsymbol{x}_2$ 不是 $\boldsymbol{A}$ 的特征向量.

可将性质 5.3 推广为

性质 5.3′　设 $\lambda_1,\lambda_2,\cdots,\lambda_m$ 是矩阵 $\boldsymbol{A}$ 的互不相同的特征值，$\boldsymbol{\alpha}_{i1},\boldsymbol{\alpha}_{i2},\cdots,\boldsymbol{\alpha}_{ik_i}$ 为对应于 λ_i 的一组线性无关特征向量 $(i=1,2,\cdots,m)$，则向量组

$$\boldsymbol{\alpha}_{11},\boldsymbol{\alpha}_{12},\cdots,\boldsymbol{\alpha}_{1k_1};\ \boldsymbol{\alpha}_{21},\boldsymbol{\alpha}_{22},\cdots,\boldsymbol{\alpha}_{2k_2};\cdots;\boldsymbol{\alpha}_{m1},\boldsymbol{\alpha}_{m2},\cdots,\boldsymbol{\alpha}_{mk_m} \tag{5.12}$$

线性无关.

性质 5.3′的证明从略.

从例 5.1～例 5.3 容易看出，对应于单特征值的线性无关特征向量有且仅有 1 个，对应于 $k(k>1)$ 重特征值的线性无关特征向量最多有 k 个. 可以证明(证明从略)这个结论对于任意方阵都成立.

5.3　相似矩阵与矩阵的相似对角化

矩阵相似是同阶方阵之间的一种重要关系. 本节首先介绍相似矩阵的概念与性质，然后利用特征值与特征向量的知识，重点讨论在理论和应用上都非常重要的矩阵相似对角化和利用正交变换的特征将实对称矩阵对角化等问题.

5.3.1　相似矩阵及性质

定义 5.7(相似矩阵)　设 $\boldsymbol{A},\boldsymbol{B}$ 都是 n 阶矩阵，如果存在一个 n 阶可逆矩阵 $\boldsymbol{P}$，

使得

$$\boldsymbol{P}^{-1}\boldsymbol{A}\boldsymbol{P}=\boldsymbol{B} \tag{5.13}$$

则称 $\boldsymbol{A}$ **相似于** $\boldsymbol{B}$ 或 $\boldsymbol{A}$ **与** $\boldsymbol{B}$ **相似**，记作 $\boldsymbol{A}\sim\boldsymbol{B}$. 并称由 $\boldsymbol{A}$ 到 $\boldsymbol{B}=\boldsymbol{P}^{-1}\boldsymbol{A}\boldsymbol{P}$ 的变换为一个**相似变换**. 如果 $\boldsymbol{A}$ 与一个对角矩阵相似，则称 $\boldsymbol{A}$ **可相似对角化**，简称为 $\boldsymbol{A}$ **可对角化**.

根据定义，矩阵相似是矩阵之间的一种关系，这种关系显然具有下列简单性质.

(1) 自反性：$\boldsymbol{A}\sim\boldsymbol{A}$；

(2) 对称性：若 $\boldsymbol{A}\sim\boldsymbol{B}$，则 $\boldsymbol{B}\sim\boldsymbol{A}$；

(3) 传递性：若 $\boldsymbol{A}\sim\boldsymbol{B}$，$\boldsymbol{B}\sim\boldsymbol{C}$，则 $\boldsymbol{A}\sim\boldsymbol{C}$.

具有相似关系的矩阵有下列共同性质.

定理 5.5 设 n 阶矩阵 $\boldsymbol{A}$ 与 $\boldsymbol{B}$ 相似，则

(1) $\det(\boldsymbol{A})=\det(\boldsymbol{B})$；

(2) $r(\boldsymbol{A})=r(\boldsymbol{B})$，特别当 $\boldsymbol{A}$ 与 $\boldsymbol{B}$ 都可逆时，$\boldsymbol{A}^{-1}$ 与 $\boldsymbol{B}^{-1}$ 也相似；

(3) $\boldsymbol{A}$ 与 $\boldsymbol{B}$ 有相同的特征多项式(从而有相同的特征值)；

(4) $\boldsymbol{A}^k$ 与 $\boldsymbol{B}^k$ 相似(k 为非负整数)；

(5) 对任意多项式 $g(x)=a_mx^m+\cdots+a_1x+a_0$，则 $g(\boldsymbol{A})$ 与 $g(\boldsymbol{B})$ 相似.

证 (1) $\boldsymbol{A}$ 与 $\boldsymbol{B}$ 相似，即有可逆矩阵 $\boldsymbol{P}$，使 $\boldsymbol{P}^{-1}\boldsymbol{A}\boldsymbol{P}=\boldsymbol{B}$，两边取行列式即得证.

(2) 由于用满秩矩阵左(右)乘矩阵 $\boldsymbol{A}$，所得矩阵的秩不变，所以有 $r(\boldsymbol{A})=r(\boldsymbol{B})$. 当 $\boldsymbol{A}$ 与 $\boldsymbol{B}$ 都可逆时，对 $\boldsymbol{P}^{-1}\boldsymbol{A}\boldsymbol{P}=\boldsymbol{B}$ 两边取逆矩阵，得 $\boldsymbol{P}^{-1}\boldsymbol{A}^{-1}(\boldsymbol{P}^{-1})^{-1}=\boldsymbol{B}^{-1}$，即 $\boldsymbol{P}^{-1}\boldsymbol{A}^{-1}\boldsymbol{P}=\boldsymbol{B}^{-1}$，故 $\boldsymbol{A}^{-1}$ 与 $\boldsymbol{B}^{-1}$ 相似.

(3) 将 $\boldsymbol{B}=\boldsymbol{P}^{-1}\boldsymbol{A}\boldsymbol{P}$ 代入 $\boldsymbol{B}$ 的特征多项式，并利用 $|\boldsymbol{P}^{-1}||\boldsymbol{P}|=1$，得

$$\begin{aligned}|\lambda\boldsymbol{I}-\boldsymbol{B}|&=|\lambda\boldsymbol{I}-\boldsymbol{P}^{-1}\boldsymbol{A}\boldsymbol{P}|=|\boldsymbol{P}^{-1}(\lambda\boldsymbol{I}-\boldsymbol{A})\boldsymbol{P}|\\&=|\boldsymbol{P}^{-1}||\lambda\boldsymbol{I}-\boldsymbol{A}||\boldsymbol{P}|=|\boldsymbol{P}^{-1}||\boldsymbol{P}||\lambda\boldsymbol{I}-\boldsymbol{A}|\\&=|\lambda\boldsymbol{I}-\boldsymbol{A}|\end{aligned} \tag{5.14}$$

即 $\boldsymbol{B}$ 的特征多项式与 $\boldsymbol{A}$ 的特征多项式相同.

(4)、(5)的证明留给读者完成.

定理 5.5 表明，相似矩阵具有相同的行列式、相同的秩和相同的特征多项式. 但必须注意，**这些命题的逆命题不真**.

例如，容易验证下列两个矩阵

$$\begin{bmatrix}1&1\\0&1\end{bmatrix},\quad\begin{bmatrix}1&0\\0&1\end{bmatrix}$$

有相同的行列式、相同的秩和相同的特征多项式，但它们不相似，因为与单位矩阵相似的矩阵只能是单位矩阵($\boldsymbol{P}^{-1}\boldsymbol{IP}=\boldsymbol{I}$).

5.3.2　矩阵可对角化的条件

由定理 5.5 知相似矩阵有许多共同的性质，因此，如能找到最简单形式的相似矩阵，就可通过研究这种简单矩阵的性质，得到其他矩阵的性质，从而简化矩阵的计算. 显然，对角矩阵是最简单的一种矩阵，而且矩阵对角化有许多重要应用. 因此，研究矩阵相似于对角矩阵的问题，就是本节的一个核心问题.

容易看出对角矩阵的全部特征值是其主对角线上的全部元素，因此，若矩阵 $\boldsymbol{A}$ 相似于对角矩阵 $\boldsymbol{D}=\mathrm{diag}(\lambda_1,\lambda_2,\cdots,\lambda_n)$，则由定理 5.5(3)知 $\boldsymbol{A}$ 的全部特征值就是 $\lambda_1,\lambda_2,\cdots,\lambda_n$.

然而，并非任何矩阵都可对角化. 例如矩阵 $\boldsymbol{A}=\begin{bmatrix}1 & 1\\0 & 1\end{bmatrix}$就不能对角化，因为 $\boldsymbol{A}$ 的全部特征值为 $\lambda_1=\lambda_2=1$，所以若 $\boldsymbol{A}$ 可对角化，则 $\boldsymbol{A}$ 的相似对角矩阵只能是单位矩阵 $\boldsymbol{I}$，而前面已说明这是不可能的，故 $\boldsymbol{A}$ 不能对角化. 因此，研究矩阵对角化有两个基本问题：

(1) 矩阵对角化的条件；

(2) 若矩阵 $\boldsymbol{A}$ 可对角化，如何求可逆矩阵 $\boldsymbol{P}$，使 $\boldsymbol{P}^{-1}\boldsymbol{AP}$ 成对角矩阵.

定理 5.6(矩阵可对角化的充要条件)　n 阶矩阵 $\boldsymbol{A}$ 可对角化的充要条件是 $\boldsymbol{A}$ 有 n 个线性无关的特征向量.

证　(必要性) 设有可逆矩阵 $\boldsymbol{P}$，使

$$\boldsymbol{P}^{-1}\boldsymbol{AP}=\begin{bmatrix}\lambda_1 & & & \\ & \lambda_2 & & \\ & & \ddots & \\ & & & \lambda_n\end{bmatrix}\xlongequal{\text{记为}}\boldsymbol{D} \tag{5.15}$$

设 $\boldsymbol{P}$ 按列分块为　$\boldsymbol{P}=[\boldsymbol{x}_1\ \boldsymbol{x}_2\cdots\ \boldsymbol{x}_n]$

则 $\boldsymbol{x}_1,\boldsymbol{x}_2,\cdots,\boldsymbol{x}_n$ 线性无关，且由式(5.15)得 $\boldsymbol{AP}=\boldsymbol{PD}$，即

$$\boldsymbol{A}[\boldsymbol{x}_1\ \boldsymbol{x}_2\ \cdots\ \boldsymbol{x}_n]=[\boldsymbol{x}_1\ \boldsymbol{x}_2\ \cdots\ \boldsymbol{x}_n]\begin{bmatrix}\lambda_1 & & & \\ & \lambda_2 & & \\ & & \ddots & \\ & & & \lambda_n\end{bmatrix}$$

亦即　$$[\boldsymbol{Ax}_1\ \boldsymbol{Ax}_2\ \cdots\ \boldsymbol{Ax}_n]=[\lambda_1\boldsymbol{x}_1\ \lambda_2\boldsymbol{x}_2\ \cdots\ \lambda_n\boldsymbol{x}_n]$$

或
$$Ax_i = \lambda_i x_i,\quad i = 1,2,\cdots,n$$
因 $x_i \neq 0$,故 λ_i 为 A 的特征值,x_i 为对应于 λ_i 的特征向量($i=1,2,\cdots,n$).

将以上证明倒推上去,就是充分性的证明.

从定理 5.6 的证明中可见,当矩阵 A 与对角矩阵 D 相似时,使得 $P^{-1}AP=D$ 的可逆矩阵 P 的第 j 列 x_j 就是 A 的对应于特征值 λ_j 的特征向量($j=1,2,\cdots,n$).因此,当 A 可对角化时,欲求使得式(5.13)成立的对角矩阵 D 及可逆矩阵 P,也就是求 A 的全部特征值及 A 的 n 个线性无关的特征向量.

联系性质 5.3 与定理 5.6,立即可得以下结论.

推论 5.1 (矩阵可对角化的充分条件) 若 n 阶矩阵 A 的 n 个特征值互不相同(即 A 的特征值都是单特征值),则 A 必与对角矩阵相似.

但必须注意推论 5.1 的逆命题不成立.

例如,n 阶单位矩阵 I 相似于对角矩阵 I,但 I 的互不相同的特征值只有一个 1.所以说推论 5.1 只是矩阵相似于对角矩阵的充分条件而不是必要条件.

由推论 5.1 知,若矩阵 A 只有单特征值(而没有重特征值),则 A 必可对角化.下面的推论则给出了当矩阵有重特征值时可否对角化的具体判别方法.

推论 5.2 (矩阵可对角化的充要条件) n 阶矩阵 A 可对角化的充要条件是 A 的每个特征值的几何重数都等于它的代数重数.

附注 由于单特征值的几何重数必等于其代数重数,因此也可把推论 5.2 说成:A 可对角化$\Leftrightarrow A$ 的每个重特征值的几何重数都等于它的代数重数.

根据以上讨论,可得到判别 n 阶矩阵 A 可否对角化,以及在可对角化时求对角矩阵 D 和可逆矩阵 P 使得 $P^{-1}AP=D$ 的一般步骤:

首先,求出 A 的全部特征值 $\lambda_1,\lambda_2,\cdots,\lambda_n$.如果 A 的特征值都是单特征值,或者虽然有重特征值,但每个特征值的几何重数都等于它的代数重数,则 A 可对角化,否则不能对角化.

其次,在 A 可对角化时,求出对应于每个特征值的线性无关特征向量,从而得到 A 的 n 个线性无关特征向量 $\xi_1,\xi_2,\cdots,\xi_n$,其中 ξ_i 是对应于特征值 λ_i 的特征向量($i=1,2,\cdots,n$).然后,以 $\xi_1,\xi_2,\cdots,\xi_n$ 为列向量构成矩阵
$$P = [\xi_1\ \xi_2\ \cdots\ \xi_n]$$
则 P 可逆,且有
$$P^{-1}AP = \mathrm{diag}(\lambda_1,\lambda_2,\cdots,\lambda_n)$$

例 5.9 下列矩阵能否对角化?若能对角化,求可逆矩阵 P,使 $P^{-1}AP$ 成对角矩阵:

(1) $\boldsymbol{A}_1=\begin{bmatrix}1 & -1\\ 2 & 4\end{bmatrix}$　(2) $\boldsymbol{A}_2=\begin{bmatrix}1 & 2 & 1\\ -1 & 0 & 1\\ 1 & 1 & 0\end{bmatrix}$　(3) $\boldsymbol{A}_3=\begin{bmatrix}3 & -6 & -3\\ 3 & -6 & -3\\ -4 & 8 & 4\end{bmatrix}$

解　(1) $\boldsymbol{A}_1$ 就是例 5.3 中的矩阵 $\boldsymbol{A}$，在例 5.3 中已求出 $\boldsymbol{A}_1$ 的特征值为 2,3，对应的特征向量分别为 $\boldsymbol{\xi}_1=(1,-1)^{\mathrm{T}}$，$\boldsymbol{\xi}_2=(1,-2)^{\mathrm{T}}$. 因 $\boldsymbol{A}_1$ 只有单特征值而无重特征值，故由推论 5.1 知 $\boldsymbol{A}_1$ 可对角化. 令矩阵

$$\boldsymbol{P}=[\boldsymbol{\xi}_1\ \boldsymbol{\xi}_2]=\begin{bmatrix}1 & 1\\ -1 & -2\end{bmatrix}$$

则 $\boldsymbol{P}$ 可逆，且使 $\boldsymbol{P}^{-1}\boldsymbol{A}_1\boldsymbol{P}=\begin{bmatrix}2 & \\ & 3\end{bmatrix}$.

(2) $\boldsymbol{A}_2$ 就是例 5.4 中的矩阵 $\boldsymbol{A}$，在例 5.4 中已求出 $\boldsymbol{A}_2$ 的特征值为 0,0,1，且对应于二重特征值 0 的线性无关特征向量只有 1 个，故由推论 5.2 知 $\boldsymbol{A}_2$ 不能对角化.

(3) $\boldsymbol{A}_3$ 就是例 5.5 中的矩阵 $\boldsymbol{A}$，在例 5.5 中已求出 $\boldsymbol{A}_3$ 的特征值为 0,0,1，对应于二重特征值 0 的线性无关特征向量有 2 个：$\boldsymbol{\xi}_1=(2,1,0)^{\mathrm{T}}$，$\boldsymbol{\xi}_2=(1,0,1)^{\mathrm{T}}$；对应于单特征值 1 的特征向量为 $\boldsymbol{\xi}_3=(3,3,-4)^{\mathrm{T}}$. 由于 $\boldsymbol{A}_3$ 的每个特征值的几何重数都等于其代数重数，故由推论 5.2 知 $\boldsymbol{A}_3$ 可对角化. 令矩阵

$$\boldsymbol{P}=[\boldsymbol{\xi}_1\ \boldsymbol{\xi}_2\ \boldsymbol{\xi}_3]=\begin{bmatrix}2 & 1 & 3\\ 1 & 0 & 3\\ 0 & 1 & -4\end{bmatrix}$$

则 $\boldsymbol{P}$ 可逆，且使

$$\boldsymbol{P}^{-1}\boldsymbol{A}_3\boldsymbol{P}=\begin{bmatrix}0 & & \\ & 0 & \\ & & 1\end{bmatrix}$$

例 5.10　常数 a 取何值时，矩阵 $\boldsymbol{A}=\begin{bmatrix}1 & a & -2\\ 0 & 1 & 0\\ 0 & 0 & 2\end{bmatrix}$ 相似于对角矩阵？当 $\boldsymbol{A}$ 可对角化时，求可逆矩阵 $\boldsymbol{P}$ 及对角矩阵 $\boldsymbol{D}$，使 $\boldsymbol{P}^{-1}\boldsymbol{A}\boldsymbol{P}=\boldsymbol{D}$.

解　由 $\boldsymbol{A}$ 的特征方程

$$|\lambda\boldsymbol{I}-\boldsymbol{A}|=\begin{vmatrix}\lambda-1 & -a & 2\\ 0 & \lambda-1 & 0\\ 0 & 0 & \lambda-2\end{vmatrix}=(\lambda-1)^2(\lambda-2)=0$$

得 $\boldsymbol{A}$ 的全部特征值为 $\lambda_1=\lambda_2=1,\lambda_3=2$.

因为 $\boldsymbol{A}$ 只有一个重特征值:1,这是一个二重特征值,故由推论 5.2 知,$\boldsymbol{A}$ 可对角化等价于方程组 $(\boldsymbol{I}-\boldsymbol{A})\boldsymbol{x}=\boldsymbol{0}$ 的基础解系含有 2 个向量,因而 $r(\boldsymbol{I}-\boldsymbol{A})=3-2=1$. 而由

$$\boldsymbol{I}-\boldsymbol{A}=\begin{bmatrix}0 & -a & 2\\0 & 0 & 0\\0 & 0 & -1\end{bmatrix}\to\begin{bmatrix}0 & a & 0\\0 & 0 & 1\\0 & 0 & 0\end{bmatrix}$$

知,当 $a=0$ 时,$r(\boldsymbol{I}-\boldsymbol{A})=1$,即 $\boldsymbol{A}$ 可对角化.

当 $a=0$ 时,我们来求 $\boldsymbol{A}$ 的 3 个线性无关特征向量. 对于 $\lambda_1=\lambda_2=1$,求方程组 $(\boldsymbol{I}-\boldsymbol{A})\boldsymbol{x}=\boldsymbol{0}$ 的基础解系,由

$$\boldsymbol{I}-\boldsymbol{A}=\begin{bmatrix}0 & 0 & 2\\0 & 0 & 0\\0 & 0 & -1\end{bmatrix}\to\begin{bmatrix}0 & 0 & 1\\0 & 0 & 0\\0 & 0 & 0\end{bmatrix}$$

得通解:$x_3=0$(x_1,x_2 任意). 在此通解中分别令 $x_1=1,x_2=0$ 和 $x_1=0,x_2=1$,从而得对应于 $\lambda_1=\lambda_2=1$ 的线性无关特征向量可取为

$$\boldsymbol{\xi}_1=(1,0,0)^{\mathrm{T}},\quad \boldsymbol{\xi}_2=(0,1,0)^{\mathrm{T}}$$

对于 $\lambda_3=2$,求解方程组 $(2\boldsymbol{I}-\boldsymbol{A})\boldsymbol{x}=\boldsymbol{0}$,由

$$2\boldsymbol{I}-\boldsymbol{A}=\begin{bmatrix}1 & 0 & 2\\0 & 1 & 0\\0 & 0 & 0\end{bmatrix}$$

得通解:$x_1=-2x_3,x_2=0$(x_3 任意). 在此通解中令 $x_3=1$,从而得对应于 $\lambda_3=2$ 的特征向量可取为

$$\boldsymbol{\xi}_3=(-2,0,1)^{\mathrm{T}}$$

于是令矩阵

$$\boldsymbol{P}=[\boldsymbol{\xi}_1\ \boldsymbol{\xi}_2\ \boldsymbol{\xi}_3]=\begin{bmatrix}1 & 0 & -2\\0 & 1 & 0\\0 & 0 & 1\end{bmatrix}$$

则 $\boldsymbol{P}$ 可逆,且使 $\boldsymbol{P}^{-1}\boldsymbol{A}\boldsymbol{P}=\begin{bmatrix}1 & & \\ & 1 & \\ & & 2\end{bmatrix}$.

例 5.11 已知三阶矩阵 $\boldsymbol{A}$ 满足 $\boldsymbol{A}\boldsymbol{\alpha}_1=\boldsymbol{\alpha}_1,\boldsymbol{A}\boldsymbol{\alpha}_2=\boldsymbol{0},\boldsymbol{A}\boldsymbol{\alpha}_3=-\boldsymbol{\alpha}_3$,其中 $\boldsymbol{\alpha}_1=(2,0,0)^{\mathrm{T}},\boldsymbol{\alpha}_2=(0,1,2)^{\mathrm{T}},\boldsymbol{\alpha}_3=(0,2,5)^{\mathrm{T}}$,求矩阵 $\boldsymbol{A}$ 及 $\boldsymbol{A}^{10}$.

解　由于 $\boldsymbol{\alpha}_1,\boldsymbol{\alpha}_2,\boldsymbol{\alpha}_3$ 都是非零向量，由题设知 $\boldsymbol{A}$ 的特征值为 $1,0,-1$，且 $\boldsymbol{\alpha}_1,\boldsymbol{\alpha}_2,\boldsymbol{\alpha}_3$ 分别为对应的特征向量. 三阶矩阵 $\boldsymbol{A}$ 有 3 个互不相同的特征值，于是由推论 5.1 知 $\boldsymbol{A}$ 可对角化. 令矩阵

$$\boldsymbol{P}=[\boldsymbol{\alpha}_1\ \boldsymbol{\alpha}_2\ \boldsymbol{\alpha}_3]=\begin{bmatrix}2&0&0\\0&1&2\\0&2&5\end{bmatrix}$$

则 $\boldsymbol{P}$ 可逆，且有 $\boldsymbol{P}^{-1}\boldsymbol{A}\boldsymbol{P}=\begin{bmatrix}1&&\\&0&\\&&-1\end{bmatrix}\xlongequal{\text{记为}}\boldsymbol{D}$，因而

$$\boldsymbol{A}=\boldsymbol{P}\boldsymbol{D}\boldsymbol{P}^{-1}=\begin{bmatrix}2&0&0\\0&1&2\\0&2&5\end{bmatrix}\begin{bmatrix}1&&\\&0&\\&&-1\end{bmatrix}\begin{bmatrix}\frac{1}{2}&0&0\\0&5&-2\\0&-2&1\end{bmatrix}=\begin{bmatrix}1&0&0\\0&4&-2\\0&10&-5\end{bmatrix}$$

利用矩阵乘法结合律，得

$$\begin{aligned}\boldsymbol{A}^{10}&=(\boldsymbol{P}\boldsymbol{D}\boldsymbol{P}^{-1})(\boldsymbol{P}\boldsymbol{D}\boldsymbol{P}^{-1})\cdots(\boldsymbol{P}\boldsymbol{D}\boldsymbol{P}^{-1})\\&=\boldsymbol{P}\boldsymbol{D}(\boldsymbol{P}^{-1}\boldsymbol{P})\boldsymbol{D}(\boldsymbol{P}^{-1}\boldsymbol{P})\cdots\boldsymbol{D}\boldsymbol{P}^{-1}\\&=\boldsymbol{P}\boldsymbol{D}^{10}\boldsymbol{P}^{-1}\end{aligned}$$

而　$$\boldsymbol{D}^{10}=\begin{bmatrix}1&&\\&0&\\&&-1\end{bmatrix}^{10}=\begin{bmatrix}1^{10}&&\\&0&\\&&(-1)^{10}\end{bmatrix}=\begin{bmatrix}1&&\\&0&\\&&1\end{bmatrix}$$

所以　$$\boldsymbol{A}^{10}=\begin{bmatrix}2&0&0\\0&1&2\\0&2&5\end{bmatrix}\begin{bmatrix}1&&\\&0&\\&&1\end{bmatrix}\begin{bmatrix}\frac{1}{2}&0&0\\0&5&-2\\0&-2&1\end{bmatrix}=\begin{bmatrix}1&0&0\\0&-4&2\\0&-10&5\end{bmatrix}$$

例 5.11 表明，如果矩阵 $\boldsymbol{A}$ 可对角化，则利用例 5.11 的方法来求 $\boldsymbol{A}$ 的正整数次幂是一种有效方法.

由上面的讨论看到，并非所有的矩阵都相似于对角矩阵. 然而，实对称矩阵却是必可对角化的一类矩阵，也是在应用上非常重要的一类矩阵.

本节讨论这类矩阵的性质及对角化问题.

5.3.3　实对称矩阵的对角化

我们把对称的实矩阵称为**实对称矩阵**. 实对称矩阵有一些重要的性质.

性质 5.4　实对称矩阵的特征值都是实数(证明从略).

既然实对称矩阵 $\boldsymbol{A}$ 的特征值 λ 必为实数，那么齐次线性方程组

$$(\lambda \boldsymbol{I} - \boldsymbol{A})\boldsymbol{x} = \boldsymbol{0}$$

为实系数方程组，它必有实的基础解系，所以以下均假定实对称矩阵的特征向量为实向量.

性质 5.5 设 λ_1,λ_2 是实对称矩阵 $\boldsymbol{A}$ 的相异特征值，$\boldsymbol{x}_1$ 和 $\boldsymbol{x}_2$ 分别是与 λ_1 和 λ_2 对应的特征向量，则 $\boldsymbol{x}_1$ 与 $\boldsymbol{x}_2$ 正交.

证 设 $\boldsymbol{x}_1=(a_1,\cdots,a_n)^{\mathrm{T}}$，$\boldsymbol{x}_2=(b_1,\cdots,b_n)^{\mathrm{T}}$，我们要证明

$$\langle \boldsymbol{x}_1, \boldsymbol{x}_2 \rangle = \sum_{i=1}^{n} a_i b_i = \boldsymbol{x}_1^{\mathrm{T}} \boldsymbol{x}_2 = 0$$

已知 $\boldsymbol{A}\boldsymbol{x}_1=\lambda_1\boldsymbol{x}_1$，两端取转置，并注意 $\boldsymbol{A}^{\mathrm{T}}=\boldsymbol{A}$，得

$$\boldsymbol{x}_1^{\mathrm{T}}\boldsymbol{A} = \lambda_1 \boldsymbol{x}_1^{\mathrm{T}}$$

用 $\boldsymbol{x}_2$ 右乘上式两端，得 $\qquad \boldsymbol{x}_1^{\mathrm{T}}\boldsymbol{A}\boldsymbol{x}_2=\lambda_1\boldsymbol{x}_1^{\mathrm{T}}\boldsymbol{x}_2$

因 $\boldsymbol{A}\boldsymbol{x}_2=\lambda_2\boldsymbol{x}_2$，得 $\qquad \lambda_2\boldsymbol{x}_1^{\mathrm{T}}\boldsymbol{x}_2=\lambda_1\boldsymbol{x}_1^{\mathrm{T}}\boldsymbol{x}_2$

即 $\qquad (\lambda_2-\lambda_1)\boldsymbol{x}_1^{\mathrm{T}}\boldsymbol{x}_2=0$

由于 $\lambda_2\neq\lambda_1$，故 $\boldsymbol{x}_1^{\mathrm{T}}\boldsymbol{x}_2=0$，即 $\boldsymbol{x}_1$ 与 $\boldsymbol{x}_2$ 正交.

定理 5.7 设 $\boldsymbol{A}$ 为 n 阶实对称矩阵，则必存在正交矩阵 $\boldsymbol{P}$，使 $\boldsymbol{P}^{-1}\boldsymbol{A}\boldsymbol{P}=\boldsymbol{P}^{\mathrm{T}}\boldsymbol{A}\boldsymbol{P}=\boldsymbol{D}$，其中 $\boldsymbol{D}=\mathrm{diag}(\lambda_1,\lambda_2,\cdots,\lambda_n)$ 为对角矩阵，矩阵 $\boldsymbol{P}$ 的第 j 列是 $\boldsymbol{A}$ 的属于特征值 λ_j 的特征向量 $(j=1,2,\cdots,n)$.（证明从略）

由推论 5.2 可得

推论 5.3 设 λ 为实对称矩阵 $\boldsymbol{A}$ 的特征值，则 λ 的几何重数等于它的代数重数.

推论 5.3 说明对于 $\boldsymbol{A}$ 的 k 重特征值 λ，齐次线性方程组 $(\lambda\boldsymbol{I}-\boldsymbol{A})\boldsymbol{x}=\boldsymbol{0}$ 的基础解系必由 k 个线性无关的特征向量组成.

根据上述定理，对实对称矩阵 $\boldsymbol{A}$，求正交矩阵 $\boldsymbol{P}$，使 $\boldsymbol{P}^{-1}\boldsymbol{A}\boldsymbol{P}$ 成对角矩阵的一般步骤是：

(1) 求出 $\boldsymbol{A}$ 的全部特征值 $\lambda_1,\lambda_2,\cdots,\lambda_n$；

(2) 对 $\boldsymbol{A}$ 的每个特征值 λ_i，求出方程组

$$(\lambda_i \boldsymbol{I} - \boldsymbol{A})\boldsymbol{x} = \boldsymbol{0}$$

的一个基础解系；

(3) 对每个特征值 λ_i，将齐次线性方程组 $(\lambda_i\boldsymbol{I}-\boldsymbol{A})\boldsymbol{x}=\boldsymbol{0}$ 的基础解系中的向量先正交化，再单位化（如果 λ_i 为单特征值或该基础解系中的向量已是正交向量组，则只需单位化），然后将所有这样的向量合在一起，就得到 $\boldsymbol{A}$ 的 n 个标准正交的特

征向量 $\boldsymbol{e}_1,\boldsymbol{e}_2,\cdots,\boldsymbol{e}_n$;

(4) 令矩阵 $\boldsymbol{P}=[\boldsymbol{e}_1\ \boldsymbol{e}_2\cdots\ \boldsymbol{e}_n]$,则 $\boldsymbol{P}$ 为正交矩阵,且有

$$\boldsymbol{P}^{-1}\boldsymbol{A}\boldsymbol{P}=\boldsymbol{P}^{\mathrm{T}}\boldsymbol{A}\boldsymbol{P}=\mathrm{diag}(\lambda_1,\lambda_2,\cdots,\lambda_n)$$

其中 $\boldsymbol{P}$ 的第 j 列 $\boldsymbol{e}_j$ 是对应于特征值 λ_j 的特征向量($j=1,2,\cdots,n$).

以上过程,也称为 n 阶实对称矩阵 $\boldsymbol{A}$ 的**正交相似对角化过程**. 可以看出这个计算的关键在于求出 $\boldsymbol{A}$ 的 n 个标准正交的特征向量.

例 5.12 对于实对称矩阵

$$\boldsymbol{A}=\begin{bmatrix}2&2&-2\\2&5&-4\\-2&-4&5\end{bmatrix}$$

求一个正交矩阵 $\boldsymbol{P}$,使 $\boldsymbol{P}^{-1}\boldsymbol{A}\boldsymbol{P}$ 成为对角矩阵.

解 由 $\boldsymbol{A}$ 的特征方程

$$\det(\lambda\boldsymbol{I}-\boldsymbol{A})=\begin{vmatrix}\lambda-2&-2&2\\-2&\lambda-5&4\\2&4&\lambda-5\end{vmatrix}$$

$$\xlongequal{r_3+r_2}\begin{vmatrix}\lambda-2&-2&2\\-2&\lambda-5&4\\0&\lambda-1&\lambda-1\end{vmatrix}$$

$$\xlongequal{c_2-c_3}\begin{vmatrix}\lambda-2&-4&2\\-2&\lambda-9&4\\0&0&\lambda-1\end{vmatrix}$$

$$=(\lambda-1)(\lambda^2-11\lambda+10)=(\lambda-1)^2(\lambda-10)=0$$

得 $\boldsymbol{A}$ 的特征值为 $\lambda_1=\lambda_2=1,\lambda_3=10$.

对于二重特征值 $\lambda_1=\lambda_2=1$,求方程组 $(\boldsymbol{I}-\boldsymbol{A})\boldsymbol{x}=\boldsymbol{0}$ 的基础解系. 由

$$\boldsymbol{I}-\boldsymbol{A}=\begin{bmatrix}-1&-2&2\\-2&-4&4\\2&4&-4\end{bmatrix}\rightarrow\begin{bmatrix}1&2&-2\\0&0&0\\0&0&0\end{bmatrix}$$

得基础解系

$$\boldsymbol{\xi}_1=(0,1,1)^{\mathrm{T}},\quad \boldsymbol{\xi}_2=(4,-1,1)^{\mathrm{T}}$$

$\boldsymbol{\xi}_1$ 与 $\boldsymbol{\xi}_2$ 已经正交,再单位化,即令 $\boldsymbol{e}_i=\dfrac{\boldsymbol{\xi}_i}{\|\boldsymbol{\xi}_i\|}(i=1,2)$,则得 $\boldsymbol{A}$ 的对应于特征值 $\lambda_1=\lambda_2=1$ 的标准正交的特征向量

$$e_1=\left(0,\frac{1}{\sqrt{2}},\frac{1}{\sqrt{2}}\right)^{\mathrm{T}},\quad e_2=\left(\frac{4}{3\sqrt{2}},-\frac{1}{3\sqrt{2}},\frac{1}{3\sqrt{2}}\right)^{\mathrm{T}}$$

同理可求得属于 $\lambda_3=10$ 的单位特征向量

$$e_3=\left(\frac{1}{3},\frac{2}{3},-\frac{2}{3}\right)^{\mathrm{T}}$$

于是得 $\boldsymbol{A}$ 的标准正交特征向量 e_1,e_2,e_3，故所求的正交矩阵可取为

$$\boldsymbol{P}=[e_1\ e_2\ e_3]=\begin{bmatrix}0 & \frac{4}{3\sqrt{2}} & \frac{1}{3}\\ \frac{1}{\sqrt{2}} & -\frac{1}{3\sqrt{2}} & \frac{2}{3}\\ \frac{1}{\sqrt{2}} & \frac{1}{3\sqrt{2}} & -\frac{2}{3}\end{bmatrix}$$

且有 $\boldsymbol{P}^{-1}\boldsymbol{AP}=\boldsymbol{P}^{\mathrm{T}}\boldsymbol{AP}=\mathrm{diag}(1,1,10)$.

在例 5.12 中，如果由齐次线性方程组 $(\boldsymbol{I}-\boldsymbol{A})\boldsymbol{x}=\boldsymbol{0}$ 所求得的基础解系不是正交向量组，例如，若取基础解系为

$$\boldsymbol{\alpha}_1=(-2,1,0)^{\mathrm{T}},\ \boldsymbol{\alpha}_2=(2,0,1)^{\mathrm{T}}$$

则因 $\boldsymbol{\alpha}_1$ 与 $\boldsymbol{\alpha}_2$ 不正交，就要利用施密特正交化方法将其化为标准正交向量组，先正交化，即令

$$\boldsymbol{\beta}_1=\boldsymbol{\alpha}_1=(-2,1,0)^{\mathrm{T}}$$

$$\boldsymbol{\beta}_2=\boldsymbol{\alpha}_2-\frac{\langle\boldsymbol{\alpha}_2,\boldsymbol{\beta}_1\rangle}{\langle\boldsymbol{\beta}_1,\boldsymbol{\beta}_1\rangle}\boldsymbol{\beta}_1=(2,0,1)^{\mathrm{T}}-\frac{-4}{5}(-2,1,0)^{\mathrm{T}}=\left(\frac{2}{5},\frac{4}{5},1\right)^{\mathrm{T}}$$

再单位化，即令 $e_i=\frac{1}{\|\boldsymbol{\beta}_i\|}\boldsymbol{\beta}_i(i=1,2)$，便得对应于 λ_1 的标准正交的特征向量

$$e_1=\left(-\frac{2}{\sqrt{5}},\frac{1}{\sqrt{5}},0\right)^{\mathrm{T}},\quad e_2=\left(\frac{2}{3\sqrt{5}},\frac{4}{3\sqrt{5}},\frac{5}{3\sqrt{5}}\right)^{\mathrm{T}}$$

这时，所求得的正交矩阵就是

$$\boldsymbol{P}=[e_1\ e_2\ e_3]=\begin{bmatrix}-\frac{2}{\sqrt{5}} & \frac{2}{3\sqrt{5}} & \frac{1}{3}\\ \frac{1}{\sqrt{5}} & \frac{4}{3\sqrt{5}} & \frac{2}{3}\\ 0 & \frac{5}{3\sqrt{5}} & -\frac{2}{3}\end{bmatrix}$$

例 5.13 设三阶实对称矩阵 $\boldsymbol{A}$ 的特征值为 $\lambda_1=-1,\lambda_2=\lambda_3=1,\boldsymbol{\xi}_1=(0,1,1)^{\mathrm{T}}$ 为对应于特征值 λ_1 的特征向量. 求矩阵 $\boldsymbol{A}$.

解　实对称矩阵 $\boldsymbol{A}$ 必相似于对角矩阵，即必存在可逆矩阵 $\boldsymbol{P}$ 和对角矩阵 $\boldsymbol{D}$，使 $\boldsymbol{P}^{-1}\boldsymbol{AP}=\boldsymbol{D}$，因此，若这样的矩阵 $\boldsymbol{P}$ 和对角矩阵 $\boldsymbol{D}$ 能求出，则可由此解出 $\boldsymbol{A}$ 来. 由题设条件知 $\boldsymbol{A}$ 必相似于对角矩阵 $\boldsymbol{D}=\mathrm{diag}(-1,1,1)$. 为求出满足上述条件的可逆矩阵 $\boldsymbol{P}$，需要求出 $\boldsymbol{A}$ 的对应于特征值 $\lambda_2=\lambda_3=1$ 的特征向量. 设对应于 $\lambda_2=\lambda_3=1$ 的特征向量为 $\boldsymbol{x}=(x_1,x_2,x_3)^{\mathrm{T}}$，则由性质 5.6 知 $\boldsymbol{x}$ 与 $\boldsymbol{\xi}_1$ 正交，即

$$x_2+x_3=0$$

上面这个齐次方程的通解为 $x_2=-x_3$（x_1,x_3 任意），在此通解中分别令 $x_1=1$，$x_3=0$ 和 $x_1=0,x_3=-1$，便得其基础解系

$$\boldsymbol{\xi}_2=(1,0,0)^{\mathrm{T}},\quad \boldsymbol{\xi}_3=(0,1,-1)^{\mathrm{T}}$$

$\boldsymbol{\xi}_2,\boldsymbol{\xi}_3$ 就是对应于 $\lambda_2=\lambda_3=1$ 的线性无关特征向量. 由特征值的性质，知 $\boldsymbol{\xi}_1,\boldsymbol{\xi}_2,\boldsymbol{\xi}_3$ 是三阶矩阵 $\boldsymbol{A}$ 的 3 个线性无关的特征向量. 令

$$\boldsymbol{P}=[\boldsymbol{\xi}_1\ \boldsymbol{\xi}_2\ \boldsymbol{\xi}_3]=\begin{bmatrix}0&1&0\\1&0&1\\1&0&-1\end{bmatrix}$$

则 $\boldsymbol{P}$ 可逆，且使 $\boldsymbol{P}^{-1}\boldsymbol{AP}=\boldsymbol{D}$，由此解得

$$\begin{aligned}\boldsymbol{A}&=\boldsymbol{PDP}^{-1}\\&=\begin{bmatrix}0&1&0\\1&0&1\\1&0&-1\end{bmatrix}\begin{bmatrix}-1&&\\&1&\\&&1\end{bmatrix}\begin{bmatrix}0&\frac{1}{2}&\frac{1}{2}\\1&0&0\\0&\frac{1}{2}&-\frac{1}{2}\end{bmatrix}=\begin{bmatrix}1&0&0\\0&0&-1\\0&-1&0\end{bmatrix}\end{aligned}$$

5.4　实二次型

二次型的研究起源于解析几何中二次曲线方程及二次曲面方程的化简问题. 在解析几何中，为了便于研究二次曲线

$$ax^2+2bxy+cy^2=1 \tag{5.16}$$

的几何性质，我们可以选择适当的坐标旋转变换

$$\begin{cases}x=x'\cos\theta-y'\sin\theta\\y=x'\sin\theta+y'\cos\theta\end{cases} \tag{5.17}$$

把方程(5.16)化为标准方程

$$\tilde{a}x'^2+\tilde{b}y'^2=1$$

从而判定其类型，研究其性质. 式(5.16)的左边是一个关于变量 x,y 的二次齐次

多项式，称其为二元二次型. 从代数的观点看，化式(5.16)为标准方程的过程，就是用变量的线性变换式(5.17)化简一个二次型，使它只含变量的平方项而不含变量的交叉乘积项. 这样的问题，在二次曲面方程的化简中同样存在. 当然，二次型不只在几何中出现，其应用是十分广泛的. 为了应用和研究的需要，我们需要将二次型的概念拓广到 n 元，并研究 n 元二次型的基本理论.

本节介绍二次型的基本理论，主要内容包括利用矩阵工具解决化二次型为标准型的问题，以及正定二次型的概念和判别问题. 本节限于在实数域内讨论问题.

5.4.1 二次型的定义与矩阵表示

定义 5.8(二次型) 称关于 n 个变量 $x_1,x_2,\cdots,x_n$ 的二次齐次多项式函数

$$\begin{aligned}f(x_1,x_2,\cdots,x_n)=&a_{11}x_1^2+2a_{12}x_1x_2+2a_{13}x_1x_3+\cdots+2a_{1n}x_1x_n\\&+a_{22}x_2^2+2a_{23}x_2x_3+\cdots+2a_{2n}x_2x_n+\cdots+a_{nn}x_n^2\end{aligned}\tag{5.18}$$

为一个 **n 元二次型**[①]，其中的系数 $a_{ij}\,(i\leqslant j)$ 是实数，$\boldsymbol{x}=(x_1,x_2,\cdots,x_n)^{\mathrm{T}}$ 是 $\mathbf{R}^n$ 中的向量.

在二次型的讨论中，矩阵是一个有力的工具. 我们先讨论怎样用矩阵来表示二次型.

以三元二次型为例，三元二次型的一般形式是

$$f(x_1,x_2,x_3)=a_{11}x_1^2+2a_{12}x_1x_2+2a_{13}x_1x_3+a_{22}x_2^2+2a_{23}x_2x_3+a_{33}x_3^2$$

令 $a_{ij}=a_{ji}\,(i,j=1,2,3)$，并利用矩阵乘法，就可将 f 写成

$$\begin{aligned}f(x_1,x_2,x_3)=&a_{11}x_1^2+a_{12}x_1x_2+a_{13}x_1x_3+a_{21}x_2x_1\\&+a_{22}x_2^2+a_{23}x_2x_3+a_{31}x_3x_1+a_{32}x_3x_2+a_{33}x_3^2\\=&x_1(a_{11}x_1+a_{12}x_2+a_{13}x_3)\\&+x_2(a_{21}x_1+a_{22}x_2+a_{23}x_3)+x_3(a_{31}x_1+a_{32}x_2+a_{33}x_3)\\=&[x_1\ x_2\ x_3]\begin{bmatrix}a_{11}x_1+a_{12}x_2+a_{13}x_3\\a_{21}x_1+a_{22}x_2+a_{23}x_3\\a_{31}x_1+a_{32}x_2+a_{33}x_3\end{bmatrix}\\=&[x_1\ x_2\ x_3]\begin{bmatrix}a_{11}&a_{12}&a_{13}\\a_{21}&a_{22}&a_{23}\\a_{31}&a_{32}&a_{33}\end{bmatrix}\begin{bmatrix}x_1\\x_2\\x_3\end{bmatrix}\\=&\boldsymbol{x}^{\mathrm{T}}\boldsymbol{A}\boldsymbol{x}\end{aligned}$$

---

① 为了讨论方便，我们将二次型中变量的交叉乘积项 x_ix_j 的系数写成 $2a_{ij}$.

其中 $\boldsymbol{x}=[x_1\ x_2\ x_3]^{\mathrm{T}}$ 为三维实向量，矩阵 $\boldsymbol{A}=(a_{ij})_{3\times3}$. 由于 $a_{ij}=a_{ji}(i,j=1,2,3)$，所以 $\boldsymbol{A}$ 为实对称矩阵. 显然，矩阵 $\boldsymbol{A}$ 的元素按下述规律由二次型 f 唯一确定：a_{ii} 是 f 中平方项 x_i^2 的系数，$a_{ij}=a_{ji}$ 是 f 中交叉乘积项 x_ix_j 的系数的一半.

一般地，按照上述方法，可将 n 元二次型(5.18)写成

$$f(x_1,x_2,\cdots,x_n)=f(\boldsymbol{x})=\boldsymbol{x}^{\mathrm{T}}\boldsymbol{A}\boldsymbol{x} \tag{5.19}$$

其中 $\boldsymbol{x}=(x_1,\cdots,x_n)^{\mathrm{T}}\in\mathbf{R}^n$，$\boldsymbol{A}=(a_{ij})_{n\times n}$ 为实对称矩阵. 称式(5.19)为二次型(5.18)的**矩阵表示式**，称实对称矩阵 $\boldsymbol{A}$ 为**二次型 $f(\boldsymbol{x})$ 的矩阵**，并把矩阵 $\boldsymbol{A}$ 的秩称为**二次型 $f(\boldsymbol{x})$ 的秩**.

例如，二次型 $f(x_1,x_2,x_3)=x_1^2-2x_2^2+3x_3^2-4x_1x_2+x_2x_3$ 用矩阵来表示，就是

$$f(x_1,x_2,x_3)=[x_1\ x_2\ x_3]\begin{bmatrix}1&-2&0\\-2&-2&\frac{1}{2}\\0&\frac{1}{2}&3\end{bmatrix}\begin{bmatrix}x_1\\x_2\\x_3\end{bmatrix}$$

由上所述，二次型 f 的矩阵 $\boldsymbol{A}$ 由 f 唯一确定，所以，给定一个 n 元二次型，也就给定了一个 n 阶实对称矩阵；反过来，任给一个 n 阶实对称矩阵 $\boldsymbol{A}$，也可由式(5.19)唯一确定一个 n 元二次型. 这样，就在 n 元二次型和 n 阶实对称矩阵之间建立了一一对应关系，从而使得研究二次型的问题与研究实对称矩阵的问题可以相互转化.

5.4.2　二次型的标准型

本节所讨论的主要问题之一，是寻求变量的可逆线性变换①

$$\begin{bmatrix}x_1\\x_2\\\vdots\\x_n\end{bmatrix}=\begin{bmatrix}c_{11}&c_{12}&\cdots&c_{1n}\\c_{21}&c_{22}&\cdots&c_{2n}\\\vdots&\vdots&&\vdots\\c_{n1}&c_{n2}&\cdots&c_{nn}\end{bmatrix}\begin{bmatrix}y_1\\y_2\\\vdots\\y_n\end{bmatrix}$$

或

$$\boldsymbol{x}=\boldsymbol{C}\boldsymbol{y} \tag{5.20}$$

其中 $\boldsymbol{x}=(x_1,\cdots,x_n)^{\mathrm{T}}\in\mathbf{R}^n$，$\boldsymbol{y}=(y_1,\cdots,y_n)^{\mathrm{T}}\in\mathbf{R}^n$，$\boldsymbol{C}=(c_{ij})_{n\times n}$ 为可逆矩阵，使得通过变换(5.20)，能把二次型 $f=\boldsymbol{x}^{\mathrm{T}}\boldsymbol{A}\boldsymbol{x}$ 化成只含变量的平方项(而不含变量的交叉乘积项)的形式

① 可逆线性变换也称为满秩线性变换.

$$f = d_1y_1^2 + d_2y_2^2 + \cdots + d_ny_n^2 \tag{5.21}$$

并称式(5.21)右端为**二次型 f 的标准型**. 显然标准型(5.21)的矩阵是对角矩阵

$$\boldsymbol{D} = \mathrm{diag}(d_1, d_2, \cdots, d_n)$$

标准型(5.21)的矩阵形式为

$$f = \boldsymbol{y}^{\mathrm{T}}\boldsymbol{D}\boldsymbol{y}$$

那么,怎样来找满足上述要求的可逆矩阵 $\boldsymbol{C}$ 呢?

假设二次型 $f=\boldsymbol{x}^{\mathrm{T}}\boldsymbol{A}\boldsymbol{x}$ 经变换(5.20)化成了标准型 $f=\boldsymbol{y}^{\mathrm{T}}\boldsymbol{D}\boldsymbol{y}$,由于二次型由它的矩阵唯一确定,所以,$f$ 的矩阵 $\boldsymbol{A}$ 与它的标准型的矩阵 $\boldsymbol{D}$ 之间必存在一定的关系. 为此,将变换(5.20)代入 $f=\boldsymbol{x}^{\mathrm{T}}\boldsymbol{A}\boldsymbol{x}$,得

$$f = \boldsymbol{x}^{\mathrm{T}}\boldsymbol{A}\boldsymbol{x} \xlongequal{\boldsymbol{x}=\boldsymbol{C}\boldsymbol{y}} \boldsymbol{y}^{\mathrm{T}}(\boldsymbol{C}^{\mathrm{T}}\boldsymbol{A}\boldsymbol{C})\boldsymbol{y} = \boldsymbol{y}^{\mathrm{T}}\boldsymbol{D}\boldsymbol{y} \tag{5.22}$$

这样就有

$$\boldsymbol{C}^{\mathrm{T}}\boldsymbol{A}\boldsymbol{C} = \boldsymbol{D} \tag{5.23}$$

所以,从矩阵的角度看,寻求可逆线性变换 $\boldsymbol{x}=\boldsymbol{C}\boldsymbol{y}$ 把二次型 $f=\boldsymbol{x}^{\mathrm{T}}\boldsymbol{A}\boldsymbol{x}$ 化成标准型的问题,就等价于寻求一个可逆矩阵 $\boldsymbol{C}$,使得 $\boldsymbol{C}^{\mathrm{T}}\boldsymbol{A}\boldsymbol{C}$ 成为对角矩阵 $\boldsymbol{D}$. 下面就来讨论这一问题.

5.4.3 用正交变换化二次型为标准型

由定理 5.7 知道,对任何实对称矩阵 $\boldsymbol{A}$,总存在正交矩阵 $\boldsymbol{P}$,使得 $\boldsymbol{P}^{-1}\boldsymbol{A}\boldsymbol{P}=\boldsymbol{P}^{\mathrm{T}}\boldsymbol{A}\boldsymbol{P}$ 成为对角矩阵. 把这个结论用于二次型,就有

定理 5.8 对于二次型 $f(\boldsymbol{x})=\boldsymbol{x}^{\mathrm{T}}\boldsymbol{A}\boldsymbol{x}$(其中 $\boldsymbol{A}$ 为 n 阶实对称矩阵),总存在正交变换 $\boldsymbol{x}=\boldsymbol{P}\boldsymbol{y}$($\boldsymbol{P}$ 为正交矩阵),使得用它可将 f 化成标准型

$$f = \lambda_1y_1^2 + \lambda_2y_2^2 + \cdots + \lambda_ny_n^2$$

其中 $\lambda_1, \lambda_2, \cdots, \lambda_n$ 为 $\boldsymbol{A}$ 的全部特征值.

利用实对称矩阵的正交相似对角化的方法,就得到了用正交变换化二次型为标准型的方法.

例 5.14 求一个正交变换,把二次型

$$f(x_1, x_2, x_3) = 2x_1^2 + 5x_2^2 + 5x_3^2 + 4x_1x_2 - 4x_1x_3 - 8x_2x_3$$

化成标准型.

解 二次型 f 对应的矩阵为

$$\boldsymbol{A} = \begin{bmatrix} 2 & 2 & -2 \\ 2 & 5 & -4 \\ -2 & -4 & 5 \end{bmatrix}$$

求一个正交变换 $\boldsymbol{x}=\boldsymbol{P}\boldsymbol{y}$,将 f 化为标准型,其实质就是求一个正交矩阵 $\boldsymbol{P}$,使得

$P^{-1}AP=P^{T}AP$ 成为对角矩阵. 在例 5.12 中,我们已经求得了正交矩阵

$$\boldsymbol{P}=\begin{bmatrix} 0 & \dfrac{4}{3\sqrt{2}} & \dfrac{1}{3} \\ \dfrac{1}{\sqrt{2}} & -\dfrac{1}{3\sqrt{2}} & \dfrac{2}{3} \\ \dfrac{1}{\sqrt{2}} & \dfrac{1}{3\sqrt{2}} & -\dfrac{2}{3} \end{bmatrix}$$

它使得
$$\boldsymbol{P}^{-1}\boldsymbol{A}\boldsymbol{P}=\boldsymbol{P}^{T}\boldsymbol{A}\boldsymbol{P}=\mathrm{diag}(1,1,10)$$

因此,通过正交变换 $\boldsymbol{x}=\boldsymbol{P}\boldsymbol{y}$,即

$$\begin{bmatrix} x_1 \\ x_2 \\ x_3 \end{bmatrix}=\boldsymbol{P}\begin{bmatrix} y_1 \\ y_2 \\ y_3 \end{bmatrix}$$

就可将 f 化为标准型,即

$$f=y_1^2+y_2^2+10y_3^2$$

例 5.15　已知二次型 $f(x_1,x_2,x_3)=2x_1^2+3x_2^2+3x_3^2+2ax_2x_3\ (a>0)$ 通过正交变换 $\begin{bmatrix} x_1 \\ x_2 \\ x_3 \end{bmatrix}=\boldsymbol{P}\begin{bmatrix} y_1 \\ y_2 \\ y_3 \end{bmatrix}$ 化成了标准型 $f=y_1^2+2y_2^2+5y_3^2$. 求参数 a 的值及所用正交变换的矩阵 $\boldsymbol{P}$.

解　二次型 f 及其标准型的矩阵分别为

$$\boldsymbol{A}=\begin{bmatrix} 2 & 0 & 0 \\ 0 & 3 & a \\ 0 & a & 3 \end{bmatrix},\quad \boldsymbol{D}=\begin{bmatrix} 1 & & \\ & 2 & \\ & & 5 \end{bmatrix}$$

由于所用正交变换 $\boldsymbol{x}=\boldsymbol{P}\boldsymbol{y}$ 的矩阵为 $\boldsymbol{P}$,故有

$$\boldsymbol{P}^{-1}\boldsymbol{A}\boldsymbol{P}=\boldsymbol{P}^{T}\boldsymbol{A}\boldsymbol{P}=\boldsymbol{D}$$

由 $\boldsymbol{A}$ 与 $\boldsymbol{D}$ 相似知 $\boldsymbol{A}$ 的特征值为 1,2,5. 把特征值 $\lambda=1$(或 $\lambda=5$)代入特征方程

$$\det(\lambda\boldsymbol{I}-\boldsymbol{A})=(\lambda-2)(\lambda^2-6\lambda+9-a^2)=0$$

得 $a^2-4=0$,即 $a=\pm 2$,又因 $a>0$,故 $a=2$. 因此

$$\boldsymbol{A}=\begin{bmatrix} 2 & 0 & 0 \\ 0 & 3 & 2 \\ 0 & 2 & 3 \end{bmatrix}$$

可求出 $\boldsymbol{A}$ 的对应于特征值 1,2,5 的单位特征向量分别可取为

$$e_1=\left(0,-\frac{1}{\sqrt{2}},\frac{1}{\sqrt{2}}\right)^{\mathrm{T}},\quad e_2=(1,0,0)^{\mathrm{T}},\quad e_3=\left(0,\frac{1}{\sqrt{2}},\frac{1}{\sqrt{2}}\right)^{\mathrm{T}}$$

e_1,e_2,e_3 就是 A 的标准正交的特征向量组，所以，所求的正交矩阵可取为

$$P=[e_1\ e_2\ e_3]=\begin{bmatrix}0 & 1 & 0\\ -\frac{1}{\sqrt{2}} & 0 & \frac{1}{\sqrt{2}}\\ \frac{1}{\sqrt{2}} & 0 & \frac{1}{\sqrt{2}}\end{bmatrix}$$

化二次型为标准型.

用正交变换化二次型成标准型，具有保持几何形状和大小不变的特点，如果不限于正交变换，则还有其他几种方法，下面只介绍配方法.

*用配方法化二次型为标准型

配方法就是中学代数中所讲的把二次齐次多项式配成完全平方和的方法，它是化二次型为标准型的另一种方法，我们举例说明这种方法.

例 5.16 用配方法将二次型 $f(x_1,x_2,x_3)=x_1^2+2x_1x_2-x_2x_3+x_3^2$ 化成标准型，并写出相应的可逆线性变换.

解 由于 f 中含变量 x_1 的平方项和交叉乘积项，故把含 x_1 的项归并起来，对 x_1 配方可得

$$f=(x_1+x_2)^2-x_2^2-x_2x_3+x_3^2$$

上式右端除第 1 项外，已不再含 x_1，继续对 x_2 配方可得

$$f=(x_1+x_2)^2-(x_2+\frac{1}{2}x_3)^2+\frac{5}{4}x_3^2$$

作可逆线性变换
$$\begin{cases}y_1=x_1+x_2\\ y_2=x_2+\frac{1}{2}x_3\\ y_3=x_3\end{cases}$$

或
$$\begin{cases}x_1=y_1-y_2+\frac{1}{2}y_3\\ x_2=y_2-\frac{1}{2}y_3\\ x_3=y_3\end{cases}\tag{5.24}$$

就把 f 化成了标准型 $f=y_1^2-y_2^2+\frac{5}{4}y_3^2$，而式(5.24)就是相应的可逆线性变换.

例 5.17 用配方法化 $f(x_1,x_2,x_3)=x_1x_2-x_2x_3$ 为标准型，并写出相应的可逆线性变换的矩阵.

解 f 中不含平方项，不便于直接配方，但 f 中含乘积项 x_1x_2，为了使 f 出现平方项(从而可利用上例的方法配方)，故先做可逆线性变换

$$\begin{cases} x_1 = y_1 + y_2 \\ x_2 = y_1 - y_2 \\ x_3 = y_3 \end{cases}$$

就将 f 化成为

$$f = y_1^2 - y_2^2 - y_1y_3 + y_2y_3$$

配方，得

$$f = \left(y_1 - \frac{1}{2}y_3\right)^2 - \left(y_2 - \frac{1}{2}y_3\right)^2$$

于是再做可逆线性变换

$$\begin{cases} z_1 = y_1 - \frac{1}{2}y_3 \\ z_2 = y_2 - \frac{1}{2}y_3 \\ z_3 = y_3 \end{cases} \quad 或 \quad \begin{cases} y_1 = z_1 + \frac{1}{2}z_3 \\ y_2 = z_2 + \frac{1}{2}z_3 \\ y_3 = z_3 \end{cases}$$

就将 f 化成了标准型

$$f = z_1^2 - z_2^2$$

前面两个线性变换的复合变换就是化 f 为标准型的可逆线性变换，其矩阵为

$$\begin{bmatrix} 1 & 1 & 0 \\ 1 & -1 & 0 \\ 0 & 0 & 1 \end{bmatrix}\begin{bmatrix} 1 & 0 & \frac{1}{2} \\ 0 & 1 & \frac{1}{2} \\ 0 & 0 & 1 \end{bmatrix} = \begin{bmatrix} 1 & 1 & 1 \\ 1 & -1 & 0 \\ 0 & 0 & 1 \end{bmatrix}$$

> **注意**：用配方法化成的标准型中，变量平方项的系数不一定是二次型的矩阵 $\boldsymbol{A}$ 的特征值，而配方法中所用的可逆线性变换也不一定是正交变换. 因而，不能将配方法用于求解特征值问题和坐标旋转变换问题.

在配方法中，一般地，总可以用例 5.16 或例 5.17 的方法找到可逆线性变换，将任何二次型化成标准型.

*惯性定理与二次型的规范形

前面我们看到，用不同的可逆线性变换或配方法将二次型化成的标准型一般可能是不同的，那么，二次型的标准型中究竟有哪些量不依赖于所做的可逆线性变换、而由二次型本身唯一确定呢？首先，由式(5.23)知二次型 $f=\boldsymbol{x}^{\mathrm{T}}\boldsymbol{A}\boldsymbol{x}$ 经可逆线性变换 $\boldsymbol{x}=\boldsymbol{C}\boldsymbol{y}$(其中方阵 $\boldsymbol{C}$ 可逆)化成的标准型矩阵是对角矩阵 $\boldsymbol{C}^{\mathrm{T}}\boldsymbol{A}\boldsymbol{C}=\boldsymbol{D}$. 由于用可逆方阵乘矩阵后矩阵的秩不变，所以有 $r(\boldsymbol{A})=r(\boldsymbol{D})$，即经可逆线性变换，二次型

的秩不改变,而对角矩阵 $\boldsymbol{D}$ 的秩就等于它的主对角线上非零元素的个数,即二次型 f 的标准型中系数不等于零的平方项的个数,由前面的讨论知它等于 f 的秩,因而由 f 本身唯一确定而不依赖于所做的可逆线性变换. 其次,我们有下述定理(证明从略).

定理 5.9(惯性定理) 设二次型 $f(\boldsymbol{x})=\boldsymbol{x}^{\mathrm{T}}\boldsymbol{A}\boldsymbol{x}$ 的秩为 r,则不论用怎样的可逆线性变换把 f 化成标准型,标准型中系数为正的平方项的个数 p(从而系数为负的平方项的个数 $r-p$)由 f 本身唯一确定,它并不依赖于所用的可逆线性变换. 通常称 p 与 $r-p$ 分别为 f 的**正惯性指数**与**负惯性指数**.

设 n 元二次型 f 经可逆线性变换化成了标准型,不失一般性,设其标准型为

$$f=d_1y_1^2+\cdots+d_py_p^2-d_{p+1}y_{p+1}^2-\cdots-d_ry_r^2$$

其中 $d_i>0(i=1,2,\cdots,r)$,r 为 f 的秩,p 为 f 的正惯性指数. 如果再做可逆线性变换

$$y_1=\frac{1}{\sqrt{d_1}}z_1,\cdots,y_r=\frac{1}{\sqrt{d_r}}z_r,\ y_{r+1}=z_{r+1},\cdots,y_n=z_n$$

就将 f 化成了系数为 1 或 -1 的更简单形式,即

$$f=z_1^2+\cdots+z_p^2-z_{p+1}^2-\cdots-z_r^2$$

称上式为二次型 f 的**规范形**. 根据惯性定理,规范形中的 p 及 $r-p$ 由 f 本身唯一确定,因此可以认为二次型的规范形是唯一的.

如果二次型 $f(\boldsymbol{x})=\boldsymbol{x}^{\mathrm{T}}\boldsymbol{A}\boldsymbol{x}$ 经可逆线性变换 $\boldsymbol{x}=\boldsymbol{C}\boldsymbol{y}$ 化成了二次型 $g(\boldsymbol{y})=\boldsymbol{y}^{\mathrm{T}}\boldsymbol{B}\boldsymbol{y}$(其中 $\boldsymbol{B}=\boldsymbol{C}^{\mathrm{T}}\boldsymbol{A}\boldsymbol{C}$),则称 $f(\boldsymbol{x})$ 与 $g(\boldsymbol{y})$ 是**等价的二次型**. 由惯性定理知,等价的二次型有相同的规范形.

5.4.4 正定二次型

在二次型中,正定二次型是一种重要的二次型. 下面我们讨论它的基本性质及常用的判别条件.

定义 5.8(正定二次型与正定矩阵) 设 $f(\boldsymbol{x})=\boldsymbol{x}^{\mathrm{T}}\boldsymbol{A}\boldsymbol{x}$ 是一个 n 元二次型,如果对任意非零向量 $\boldsymbol{x}=(x_1,x_2,\cdots,x_n)^{\mathrm{T}}\in\mathbf{R}^n$,都有 $\boldsymbol{x}^{\mathrm{T}}\boldsymbol{A}\boldsymbol{x}>0$[即对任意一组不全为零的实数 $x_1,x_2,\cdots,x_n$,都有 $f(x_1,x_2,\cdots,x_n)>0$],则称 f 为**正定二次型**,并称实对称矩阵 $\boldsymbol{A}$ 为**正定矩阵**.

例如,二次型

$f(x_1,x_2,x_3)=x_1^2+2x_2^2+3x_3^2$ 是正定的(由定义即知);

$\varphi(x_1,x_2,x_3)=x_1^2-2x_2^2+3x_3^2$ 不是正定的[因为 $\varphi(0,1,0)=-2<0$];

$g(x_1,x_2,x_3)=x_1^2+2x_2^2$ 不是正定的[因为 $g(0,0,1)=0$].

上面的二次型都是标准型,因而可以直接从系数的正负号对其是否正定加以判别. 一般地,对于不是标准型的二次型,如何来判别其正定性呢? 下面就来讨论这个问题.

定理 5.10　二次型经可逆线性变换,其正定性不变.

证　设二次型 $f(\boldsymbol{x})=\boldsymbol{x}^{\mathrm{T}}\boldsymbol{A}\boldsymbol{x}$ 经可逆线性变换 $\boldsymbol{x}=\boldsymbol{C}\boldsymbol{y}$ 化成了二次型

$$f(\boldsymbol{y})=\boldsymbol{y}^{\mathrm{T}}\boldsymbol{C}^{\mathrm{T}}\boldsymbol{A}\boldsymbol{C}\boldsymbol{y}$$

若 $\boldsymbol{x}^{\mathrm{T}}\boldsymbol{A}\boldsymbol{x}$ 正定,即 $\forall\,\boldsymbol{x}\in\mathbf{R}^n,\boldsymbol{x}\neq\mathbf{0}$,恒有 $\boldsymbol{x}^{\mathrm{T}}\boldsymbol{A}\boldsymbol{x}>0$. 于是,$\forall\,\boldsymbol{y}\in\mathbf{R}^n,\boldsymbol{y}\neq\mathbf{0}$,有 $\boldsymbol{C}\boldsymbol{y}\neq\mathbf{0}$,得 $\boldsymbol{y}^{\mathrm{T}}\boldsymbol{C}^{\mathrm{T}}\boldsymbol{A}\boldsymbol{C}\boldsymbol{y}=(\boldsymbol{C}\boldsymbol{y})^{\mathrm{T}}\boldsymbol{A}(\boldsymbol{C}\boldsymbol{y})>0$,因此,二次型 $\boldsymbol{y}^{\mathrm{T}}\boldsymbol{C}^{\mathrm{T}}\boldsymbol{A}\boldsymbol{C}\boldsymbol{y}$ 正定. 反过来也是对的. 故 $\boldsymbol{x}^{\mathrm{T}}\boldsymbol{A}\boldsymbol{x}$ 与 $\boldsymbol{y}^{\mathrm{T}}\boldsymbol{C}^{\mathrm{T}}\boldsymbol{A}\boldsymbol{C}\boldsymbol{y}$ 有相同的正定性.

从定理 5.10 的证明中还可看出,对于实对称矩阵 $\boldsymbol{A}$,$\boldsymbol{A}$ 与 $\boldsymbol{C}^{\mathrm{T}}\boldsymbol{A}\boldsymbol{C}$(其中方阵 $\boldsymbol{C}$ 可逆)有相同的正定性.

由定理 5.8 我们又知道,n 元实二次型 $f=\boldsymbol{x}^{\mathrm{T}}\boldsymbol{A}\boldsymbol{x}$ 必能经正交变换化为标准型

$$f=\lambda_1y_1^2+\lambda_2y_2^2+\cdots+\lambda_ny_n^2$$

其中,$\lambda_1,\lambda_2,\cdots,\lambda_n$ 为矩阵 $\boldsymbol{A}$ 的特征值. 容易看出,这个标准型为正定的充分必要条件是 $\lambda_i>0(i=1,2,\cdots,n)$,于是立即可得

定理 5.11　n 元实二次型 $f=\boldsymbol{x}^{\mathrm{T}}\boldsymbol{A}\boldsymbol{x}$ 为正定的充分必要条件是 $\boldsymbol{A}$ 的所有特征值都大于零.

例 5.18　设 $\boldsymbol{A}$ 为正定矩阵,证明:$\det(\boldsymbol{A}+\boldsymbol{I})>1$.

证　因为 $\boldsymbol{A}$ 是正定矩阵,故存在正交矩阵 $\boldsymbol{P}$,使得

$$\boldsymbol{P}^{-1}\boldsymbol{A}\boldsymbol{P}=\mathrm{diag}(\lambda_1,\cdots,\lambda_n)$$

其中 λ_i 是 $\boldsymbol{A}$ 的特征值. 且由 $\boldsymbol{A}$ 为正定矩阵知 $\lambda_i>0(i=1,\cdots,n)$. 因此有

$$\boldsymbol{P}^{-1}(\boldsymbol{A}+\boldsymbol{I})\boldsymbol{P}=\boldsymbol{P}^{-1}\boldsymbol{A}\boldsymbol{P}+\boldsymbol{I}=\mathrm{diag}(\lambda_1+1,\cdots,\lambda_n+1)$$

上式两端取行列式,即得

$$\det(\boldsymbol{A}+\boldsymbol{I})=\prod_{i=1}^{n}(\lambda_i+1)>1$$

推论 5.4　如果 $\boldsymbol{A}$ 为正定矩阵,则 $\det(\boldsymbol{A})>0$. (读者自行证明)

注意推论 5.4 的逆命题不成立. 例如,对角矩阵 $\boldsymbol{A}=\mathrm{diag}(1,-1,-1)$ 的行列式大于零,但 $\boldsymbol{A}$ 不是正定矩阵.

定义 5.9(顺序主子式)　对于 n 阶矩阵 $\boldsymbol{A}=(a_{ij})$,称它的左上角的 r 阶主子方阵的行列式

$$\Delta_r = \begin{vmatrix} a_{11} & a_{12} & \cdots & a_{1r} \\ a_{21} & a_{22} & \cdots & a_{2r} \\ \vdots & \vdots & & \vdots \\ a_{r1} & a_{r2} & \cdots & a_{rr} \end{vmatrix}$$

为 $\boldsymbol{A}$ 的 r 阶**顺序主子式**($r=1,2,\cdots,n$). 下面要介绍的判定实对称矩阵是否为正定矩阵的方法,直接依赖实对称矩阵的各阶顺序主子式的值.

定理 5.12 实对称矩阵 $\boldsymbol{A}$ 为正定矩阵的充要条件是 $\boldsymbol{A}$ 的各阶顺序主子式都大于零.

定理 5.12 必要性的证明留给读者作为练习.

例 5.19 试确定实数 t 的取值范围,使得二次型

$$f(x_1,x_2,x_3)=x_1^2+x_2^2+5x_3^2+2tx_1x_2-2x_1x_3+4x_2x_3$$

为正定二次型.

解 f 的矩阵为

$$\boldsymbol{A} = \begin{bmatrix} 1 & t & -1 \\ t & 1 & 2 \\ -1 & 2 & 5 \end{bmatrix}$$

$\boldsymbol{A}$ 的顺序主子式分别为

$$\Delta_1 = 1, \quad \Delta_2 = \begin{vmatrix} 1 & t \\ t & 1 \end{vmatrix} = 1-t^2, \quad \Delta_3 = \det(\boldsymbol{A}) = -t(5t+4)$$

已有 $\Delta_1>0$,再令 $\Delta_2>0$,$\Delta_3>0$,得 $-\dfrac{4}{5}<t<0$. 于是由定理 5.12 知,当且仅当 t 满足 $-\dfrac{4}{5}<t<0$ 时,f 是正定的.

除了正定二次型,还有其他类型的二次型.

定义 5.10 一个 n 阶实对称矩阵 $\boldsymbol{A}$ 和二次型 $\boldsymbol{x}^{\mathrm{T}}\boldsymbol{A}\boldsymbol{x}$ 称为

(1) **半正定的**,如果对任意 $\boldsymbol{x}\in\mathbf{R}^n$,$\boldsymbol{x}\neq\boldsymbol{0}$,都有 $\boldsymbol{x}^{\mathrm{T}}\boldsymbol{A}\boldsymbol{x}\geqslant 0$,且存在 $\boldsymbol{x}_0\neq\boldsymbol{0}$,使得 $\boldsymbol{x}_0^{\mathrm{T}}\boldsymbol{A}\boldsymbol{x}_0=0$;

(2) **负定的**,如果对任意 $\boldsymbol{x}\in\mathbf{R}^n$,$\boldsymbol{x}\neq\boldsymbol{0}$,都有 $\boldsymbol{x}^{\mathrm{T}}\boldsymbol{A}\boldsymbol{x}<0$;

(3) **半负定的**,如果对任意 $\boldsymbol{x}\in\mathbf{R}^n$,$\boldsymbol{x}\neq\boldsymbol{0}$,都有 $\boldsymbol{x}^{\mathrm{T}}\boldsymbol{A}\boldsymbol{x}\leqslant 0$,且存在 $\boldsymbol{x}_0\neq\boldsymbol{0}$,使得 $\boldsymbol{x}_0^{\mathrm{T}}\boldsymbol{A}\boldsymbol{x}_0=0$;

(4) **不定的**,如果 $\boldsymbol{x}^{\mathrm{T}}\boldsymbol{A}\boldsymbol{x}$ 既能取到正值又能取到负值.

显然,$\boldsymbol{A}$ 是负定的$\Leftrightarrow -\boldsymbol{A}$ 是正定的.

因此,可由以上关于正定矩阵的充要条件得到负定矩阵的充要条件[习题五

(**B**)第 8 题].

习题五

(A)

1. 设 $\boldsymbol{\alpha}$ 为 n 维单位列向量，$\boldsymbol{I}$ 为 n 阶单位矩阵，证明：矩阵 $\boldsymbol{A}=\boldsymbol{I}-2\boldsymbol{\alpha}\boldsymbol{\alpha}^{\mathrm{T}}$ 是对称的正交矩阵.

2. 试利用施密特方法将下列向量组化成标准正交向量组.

$$\boldsymbol{\alpha}_1=(1,1,1)^{\mathrm{T}},\boldsymbol{\alpha}_2=(1,2,3)^{\mathrm{T}},\boldsymbol{\alpha}_3=(1,4,9)^{\mathrm{T}}$$

3. 设矩阵 $\boldsymbol{A}=(a_{ij})_{n\times n}$ 的每行元素之和都等于常数 λ_0，即 $\sum\limits_{j=1}^{n}a_{ij}=\lambda_0(i=1,2,\cdots,n)$. 试证：$\lambda_0$ 为 $\boldsymbol{A}$ 的一个特征值且 $\boldsymbol{\xi}=(1,1,\cdots,1)^{\mathrm{T}}$ 为对应的一个特征向量.

4. 求下列矩阵的特征值及对应的线性无关特征向量：

(1) $\begin{bmatrix}3&4\\5&2\end{bmatrix}$　(2) $\begin{bmatrix}2&1&2\\0&3&2\\0&0&2\end{bmatrix}$　(3) $\begin{bmatrix}-1&4&-2\\-3&4&0\\-3&1&3\end{bmatrix}$　(4) $\begin{bmatrix}1&1&1\\-3&5&3\\-2&2&4\end{bmatrix}$.

5. 设矩阵 $\boldsymbol{A}=\begin{bmatrix}2&1&1\\1&2&1\\1&1&2\end{bmatrix}$，$\boldsymbol{x}=(1,k,1)^{\mathrm{T}}$ 是 $\boldsymbol{A}^{-1}$ 的一个特征向量，求常数 k 的值及与 $\boldsymbol{x}$ 对应的特征值 λ.

6. 证明：对任何 n 阶矩阵 $\boldsymbol{A}$，$\boldsymbol{A}^{\mathrm{T}}$ 与 $\boldsymbol{A}$ 有相同的特征值.

7. 设 $\lambda=2$ 是可逆矩阵 $\boldsymbol{A}$ 的一个特征值，求矩阵 $\left(\frac{1}{3}\boldsymbol{A}^2\right)^{-1}$ 的一个特征值.

8. 设 n 阶可逆矩阵 $\boldsymbol{A}$ 的每行元素之和都等于常数 a. 证明：$a\neq0$ 且 $\boldsymbol{A}^{-1}$ 有特征值 $\frac{1}{a}$.

9. 设 $\boldsymbol{A}$ 为三阶矩阵，已知矩阵 $\boldsymbol{I}-\boldsymbol{A}$，$\boldsymbol{I}+\boldsymbol{A}$，$3\boldsymbol{I}-\boldsymbol{A}$ 都不可逆，试求 $\boldsymbol{A}$ 的行列式.

10. 设三阶矩阵 $\boldsymbol{A}$ 的特征值为 $1,-1,0$，对应的特征向量分别为 $\boldsymbol{x}_1,\boldsymbol{x}_2,\boldsymbol{x}_3$，若 $\boldsymbol{B}=\boldsymbol{A}^2-2\boldsymbol{A}+3\boldsymbol{I}$，求 $\boldsymbol{B}^{-1}$ 的特征值与特征向量.

11. 设矩阵 $\boldsymbol{A}$ 与 $\boldsymbol{B}$ 相似，证明：

(1) 对任意正整数 m，$\boldsymbol{A}^m$ 与 $\boldsymbol{B}^m$ 相似；

(2) 若 $\boldsymbol{B}$ 为对角矩阵，则对任何多项式 $f(x)=a_m x^m+\cdots+a_1 x+a_0$，$f(\boldsymbol{A})$ 与对角矩阵相似.

12. 设可逆矩阵 $\boldsymbol{A}$ 与对角矩阵相似. 证明：

(1) $\boldsymbol{A}^{-1}$ 与对角矩阵相似；(2) $\boldsymbol{A}^*$ 与对角矩阵相似.

13. 设矩阵 $\boldsymbol{A}$ 与 $\boldsymbol{B}$ 相似，即存在可逆矩阵 $\boldsymbol{P}$，使 $\boldsymbol{P}^{-1}\boldsymbol{A}\boldsymbol{P}=\boldsymbol{B}$，且知向量 $\boldsymbol{x}$ 是 $\boldsymbol{A}$ 的属于特征值 λ_0 的特征向量，问矩阵 $\boldsymbol{B}$ 的属于特征值 λ_0 的特征向量是什么？

14. 已知三阶矩阵 $\boldsymbol{A}$ 与 $\boldsymbol{B}$ 相似，$\boldsymbol{A}$ 的特征值为 $\frac{1}{2},\frac{1}{3},\frac{1}{4}$，则行列式 $\det(\boldsymbol{B}^{-1}-\boldsymbol{I})=$________.

15. 下列矩阵中哪些矩阵可对角化？哪些矩阵不能对角化？并对可对角化的矩阵 $\boldsymbol{A}$，求一个可逆矩阵 $\boldsymbol{P}$，使 $\boldsymbol{P}^{-1}\boldsymbol{A}\boldsymbol{P}$ 成对角矩阵；对不能对角化的矩阵，求出特征值及对应的线性无关特征向量：

(1) $\begin{bmatrix}2&1&-1\\1&2&1\\0&0&1\end{bmatrix}$　(2) $\begin{bmatrix}1&-1&-2\\2&2&-2\\-2&-1&1\end{bmatrix}$　(3) $\begin{bmatrix}3&-1&-1\\-12&0&5\\4&-2&-1\end{bmatrix}$

(4) $\begin{bmatrix}2&0&-2\\0&3&0\\0&0&3\end{bmatrix}$　(5) $\begin{bmatrix}4&-5&1\\1&0&-1\\0&1&-1\end{bmatrix}$　(6) $\begin{bmatrix}-2&0&1\\1&0&-1\\0&1&-1\end{bmatrix}$

(7) $\begin{bmatrix}1&-3&3\\3&-5&3\\6&-6&4\end{bmatrix}$　(8) $\begin{bmatrix}4&2&-5\\6&4&-9\\5&3&-7\end{bmatrix}$

16. 证明：矩阵 $\begin{bmatrix}a&1&0\\0&a&1\\0&0&b\end{bmatrix}$ 必不相似于对角矩阵.

17. a 取何值时，下列矩阵可对角化？并在矩阵 $\boldsymbol{A}$ 可对角化时，求一个可逆矩阵 $\boldsymbol{P}$，使 $\boldsymbol{P}^{-1}\boldsymbol{A}\boldsymbol{P}=\boldsymbol{D}$ 成对角矩阵：

(1) $\begin{bmatrix}2&2&0\\8&2&a\\0&0&6\end{bmatrix}$　(2) $\begin{bmatrix}4&6&-2\\-1&-1&1\\0&0&a\end{bmatrix}$

18. 设三阶矩阵 $\boldsymbol{A}$ 满足 $\boldsymbol{A}\boldsymbol{\alpha}_k=k\boldsymbol{\alpha}_k\ (k=1,2,3)$，其中向量 $\boldsymbol{\alpha}_1=(1,2,2)^{\mathrm{T}}$，$\boldsymbol{\alpha}_2=(2,-2,1)^{\mathrm{T}}$，$\boldsymbol{\alpha}_3=(-2,-1,2)^{\mathrm{T}}$，求矩阵 $\boldsymbol{A}$.

19. 已知矩阵 $\boldsymbol{A}=\begin{bmatrix}2&0&0\\0&0&1\\0&1&x\end{bmatrix}$ 与矩阵 $\boldsymbol{B}=\begin{bmatrix}2&&\\&y&\\&&-1\end{bmatrix}$ 相似，

(1) 求 x 与 y；(2) 求一个满足 $\boldsymbol{P}^{-1}\boldsymbol{A}\boldsymbol{P}=\boldsymbol{B}$ 的可逆矩阵 $\boldsymbol{P}$.

20. 对下列实对称矩阵 $\boldsymbol{A}$，求一个正交矩阵 $\boldsymbol{P}$，使 $\boldsymbol{P}^{-1}\boldsymbol{A}\boldsymbol{P}$ 成对角矩阵，并写出相应的对角矩阵：

(1) $\begin{bmatrix} 9 & -2 \\ -2 & 6 \end{bmatrix}$　(2) $\begin{bmatrix} 2 & 1 & 0 \\ 1 & 3 & 1 \\ 0 & 1 & 2 \end{bmatrix}$　(3) $\begin{bmatrix} 1 & 2 & 2 \\ 2 & 1 & 2 \\ 2 & 2 & 1 \end{bmatrix}$　(4) $\begin{bmatrix} 2 & 0 & 0 \\ 0 & -1 & 3 \\ 0 & 3 & -1 \end{bmatrix}$

21. 设三阶实对称矩阵 $\boldsymbol{A}$ 的秩为 2，$\lambda_1=\lambda_2=6$ 是 $\boldsymbol{A}$ 的二重特征值，且 $\boldsymbol{\alpha}_1=(1,1,0)^{\mathrm{T}}$，$\boldsymbol{\alpha}_2=(2,1,1)^{\mathrm{T}}$，$\boldsymbol{\alpha}_3=(-1,2,-3)^{\mathrm{T}}$ 都是 $\boldsymbol{A}$ 的对应于特征值 6 的特征向量. 求矩阵 $\boldsymbol{A}$.

22. 写出二次型 $f(x_1,x_2,x_3)=6x_1^2+5x_2^2+7x_3^2-4x_1x_2+4x_1x_3$ 的矩阵，并求 f 的秩.

23. 用正交变换把下列二次型化成标准型，并写出标准型及所用正交变换的矩阵.

(1) $f(x_1,x_2,x_3)=2x_1^2+x_2^2+x_3^2-2x_2x_3$

(2) $f(x_1,x_2,x_3)=x_1^2+x_2^2+2x_3^2+4x_1x_2+2x_1x_3+2x_2x_3$

(3) $f(x_1,x_2,x_3)=5x_1^2+5x_2^2+8x_3^2+8x_1x_2-4x_1x_3+4x_2x_3$

(4) $f(x_1,x_2,x_3)=8x_1^2-7x_2^2+8x_3^2+8x_1x_2-2x_1x_3+8x_2x_3$

24. 试将二次型 $f(x_1,x_2,x_3)=2x_1^2+3x_2^2+3x_3^2+4x_2x_3$ 分别用正交变换和配方法化成标准型，并写出 f 的标准型.

25. 用配方法化下列二次型为标准型，并写出所用的可逆线性变换.

(1) $f(x_1,x_2,x_3)=2x_1^2+x_2^2-4x_3^2-4x_1x_2-2x_2x_3$

(2) $f(x_1,x_2,x_3)=x_1x_2+4x_1x_3+x_2x_3$

26. 设二次型 $f(x_1,x_2,x_3)=x_1^2+x_2^2+x_3^2+2\alpha x_1x_2+2\beta x_2x_3+2x_1x_3$ 经正交变换化成了标准型 $f=y_2^2+2y_3^2$，试求常数 α,β.

27. 已知二次型 $f(x_1,x_2,x_3)=ax_1^2+2x_2^2-2x_3^2+2bx_2x_3\,(b>0)$，其中二次型 f 的矩阵 $\boldsymbol{A}$ 的特征值之和为 1，特征值之积为 -12. (1)求 a,b 的值；(2)求一个正交变换，把 f 化成标准型.

28. 判定下列实对称矩阵是否为正定矩阵.

(1) $\begin{bmatrix} 2 & -1 & -1 \\ -1 & 2 & -1 \\ -1 & -1 & 2 \end{bmatrix}$　　(2) $\begin{bmatrix} 1 & 1 & 1 \\ 1 & 2 & 2 \\ 1 & 2 & 3 \end{bmatrix}$

(3) $\begin{bmatrix} 2 & 2 & -2 \\ 2 & 5 & -4 \\ -2 & -4 & 5 \end{bmatrix}$　　(4) $\begin{bmatrix} 1 & -\frac{1}{2} & -1 \\ -\frac{1}{2} & 1 & 2 \\ -1 & 2 & 5 \end{bmatrix}$

29. 实数 λ 取何值时，$f(x_1,x_2,x_3)=5x_1^2+x_2^2+\lambda x_3^2+4x_1x_2-2x_1x_3-2x_2x_3$ 为正定二次型？

30. 设 $\boldsymbol{A}$ 为 n 阶正定矩阵，证明：$\boldsymbol{A}^2,\boldsymbol{A}^{-1},\boldsymbol{A}^*$ 均为正定矩阵.

(B)

1. 设矩阵 $\boldsymbol{A}=\begin{bmatrix} 0 & 0 & 1 \\ x & 1 & y \\ 1 & 0 & 0 \end{bmatrix}$，求 $\boldsymbol{A}$ 的特征值；若 $\boldsymbol{A}$ 有 3 个线性无关的特征向量，试求 x 与 y 满足的关系式.

2. 设 n 维向量 $\boldsymbol{\alpha}=(a_1,a_2,\cdots,a_n)^{\mathrm{T}}$ 及 $\boldsymbol{\beta}=(b_1,b_2,\cdots,b_n)^{\mathrm{T}}$ 都不是零向量，且 $\boldsymbol{\alpha}^{\mathrm{T}}\boldsymbol{\beta}=0$. 令矩阵 $\boldsymbol{A}=\boldsymbol{\alpha}\boldsymbol{\beta}^{\mathrm{T}}$，求：(1) $\boldsymbol{A}^2$；(2) $\boldsymbol{A}$ 的特征值与特征向量.

3. 已知矩阵 $\boldsymbol{A}=\begin{bmatrix} 1 & -1 & 1 \\ x & 4 & y \\ -3 & -3 & 5 \end{bmatrix}$ 相似于对角矩阵，$\lambda=2$ 是 $\boldsymbol{A}$ 的二重特征值：

(1)求常数 x,y 的值；

(2)求一个可逆矩阵 $\boldsymbol{P}$，使 $\boldsymbol{P}^{-1}\boldsymbol{AP}$ 成对角矩阵.

4. 设矩阵 $\boldsymbol{A}=\begin{bmatrix} 3 & -2 \\ -2 & 3 \end{bmatrix}$，试利用 $\boldsymbol{A}$ 的正交相似对角化，求 $\varphi(\boldsymbol{A})=\boldsymbol{A}^{10}-5\boldsymbol{A}^9$.

5. 实数 a_1,a_2,a_3 满足何条件时，二次型 $f(x_1,x_2,x_3)=(x_1+a_1x_2)^2+(x_2+a_2x_3)^2+(x_3+a_3x_1)^2$ 为正定二次型？

6. 设 $\boldsymbol{A}$ 为 $m\times n$ 实矩阵，试证：当 $\lambda>0$ 时，矩阵 $\boldsymbol{B}=\lambda\boldsymbol{I}+\boldsymbol{A}^{\mathrm{T}}\boldsymbol{A}$ 为正定矩阵，其中 $\boldsymbol{I}$ 为 n 阶单位矩阵.

7. 证明定理 5.12 的必要性.

8. 写出 n 阶实对称矩阵为负定矩阵的充要条件.

复习题五

1. 填空题.

(1) 矩阵 $\boldsymbol{A}=\begin{bmatrix}2 & -2\\0 & 2\end{bmatrix}$的线性无关特征向量的个数为________.

(2) 已知矩阵 $\boldsymbol{A}$ 有一个特征值为 2,则矩阵 $\boldsymbol{B}=\boldsymbol{A}^2+\boldsymbol{A}-3\boldsymbol{I}$ 必有一个特征值为________.

(3) 设三阶矩阵 $\boldsymbol{A}$ 的特征值为 2,4,6,则行列式$|\boldsymbol{A}-3\boldsymbol{I}|=$________.

(4) 若矩阵 $\boldsymbol{A}=\begin{bmatrix}3 & a\\5 & -3\end{bmatrix}$相似于对角矩阵$\begin{bmatrix}b & \\ & -2\end{bmatrix}$,则 $a=$________,$b=$________.

(5) 设 λ_1 和 λ_2 是三阶实对称矩阵 $\boldsymbol{A}$ 的两个不同特征值,$\boldsymbol{\xi}_1=(1,1,3)^{\mathrm{T}}$ 和 $\boldsymbol{\xi}_2=(4,5,a)^{\mathrm{T}}$ 依次是对应于 λ_1 和 λ_2 的特征向量,则常数 $a=$________.

(6) 设三阶矩阵 $\boldsymbol{A}$ 的特征值互不相同,且 $\det(\boldsymbol{A})=0$,则 $r(\boldsymbol{A})=$________.

(7) 设 $\boldsymbol{A}$ 为二阶矩阵,$\boldsymbol{\alpha}_1,\boldsymbol{\alpha}_2$ 为线性无关的二维列向量,$\boldsymbol{A}\boldsymbol{\alpha}_1=\boldsymbol{0}$,$\boldsymbol{A}\boldsymbol{\alpha}_2=2\boldsymbol{\alpha}_1+\boldsymbol{\alpha}_2$,则 $\boldsymbol{A}$ 的非零特征值为________.

(8) 设向量 $\boldsymbol{\alpha}=(1,1,1)^{\mathrm{T}}$,$\boldsymbol{\beta}=(1,0,k)^{\mathrm{T}}$,矩阵 $\boldsymbol{\alpha}\boldsymbol{\beta}^{\mathrm{T}}$ 相似于对角矩阵 $\mathrm{diag}(3,0,0)$,则 $k=$________.

(9) 设矩阵$\begin{bmatrix}1 & 1 & 1\\1 & 1 & 1\\0 & 0 & a\end{bmatrix}$相似于对角矩阵,则 a 应满足条件________.

(10) 设四阶实对称矩阵 $\boldsymbol{A}$ 满足 $\boldsymbol{A}^2+\boldsymbol{A}=\boldsymbol{O}$,且 $r(\boldsymbol{A})=3$. 则 $\boldsymbol{A}$ 相似于对角矩阵________.

(11) 二次型 $f(x_1,x_2,x_3)=[x_1\ x_2\ x_3]\begin{bmatrix}1 & -4 & 2\\2 & 3 & 9\\0 & -1 & 5\end{bmatrix}\begin{bmatrix}x_1\\x_2\\x_3\end{bmatrix}$的矩阵为________.

(12) 已知 $f(x_1,x_2,x_3)=3x_1^2+5x_2^2+ax_3^2+4x_1x_2-4x_1x_3-10x_2x_3$ 的秩为 2,则常数 $a=$________.

(13) 二次型 $f(x_1,x_2)=2x_1^2-2x_1x_2+2x_2^2$ 在正交变换下化成的标准型是________.

(14) 若二次型 $f(x_1,x_2)=x_1^2+ax_2^2-4x_1x_2$ 为正定二次型,则实数 a 的取值范围是________.

(15) 若三元二次型 $f(x_1,x_2,x_3)=\boldsymbol{x}^{\mathrm{T}}\boldsymbol{A}\boldsymbol{x}$ 经正交变换化成的标准型是 $y_1^2+2y_2^2$,则实对称矩阵 $\boldsymbol{A}$ 的最小特征值是________.

2. 单项选择题.

(1) 同阶矩阵 $\boldsymbol{A}$ 与 $\boldsymbol{B}$ 有相同的特征值是 $\boldsymbol{A}$ 与 $\boldsymbol{B}$ 相似的(　).

(A) 充分而非必要的条件　　(B) 必要而非充分的条件

(C) 充分必要条件　　(D) 既非充分条件也非必要条件

(2) n 阶矩阵 $\boldsymbol{A}$ 有 n 个互不相同的特征值是 $\boldsymbol{A}$ 相似于对角矩阵的(　).

(A) 充分而非必要的条件　　(B) 必要而非充分的条件

(C) 充分必要条件　　(D) 既非充分条件也非必要条件

(3) n 阶矩阵 $\boldsymbol{A}$ 相似于对角矩阵的充分必要条件是(　).

(A) $\boldsymbol{A}$ 有 n 个互不相同的特征向量　　(B) $\boldsymbol{A}$ 有 n 个线性无关的特征向量

(C) $\boldsymbol{A}$ 有 n 个两两正交的特征向量　　(D) $\boldsymbol{A}$ 为可逆矩阵

(4) 设 λ 是 n 阶可逆矩阵 $\boldsymbol{A}$ 的一个特征值,则 $(\boldsymbol{A}^*)^{-1}$ 必有一个特征值为(　).

(A) $\lambda|\boldsymbol{A}|$　　(B) $\dfrac{|\boldsymbol{A}|}{\lambda}$　　(C) $\dfrac{\lambda}{|\boldsymbol{A}|}$　　(D) $\lambda|\boldsymbol{A}|^n$

(5) 下列矩阵中不是正交矩阵的是(　).

(A) $\begin{bmatrix}0 & -1\\ 1 & 0\end{bmatrix}$　　(B) $\begin{bmatrix}\cos\theta & \sin\theta\\ -\sin\theta & \cos\theta\end{bmatrix}$

(C) $\dfrac{1}{6}\begin{bmatrix}1 & 5 & \sqrt{10}\\ 5 & 1 & -\sqrt{10}\\ \sqrt{10} & -\sqrt{10} & 4\end{bmatrix}$　　(D) $\dfrac{1}{\sqrt{3}}\begin{bmatrix}\sqrt{3}+1 & \sqrt{3}-1\\ \sqrt{3}-1 & -\sqrt{3}-1\end{bmatrix}$

(6) 已知二次型 $f(x_1,x_2)$ 是正定的,则 f 的标准型为(　).

(A) $y_1^2-y_2^2$　　(B) $y_1^2+y_2^2$　　(C) y_1^2　　(D) $-y_1^2-y_2^2$

(7) 二次型 $\boldsymbol{x}^{\mathrm{T}}\boldsymbol{A}\boldsymbol{x}$($\boldsymbol{A}$ 为实对称矩阵)正定的一个充要条件是(　).

(A) $\boldsymbol{A}$ 的行列式大于零　　(B) $\boldsymbol{A}$ 的主对角线元素都大于零

(C) $\boldsymbol{A}$ 为实对称矩阵　　(D) $\boldsymbol{A}$ 的特征值都大于零

(8) 设 $\boldsymbol{A}$ 为二阶实对称矩阵,已知矩阵 $\boldsymbol{I}+\boldsymbol{A}$, $2\boldsymbol{I}+\boldsymbol{A}$ 都是不可逆矩阵,则二次型 $\boldsymbol{x}^{\mathrm{T}}\boldsymbol{A}\boldsymbol{x}$ 经正交变换化成的标准型为(　).

(A) $-y_1^2-2y_2^2$　　(B) $y_1^2+2y_2^2$

(C) $-y_1^2+2y_2^2$　　(D) $y_1^2-2y_2^2$

(9) 若二次型 $f(x_1,x_2,x_3)=2x_1^2+x_2^2+ax_3^2-4x_1x_2-4x_2x_3$ 经正交变换化成的标准型是 $f=y_1^2+4y_2^2-2y_3^2$,则常数 a 为(　).

(A) 0　　(B) 1　　(C) 2　　(D) 3

3. 求矩阵 $\boldsymbol{A}=\begin{bmatrix}1 & 0 & 0\\0 & 9 & 4\\0 & 1 & 6\end{bmatrix}$的特征值及对应的线性无关特征向量.

4. 已知三阶矩阵 $\boldsymbol{A}$ 的特征值为 1,2,3,求行列式 $\boldsymbol{D}=|\boldsymbol{A}^*+3\boldsymbol{A}+2\boldsymbol{I}|$.

5. 已知矩阵 $\boldsymbol{A}=\begin{bmatrix}7 & -12 & 6\\10 & -19 & 10\\12 & -24 & 13\end{bmatrix}$相似于对角矩阵 $\boldsymbol{D}=\begin{bmatrix}1 & & \\ & 1 & \\ & & -1\end{bmatrix}$,求可逆矩阵 $\boldsymbol{P}$,使 $\boldsymbol{P}^{-1}\boldsymbol{AP}=\boldsymbol{D}$.

6. 已知 $\boldsymbol{\xi}=\begin{bmatrix}1\\1\\-1\end{bmatrix}$是矩阵 $\boldsymbol{A}=\begin{bmatrix}2 & -1 & 2\\5 & a & 3\\-1 & b & -2\end{bmatrix}$的一个特征向量.

(1) 求 a,b 的值及与 $\boldsymbol{\xi}$ 对应的特征值 λ;

(2) $\boldsymbol{A}$ 是否相似对角矩阵？为什么？

7. 对于实对称矩阵 $\boldsymbol{A}=\begin{bmatrix}1 & 1 & 1\\1 & 1 & 1\\1 & 1 & 1\end{bmatrix}$,求一个正交矩阵 $\boldsymbol{P}$,使 $\boldsymbol{P}^{-1}\boldsymbol{AP}$ 成对角矩阵.

8. 求一个正交变换,将二次型 $f(x_1,x_2,x_3)=2x_1^2+3x_2^2+3x_3^2+4x_2x_3$ 化成标准型.

9. 已知二次型 $f(x_1,x_2)=5x_1^2+2ax_1x_2+5x_2^2(a>0)$经正交变换 $\boldsymbol{x}=\boldsymbol{Py}$ 化成了标准型$f=7y_1^2+by_2^2$,求 a,b 的值及所用正交变换的矩阵 $\boldsymbol{P}$.

*第⑥章

线性代数的 MATLAB 实验

MATLAB 是 MathWorks 公司于 1984 年推出的一套功能非常强大且应用广泛的科学计算软件，它具有数值分析、优化、统计、微分方程数值解、信号处理、图像处理等若干领域的计算和图形显示功能. 它将不同数学分支的算法以函数的形式分类成库，使用时直接调用这些函数并赋予实际参数就可以解决问题，快速而且准确. 目前，MATLAB 已经发展成为适合多学科、多种工作平台的功能强大的大型软件，被广泛用于科学研究和解决各种具体问题. 可以说，无论你从事工程方面哪个学科的工作，都能在 MATLAB 里找到适用的功能. 了解并掌握它的功能，有助于我们学好数学，用好数学，这里仅对 MATLAB 的主要功能及其在线性代数中的应用做简单介绍.

6.1 MATLAB 的运行方式

当计算机安装 MATLAB 软件后，在 Windows 桌面上将会出现 MATLAB 图标，双击此图标，就可以进入 MATLAB. 在 MATLAB 界面下，进入 MATLAB 命令窗口，各种功能的执行必须在此窗口下才能实现. MATLAB 系统的提示符为“≫”，在提示符后面紧跟光标，在光标处输入具体指令，按回车键就会立即执行，并输出结果. 若所写的程序或命令不符合要求，则会出现提示信息.

MATLAB 还提供了两种运行方式：命令行方式和函数 M 文件方式.

本书以函数 M 文件方式为主. 编写 M 文件要在 M 文件的编辑器窗口里进行. 可以从命令窗口中选择菜单 File→New→M-File 进入编辑器窗口，以编写自己的 M 文件. M 函数文件的格式有严格规定，它必须以“function”开头. 详细格式为

```
function 输出变量=函数名称（输入变量）
```

再输入你要定义的具体函数，并以 fun.m 将函数文件存盘后退出编辑状态. 这样就可以在命令窗口里使用该函数了. 实例见例 6.3.

数据的基本格式是矩阵. 常用的二维矩阵是一个 m 行 n 列的数组，整个数组必须用方括号“[ ]”括起来. 生成二维数组(如矩阵)的方法是各行的元素逐个输入，元素之间用逗号(或空格)分隔，而行与行之间要用分号分隔，如[1,2,3;4,5,6]表示矩阵$\begin{bmatrix}1 & 2 & 3\\4 & 5 & 6\end{bmatrix}$. 生成一维数组(如行向量)的方法是将元素逐个输入，元素之间用逗号 (或空格)分隔.

6.2 常用函数与符号

6.2.1 数学运算符号及特殊字符

+ 加法运算，适合于两个数或两个矩阵的相加

− 减法运算

* 乘法运算，适合于矩阵的相乘，也可用于数与矩阵相乘

.* 点乘运算，适合于两个同阶矩阵对应元素相乘，例如，[1 2 3].*[−1 1 2]=[−1 2 6]

./ 点除运算，适合于两个同阶矩阵对应元素相除，例如，[1 2 3]./[−1 1 2]=[−1 2 1.5]

\ 表示左除，例如 X=A\B 就表示 $\boldsymbol{AX}=\boldsymbol{B}$ 的解

^ 乘幂运算，例如，x^2 表示为 x^2

pi 数学符号 π

6.2.2 基本数学函数

常用的基本函数在 MATLAB 中的表示见表 6.1.

表 6.1　基本数学函数

函数	名称	函数	名称
sin(x)	正弦函数	asin(x)	反正弦函数
cos(x)	余弦函数	acos(x)	反余弦函数
tan(x)	正切函数	atan(x)	反正切函数
abs(x)	绝对值	max(x)	最大值

续表

函数	名称	函数	名称
min(x)	最小值	sum(x)	元素的总和
sqrt(x)	平方根	exp(x)	以 e 为底的指数函数
log(x)	自然对数	loga(x)	以 a 为底的对数函数
sign(x)	符号函数	fix(x)	取整

6.2.3 基本示例

例 6.1 计算 $\ln|\arctan\sqrt{5}+1|$.

解 在命令窗口键入命令：

```
>> log(abs(atan(sqrt(5))+1))  (回车)
```

显示结果如下：

```
ans=
    0.7656
```

例 6.2 设 $f(x)=\sqrt{\sin x}+1$，求 $f(\pi),f(\frac{\pi}{2}),f(\frac{\pi}{4}),f(\frac{\pi}{8}),f(0)$的值.

解 这时可以把五个自变量组成一个数组后，代入函数一起算出，方法如下.

在命令窗口录入下列两行：

```
>> x=[pi,pi/2,pi/4,pi/8,0];      %指令后带“分号”表示此指令的结果不显示
>> y=sqrt(sin(x))+1  (回车)
y=
    1.0   2.0000   1.8409   1.6186   1.0000
```

说明：(1) 上述第一行指令中，[pi,pi/2,pi/4,pi/8,0]是五个自变量组成的行向量.

(2) 符号“%”后是对命令的解释.

例 6.3 计算二元函数 $f(x,y)=100(y-x^2)^2+(1-x)^2$ 在(1,2)处的函数值.

解 在 M 文件编辑窗口录入下列两行：

```
function f=fun(x)
f=100*(x(2)-x(1)^2)^2+(1-x(1))^2
```

以 fun.m 将文件存盘后退出编辑状态，在 MATLAB 命令窗口输入指令

```
>> x=[1 2];
>> fun(x)  (回车)
```

显示计算结果为

```
ans=100
```

MATLAB 作图是通过描点、连线来实现的. 在画一个曲线图形之前,必须先取得该图形上的一系列点的坐标(即横坐标和纵坐标),将该点集的坐标传给 MATLAB 函数画图.

MATLAB 软件提供的绘制二维曲线的指令是 plot,其格式为

```
plot(x,y,'s')
```

该指令描绘了点集所表示的曲线. 其中 x,y 是向量,分别表示点集的横坐标和纵坐标;s 是可选参数,用来指定曲线的线型、颜色、数据点形状等,如表 6.2 所示. 线型、数据点和颜色可以同时选择,也可只选一部分,不选则用 MATLAB 设定的默认值.

表 6.2　plot 指令参数表

线型		颜色			
-	实线	y	黄	g	绿
-.	点划线	m	紫	b	蓝
--	虚线	c	青	w	白
:	点线	r	红	k	黑

例 6.4　在同一个坐标系下画函数在区间$[0,2\pi]$上的图形:用红色实线画 $y_1=0.2e^{0.1x}\sin 0.5x$,用黑色虚线画 $y_2=0.2e^{0.1x}\cos 0.5x$.

解　编写程序如下:

```
>> x=0:0.1:2*pi;                              %自变量的起点,间隔,终点
>> y1=0.2*exp(0.1*x).*sin(0.5*x);
>> y2=0.2*exp(0.1*x).*cos(0.5*x);
>> plot(x,y1,'r-',x,y2,'k--')
```

运行后显示结果如图 6.1 所示.

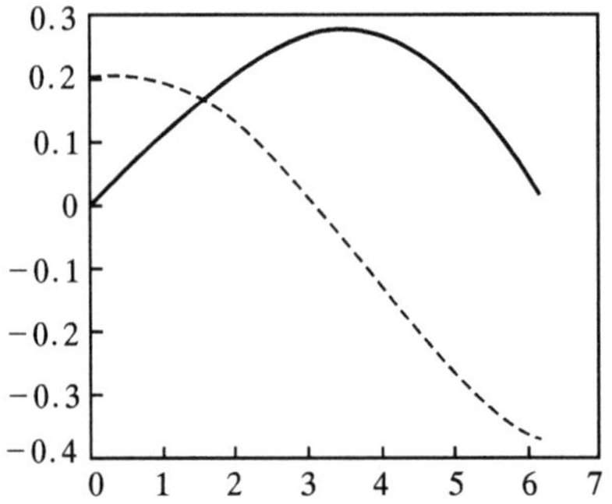

图 6.1

彩图

6.3 MATLAB 在线性代数中的应用举例

6.3.1 矩阵运算指令

MATLAB 软件不仅矩阵运算功能强大，而且提供了丰富而简洁的运算指令，见表 6.3.

表 6.3 矩阵运算的指令

指令	含义	指令	含义
A+B	矩阵相加	A * B	矩阵相乘
det(A)	矩阵 **A** 的行列式	[A,B]	**AX**=**B** 的增广矩阵
A′	**A** 的转置矩阵	A\B	**B** 左除 **A**(**AX**=**B** 的解)
inv(A)	**A** 的逆矩阵	A/B	**B** 右除 **A**(**XA**=**B** 的解)
rank(A)	**A** 的秩	rref(A)	**A** 的最简化阶梯矩阵
null(A)	**AX**=**0**的基础解系	solve(′方程′)	求方程的解
format rat	有理式格式输出	syms a b	将 a,b 都定义为符号变量

6.3.2 应用实例

例 6.5 求行列式 $\begin{vmatrix} 1 & 2 & 3 \\ 4 & 5 & 6 \\ 7 & 8 & 0 \end{vmatrix}$.

解 录入命令

```
≫ A=[1 2 3;4 5 6;7 8 0];
≫ det(A) （回车）              %A 的行列式
ans =
    27
```

例 6.6　矩阵的转置.

解　录入命令

```
≫ A=[1 2 3;4 5 6;7 8 9];
≫ A′或 transpose(A) （回车） %A 的转置
A′=
    1  4  7
    2  5  8
    3  6  9
```

例 6.7　矩阵的乘法.

解　录入命令

```
≫ A=[6 -1 2;1 0 3];
≫ B=[1 -1;2 3;0 1];
≫ A*B （回车）
ans=
    4  -7
    1   2
```

例 6.8　矩阵求逆.

解　录入指令

```
≫ A=[1 2 3;4 5 6;7 8 0];
≫ inv(A) （回车）
ans=
    -1.7778    0.8889   -0.1111
     1.5556   -0.7778    0.2222
    -0.1111    0.2222   -0.1111
```

为了得到以分数表达的数据，可用指令 format rat：

```
≫ format rat
≫ inv(A) （回车）
ans=
```

```
   -16/9      8/9     -1/9
    14/9     -7/9      2/9
   -1/9       2/9     -1/9
```

例 6.9 求矩阵的秩.

解 录入指令

```
≫ A=[-1 2 3 0;0 3 -2 1;4 0 3 2];
≫ rank (A) (回车)
ans=3
```

例 6.10 将矩阵化为行最简化阶梯形矩阵.

解 录入指令

```
≫ A=[-1 2 3 0;0 3 -2 1;4 0 3 2];
≫ rref (A) (回车)
ans=
    1.0000   0        0         0.5246
    0        1.0000   0         0.3115
    0        0        1.0000   -0.0328
```

例 6.11 求解线性方程组

$$(1)\begin{cases} x_1-x_2+x_3=0 \\ 2x_1-x_2+3x_3=-1; \\ 3x_1-2x_2-x_3=4 \end{cases} \quad (2)\begin{cases} x_1+5x_2-x_3-x_4=-1 \\ x_1-2x_2+x_3+3x_4=3 \\ 3x_1+8x_2-x_3+x_4=1 \\ x_1-9x_2+3x_3+7x_4=7 \end{cases}.$$

解 (1) 录入系数矩阵数据及指令

```
≫ A=[1 -1 1;2 -1 3;3 -2 -1];
≫ B=[0; -1; 4];
≫ A\B (回车)
ans=
      1
      0
     -1
```

这时,线性方程组有唯一解 $x_1=1,x_2=0,x_3=-1$.

(2) 录入系数矩阵数据及指令

```
≫ A=[1 5 -1 -1;1 -2 1 3;3 8 -1 1;1 -9 3 7];
```

```
≫ B=[-1;3;1;7];
≫ A\B （回车）
```

这时显示错误,得不到解,那是因为该方程可能无解或有无穷多解,所以需要应用线性方程组的判定定理去分析和判断. 为此通过系数矩阵和增广矩阵的秩来判断无解还是有无穷多解,在有解时,对增广矩阵做初等行变换求出它的通解.

```
≫ rank(A) （回车）
ans=
    2
≫ C=[A,B] （回车）
C=
    1    5   -1   -1   -1
    1   -2    1    3    3
    3    8   -1    1    1
    1   -9    3    7    7
≫ rank(C) （回车）
ans=
    2
```

因为系数矩阵与增广矩阵的秩相同,故有无穷多解.

```
≫ rref(C) （回车）
ans=
    1  0    3/7   13/7   13/7
    0  1   -2/7   -4/7   -4/7
    0  0      0      0      0
    0  0      0      0      0
```

于是对应的线性方程组的通解为

$$\begin{cases} x_1=-\dfrac{3}{7}c_1-\dfrac{13}{7}c_2+\dfrac{13}{7} \\ x_2=-\dfrac{2}{7}c_1+\dfrac{4}{7}c_2-\dfrac{4}{7} \\ x_3=c_1 \\ x_4=c_2 \end{cases} \quad \text{即} \quad \begin{bmatrix} x_1 \\ x_2 \\ x_3 \\ x_4 \end{bmatrix}=\begin{bmatrix} -3/7 \\ -2/7 \\ 1 \\ 0 \end{bmatrix}c_1+\begin{bmatrix} -13/7 \\ 4/7 \\ 0 \\ 1 \end{bmatrix}c_2+\begin{bmatrix} 13/7 \\ -4/7 \\ 0 \\ 0 \end{bmatrix}$$

例 6.12　某城市市区的交叉路口由两条单向车道组成,图 6.2 给出了在交通高峰时段,每小时进入和离开路口的车辆数,计算在四个交叉路口间车辆的数量.

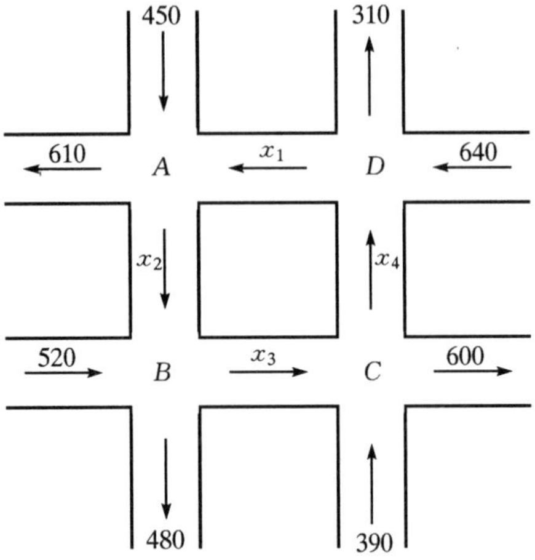

图 6.2

解 在每一个路口，必有进入的车辆数与离开的车辆数相等. 例如，在路口 A，进入该路口的车辆数为 x_1+450，离开路口的车辆数为 x_2+610，因此

$$x_1+450=x_2+610 \quad (\text{路口 } A)$$

类似地，有

$$x_2+520=x_3+480 \quad (\text{路口 } B)$$

$$x_3+390=x_4+600 \quad (\text{路口 } C)$$

$$x_4+640=x_1+310 \quad (\text{路口 } D)$$

联立这四个方程，求四个未知量 x_1, x_2, x_3, x_4，即为求此线性方程组的解. 该方程组的系数的矩阵为

$$\boldsymbol{A}=\begin{bmatrix} 1 & -1 & 0 & 0 \\ 0 & 1 & -1 & 0 \\ 0 & 0 & 1 & -1 \\ -1 & 0 & 0 & 1 \end{bmatrix}, \quad \boldsymbol{B}=\begin{bmatrix} 160 \\ -40 \\ 210 \\ -330 \end{bmatrix}$$

现在用 MATLAB 来求解. 先录入系数矩阵数据及指令

```
>> A=[1 -1 0 0;0 1 -1 0;0 0 1 -1;-1 0 0 1];
>> B=[160;-40;210;-330];
>> A\B  (回车)
```

这时显示错误，得不到解，所以应用线性方程组的判定定理去分析和判断. 为此通过系数矩阵和增广矩阵的秩来判断无解还是有无穷多解.

```
>> rank(A)  (回车)
```

```
ans=
    3
>> C=[A,B]  (回车)
C=
      1   -1    0    0    160
      0    1   -1    0    -40
      0    0    1   -1    210
     -1    0    0    1   -330
>> rref(C)  (回车)
ans=
    1  0  0  -1  330
    0  1  0  -1  170
    0  0  1  -1  210
    0  0  0   0    0
>> rank(C)  (回车)
ans=
    3
```

于是对应的线性方程组的通解为带一个任意常数的无穷多解

$$\begin{cases} x_1 = x_4 + 330 \\ x_2 = x_4 + 170 \\ x_3 = x_4 + 210 \end{cases} \quad 或 \quad \begin{bmatrix} x_1 \\ x_2 \\ x_3 \\ x_4 \end{bmatrix} = \begin{bmatrix} 1 \\ 1 \\ 1 \\ 1 \end{bmatrix} k + \begin{bmatrix} 330 \\ 170 \\ 210 \\ 0 \end{bmatrix}$$

如果知道在某一路口的车辆数,例如假设在路口 C 和 D 之间的平均车辆数为 $x_4=k=220$时,则其他路口的车辆数即可求得,即

$$x_1 = 550,\ x_2 = 390,\ x_3 = 430,\ x_4 = 220$$

例 6.13　当 a 分别为何值时,方程组 $\begin{cases} ax_1 + x_2 + x_3 = 1 \\ x_1 + ax_2 + x_3 = 1 \\ x_1 + x_2 + ax_3 = 1 \end{cases}$ 分别无解、有唯一解和有无穷多解?当方程组有解时,求通解.

解　这是一个带参数符号的方程组,所以在程序中要用指令 syms. 先计算系数行列式,并求出 a,使行列式等于 0.

```
>> syms a;
```

```
≫ A=[a,1,1;1,a,1;1,1,a];
≫ D=det(A)   (回车)
D=a^3-3*a+2
≫ a=solve('a^3-3*a+2=0')   (回车)
a=
   -2
    1
    1
```

所以，当 $a\neq-2, a\neq1$ 时，方程组有唯一解. 再求出符号方程的解.

```
≫ [x,y,z]=solve('a*x+y+z=1','x+a*y+z=1','x+y+a*z=1')
                                                        (回车)
x=1/(a+2)
y=1/(a+2)
z=1/(a+2)
```

所以，当 $a=-2$ 时，无解. 当 $a=1$ 时，将 1 代入 a，再解方程组.

```
≫ [x,y,z]=solve('x+y+z=1','x+y+z=1','x+y+z=1')   (回车)
x=1-y-z
y=y
z=z
```

说明方程组有无穷多解. 它的通解为

$$\begin{bmatrix}x\\y\\z\end{bmatrix}=\begin{bmatrix}1\\0\\0\end{bmatrix}+c_1\begin{bmatrix}-1\\1\\0\end{bmatrix}+c_2\begin{bmatrix}-1\\0\\1\end{bmatrix}$$

例 6.14 植物基因的分布问题.

若某种植物的基因型为 AA，Aa，aa，当采用 AA 型植物与每种基因型植物相结合的方式培育植物后代，分析若干年以后三种基因型植物的分布情况. 假设双亲体基因型与其后代基因型的概率如表 6.4 所示.

表 6.4 双亲基因型与其后代基因型的概率

后代基因型	父体-母体基因型		
	AA - AA	AA - Aa	AA - aa
AA	1	1/2	0
Aa	0	1/2	1
aa	0	0	0

设第 n 代植物中,基因型 AA,Aa,aa 的植物占植物总数的百分比分别为 a_n,b_n,c_n,第 n 代植物基因型分布为 $\boldsymbol{x}^{(n)}=(a_n,b_n,c_n)^{\mathrm{T}}$. 若初始分布(即 $n=0$ 时的分布)为 $\boldsymbol{x}^{(0)}=(a_0,b_0,c_0)^{\mathrm{T}}$,则显然有

$$a_0+b_0+c_0=1$$

由表 6.4 可得如下关系式:

$$a_n=1\cdot a_{n-1}+\frac{1}{2}\cdot b_{n-1}+0\cdot c_{n-1}$$

$$b_n=0\cdot a_{n-1}+\frac{1}{2}\cdot b_{n-1}+1\cdot c_{n-1}$$

$$c_n=0\cdot a_{n-1}+0\cdot b_{n-1}+0\cdot c_{n-1}$$

写成矩阵形式,即为 $\boldsymbol{x}^{(n)}=\boldsymbol{M}\boldsymbol{x}^{(n-1)}$,其中

$$\boldsymbol{M}=\begin{bmatrix}1 & 1/2 & 0\\0 & 1/2 & 1\\0 & 0 & 0\end{bmatrix}$$

从而有 $\boldsymbol{x}^{(n)}=\boldsymbol{M}\boldsymbol{x}^{(n-1)}=\boldsymbol{M}^2\boldsymbol{x}^{(n-2)}=\cdots=\boldsymbol{M}^n\boldsymbol{x}^{(0)}$.

这样就将问题转化为求 $\boldsymbol{M}^n$ 的问题,为了求 $\boldsymbol{M}^n$,首先将 $\boldsymbol{M}$ 对角化,即求出可逆矩阵 $\boldsymbol{P}$,使得 $\boldsymbol{P}^{-1}\boldsymbol{M}\boldsymbol{P}=\boldsymbol{D}$,于是,$\boldsymbol{M}=\boldsymbol{P}\boldsymbol{D}\boldsymbol{P}^{-1}$,$\boldsymbol{M}^n=\boldsymbol{P}\boldsymbol{D}^n\boldsymbol{P}^{-1}$,从而有

$$\boldsymbol{x}^{(n)}=\boldsymbol{M}^n\boldsymbol{x}^{(0)}=\boldsymbol{P}\boldsymbol{D}^n\boldsymbol{P}^{-1}\boldsymbol{x}^{(0)}$$

由第 5 章知,对角矩阵 $\boldsymbol{D}$ 的对角元素即为矩阵 $\boldsymbol{M}$ 的特征值,而矩阵 $\boldsymbol{P}$ 的各列即为与特征值对应的特征向量. MATLAB 软件提供了相应的命令:

(1) d=eig(A).

该命令用于求方阵 $\boldsymbol{A}$ 的特征值.

(2) [V,D]=eig(A).

该命令用于计算矩阵 $\boldsymbol{A}$ 的特征向量及特征值,用特征值做对角元素生成相应的对角矩阵 $\boldsymbol{D}$,而用相应的特征向量生成矩阵 $\boldsymbol{V}$,满足 $\boldsymbol{AV}=\boldsymbol{VD}$.

以上模型可以用 MATLAB 来实现. 假设开始时基因型 AA,Aa,aa 的植物占植物总数的比例分别为 1/2,1/3 和 1/6,编写程序如下:

```
M=[1 1/2 0;0 1/2 1;0 0 0];
a0=1/2;b0=1/3;c0=1/6;
y0=[a0 b0 c0];
x0=y0'
syms n;
```

```
n=5;
xn=M^n*x0;
[P,D]=eig(M);
Dn=D^n;
xn=P*Dn*inv(P)*x0
```

运行该程序,结果如下:

```
x0=
    0.5000
    0.3333
    0.1667
xn=
    0.9792
    0.0208
    0
```

以上结果说明,经过 5 代以后,基因型 AA,Aa,aa 的植物占该植物总数的比例分别为 97.92%,2.08%和 0,若在以上程序中取 $n=10$,则运行结果为

```
x0=
    0.5000
    0.3333
    0.1667
xn=
    0.9993
    0.0007
    0
```

当取 $n=100$ 时,运行结果为

```
x0=
    0.5000
    0.3333
    0.1667
xn=
    1.0000
    0.0000
```

```
0
```

以上结果显示,经过若干代以后,所培育的植物的基因型都是 AA 型.

例 6.15　求矩阵 $\boldsymbol{A}=\begin{bmatrix}3 & -6 & -3\\ 3 & -6 & -3\\ -4 & 8 & 4\end{bmatrix}$的特征值和特征向量.

解　录入指令

```
≫ A=[3 -6 -3;3 -6 -3;-4 8 4];
≫ eig(A)  (回车)
ans=
     0.0000
    -0.0000
     1.0000
≫ [P,D]=eig(A)  (回车)                %:P 为 A 的特征向量组成的可逆矩
                                          阵,D 为 A 的对角化矩阵
P=
     0.5145   -0.7294   -0.5434
     0.5145   -0.0228   -0.5767
    -0.6860   -0.6837    0.6100
D=
    1.0000      0          0
    0         -0.0000      0
    0           0          0.0000
```

计算结果:特征值为 $\lambda_1=1,\lambda_2=0,\lambda_3=0$. 相对应的特征向量为:

$$\boldsymbol{x}_1=\begin{bmatrix}0.5145\\ 0.5145\\ -0.6860\end{bmatrix},\quad \boldsymbol{x}_2=\begin{bmatrix}-0.7294\\ -0.0228\\ -0.6837\end{bmatrix},\quad \boldsymbol{x}_3=\begin{bmatrix}-0.5434\\ -0.5767\\ 0.6100\end{bmatrix}$$

习题六

1. 在教材前五章中,每章选择 2～3 个数字题用 MATLAB 加以验证.

2. 设某个社会中的人们从事三种职业:农业、工具的手工业、制衣业. 又设在此社会中没有货币制度,所有商品和服务均为实物交换. 三类人分别记为 F、M、

C,实物的交易系统如图 6.3 所示,其中:

F 留 1/2 给自身,1/4 给 M,1/4 给 C;

M 留 1/3 给自身,1/3 给 F,1/3 给 C;

C 留 1/4 给自身,1/2 给 F,1/4 给 M;

现在的问题是如何给这三种商品定价可以公平地体现当前的实物交换情况?

(提示:设所有的 F,M,C 的总价分别为 x_1,x_2,x_3)

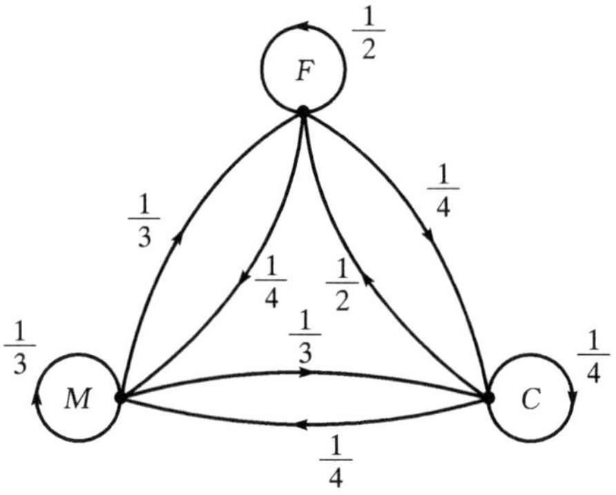

图 6.3

3. 在 MATLAB 里有一种命令可以产生随机的矩阵:

rand(n)　% 产生一个 $n\times n$ 的矩阵,其元素为 0~1 之间的随机数.

rand(m,n)　% 产生一个 $m\times n$ 的矩阵,其元素为 0~1 之间的随机数.

(1) 随机产生两个方阵,分别求出它们的行列式、逆矩阵和转置矩阵;

(2) 随机产生两个矩阵,分别求出它们的秩和相应的齐次线性方程组的解;

(3) 你能用 MATLAB 将二次型标准化吗?请在第 5 章中选择 2~3 例,算出结果.

4. 向量组 $\boldsymbol{\alpha}_1=(1,2,3,4)^{\mathrm{T}},\boldsymbol{\alpha}_2=(2,3,4,5)^{\mathrm{T}},\boldsymbol{\alpha}_3=(3,4,5,6)^{\mathrm{T}}$ 是否线性相关?如线性相关,求出它的一个极大线性无关组.

5. 求方程组 $\begin{cases}x_1-x_2+2x_3+x_4=1\\2x_1-x_2+x_3+2x_4=3\\x_1-x_3+x_4=2\\3x_1-x_2+3x_3=5\end{cases}$ 的解.

6. 当 a,b 为何值时,方程组 $\begin{cases}x_1+x_2+x_3+x_4=0\\x_2+2x_3+2x_4=1\\-x_2+(a-3)x_3-2x_4=b\\3x_1+2x_2+x_3+ax_4=-1\end{cases}$ 有唯一解、无解、有无

穷多解？并对后者求通解.

7. 求方阵 $\mathbf{A}=\begin{bmatrix}-1 & 2 & 2\\ 2 & -1 & -2\\ 2 & -2 & -1\end{bmatrix}$的特征值与对应的特征向量.

8. 方阵 $\mathbf{A}=\begin{bmatrix}0 & -1 & 2\\ 0 & 2 & 0\\ 1 & -1 & 1\end{bmatrix}$是否与对角阵相似？

习题答案

习题一(A)

1. $x_1=-2, x_2=6$　　**2.** (1) $A_{22}=12$, $A_{34}=-104$　(2) 0

3. (1) -100　(2) 0　(3) $4abcdef$　(4) $abcd+ab+cd+ad+1$

5. (1) $a^{n-2}(a^2-1)$　(2) $(-1)^{n-1}(n-1)$　(3) $[x+(n-1)a](x-a)^{n-1}$

(4) $a_1a_2\cdots a_n\left(1+\sum_{k=1}^{n}\frac{1}{a_k}\right)$

6. (1) $x_1=3, x_2=1, x_3=1$　(2) $x_1=1, x_2=2, x_3=3, x_4=-1$

7. (1) $\lambda\neq1$　(2) $\lambda\neq0,2,3$

习题一(B)

1. (1) $-2(x^3+y^3)$　(2) $(a+b+c)(b-a)(c-a)(c-b)$

2. $\prod_{n+1\geqslant i>j\geqslant1}(i-j)$　　**4.** $\lambda\neq1$ 及 $\mu\neq0$

复习题一

1. (1) -6　(2) 0,0　(3) 0　(4) -18　(5) $\lambda\neq1$

2. (1) D　(2) D　(3) C　(4) B　(5) B

3. (1) -18　(2) $-3(x-1)(x+1)(x-2)(x+2)$

4. $5a_1a_2a_3a_4$　　**5.** $x_1=\frac{1}{2}, x_2=x_3=x_4=0$

习题二(A)

1. $\begin{bmatrix}22&19&13\\-26&7&11\\28&5&-11\end{bmatrix}$, $\begin{bmatrix}8&-8&10\\7&3&1\\5&3&-3\end{bmatrix}$

2. (1) 14　(2) $\begin{bmatrix}-2&4\\-1&2\\-3&6\end{bmatrix}$　(3) $\begin{bmatrix}22&15\\22&2\end{bmatrix}$

(4) $[a_{11}x_1^2+a_{22}x_2^2+a_{33}x_3^2+2a_{12}x_1x_2+2a_{13}x_1x_3+2a_{23}x_2x_3]$

3. $\begin{bmatrix} 2 & 1 \\ -10 & 3 \\ -7 & 9 \end{bmatrix}$ **5.** $\boldsymbol{A}^k=\begin{bmatrix} 1 & 0 \\ k\lambda & 1 \end{bmatrix}$ **6.** $\lambda^{k-2}\begin{bmatrix} \lambda^2 & k\lambda & \frac{k(k-1)}{2} \\ 0 & \lambda^2 & k\lambda \\ 0 & 0 & \lambda^2 \end{bmatrix}$

7. (1) $\begin{bmatrix} 5 & -2 \\ -2 & 1 \end{bmatrix}$ (2) $\begin{bmatrix} \cos\theta & \sin\theta \\ -\sin\theta & \cos\theta \end{bmatrix}$ (3) $\begin{bmatrix} -2 & 1 & 0 \\ -\frac{13}{2} & 3 & -\frac{1}{2} \\ -16 & 7 & -1 \end{bmatrix}$

(4) $\mathrm{diag}\left(\frac{1}{a_1},\frac{1}{a_2},\cdots,\frac{1}{a_n}\right)$

8. (1) $\boldsymbol{X}=\begin{bmatrix} 2 & -23 \\ 0 & 8 \end{bmatrix}$ (2) $\boldsymbol{X}=\begin{bmatrix} -2 & 2 & 1 \\ -\frac{8}{3} & 5 & -\frac{2}{3} \end{bmatrix}$ (3) $\boldsymbol{X}=\begin{bmatrix} 1 & 1 \\ \frac{1}{4} & 0 \end{bmatrix}$

(4) $\boldsymbol{X}=\begin{bmatrix} 2 & -1 & 0 \\ 1 & 3 & -4 \\ 1 & 0 & -2 \end{bmatrix}$

9. (1) $x_1=1,x_2=0,x_3=0$ (2) $x_1=5,x_2=0,x_3=3$

11. $\boldsymbol{A}^{-1}=\frac{1}{2}(\boldsymbol{A}-\boldsymbol{I})$, $(\boldsymbol{A}+2\boldsymbol{I})^{-1}=\frac{1}{4}(3\boldsymbol{I}-\boldsymbol{A})$ **12.** -16

13. $\begin{bmatrix} 0 & 3 & 3 \\ -1 & 2 & 3 \\ 1 & 1 & 0 \end{bmatrix}$ **14.** $4\begin{bmatrix} 1 & 1 & 1 \\ 1 & 1 & 1 \\ 1 & 1 & 1 \end{bmatrix}$

15. $-\frac{1}{10}\boldsymbol{A}$ **16.** $-(k-1)^2(k+2)$ **18.** (1) $\boldsymbol{A}^2=4\boldsymbol{I}$, $\boldsymbol{A}^{-1}=\frac{1}{4}\boldsymbol{A}$ (2) $\boldsymbol{B}=\boldsymbol{I}-\frac{3}{4}\boldsymbol{A}$

19. $\begin{bmatrix} 1 & 2 & 5 & 2 \\ 0 & 1 & 2 & -4 \\ 0 & 0 & -4 & 3 \\ 0 & 0 & 0 & 9 \end{bmatrix}$

20. $\boldsymbol{AB}=\begin{bmatrix} 5 & 19 & 0 & 0 & 0 \\ 1 & 1 & 0 & 0 & 0 \\ 3 & 3 & 4 & -1 & 0 \\ 6 & 9 & 14 & 7 & 6 \\ 5 & 4 & 8 & 2 & 4 \end{bmatrix}$; $\boldsymbol{C}^{-1}=\begin{bmatrix} \frac{1}{2} & 0 & 0 & 0 \\ 0 & \frac{1}{3} & 0 & 0 \\ 0 & 0 & 1 & -2 \\ 0 & 0 & -2 & 5 \end{bmatrix}$

21. (1) $\begin{bmatrix} \boldsymbol{O} & \boldsymbol{B}^{-1} \\ \boldsymbol{A}^{-1} & \boldsymbol{O} \end{bmatrix}$ (2) $\begin{bmatrix} \boldsymbol{A}^{-1} & \boldsymbol{O} \\ -\boldsymbol{B}^{-1}\boldsymbol{C}\boldsymbol{A}^{-1} & \boldsymbol{B}^{-1} \end{bmatrix}$

22. (1) $\begin{bmatrix} 1 & -2 & 0 & 0 \\ -2 & 5 & 0 & 0 \\ 0 & 0 & 2 & -3 \\ 0 & 0 & -5 & 8 \end{bmatrix}$ (2) $\frac{1}{24}\begin{bmatrix} 24 & 0 & 0 & 0 \\ -12 & 12 & 0 & 0 \\ -12 & 4 & 8 & 0 \\ 3 & -5 & -2 & 6 \end{bmatrix}$

习题二(B)

2. $\boldsymbol{B}=2\text{diag}(1,-2,1)$ **3.** $(-1)^{n-1}\frac{2^{2n-1}}{3}$ **5.** $\frac{1}{3}\begin{bmatrix} 1+2^{13} & 4+2^{13} \\ -1-2^{11} & -4-2^{11} \end{bmatrix}$

复习题二

2. (1) -8 (2) $n\times s$ (3) $\begin{bmatrix} 5 & -3 \\ -3 & 2 \end{bmatrix}$ (4) 对称矩阵 (5) $|\boldsymbol{A}|=0$ (6) $\begin{bmatrix} 1 & 2 \\ 3 & 3 \end{bmatrix}$

(7) $\boldsymbol{A}$ (8) 0

3. (1) × (2) √ (3) √ (4) × (5) √ (6) √ (7) × (8) ×

4. (1) C (2) D (3) D (4) B (5) D (6) C (7) A (8) D

5. $\boldsymbol{X}=\begin{bmatrix} 2 & 0 & 1 \\ 0 & 3 & 0 \\ 1 & 0 & 2 \end{bmatrix}$ **6.** $\begin{bmatrix} 1 & 0 & 0 & \cdots & 0 & 0 \\ -a & 1 & 0 & \cdots & 0 & 0 \\ 0 & -a & 1 & \cdots & 0 & 0 \\ \vdots & \vdots & \vdots & & \vdots & \vdots \\ 0 & 0 & 0 & \cdots & 1 & 0 \\ 0 & 0 & 0 & \cdots & -a & 1 \end{bmatrix}$

7. 提示:用分块矩阵及数学归纳法证明

8. 提示:考察 $\boldsymbol{A}^2$ 主对角线上的元素,并注意 $\boldsymbol{A}^{\mathrm{T}}=\boldsymbol{A}$

9. $(\boldsymbol{A}+\boldsymbol{I})^{-1}=\boldsymbol{A}-3\boldsymbol{I}$, $(\boldsymbol{A}-3\boldsymbol{I})^{-1}=\boldsymbol{A}+\boldsymbol{I}$

习题三(A)

1. (1) $\begin{bmatrix} 1 & 0 & 0 & 5 \\ 0 & 0 & 1 & -3 \\ 0 & 0 & 0 & 0 \end{bmatrix}$ (2) $\begin{bmatrix} 0 & 1 & 0 & 5 \\ 0 & 0 & 1 & 3 \\ 0 & 0 & 0 & 0 \end{bmatrix}$ (3) $\begin{bmatrix} 1 & -1 & 0 & 2 & -3 \\ 0 & 0 & 1 & -2 & 2 \\ 0 & 0 & 0 & 0 & 0 \\ 0 & 0 & 0 & 0 & 0 \end{bmatrix}$

(4) $\begin{bmatrix} 1 & 0 & 2 & 0 & -2 \\ 0 & 1 & -1 & 0 & 3 \\ 0 & 0 & 0 & 1 & 4 \\ 0 & 0 & 0 & 0 & 0 \end{bmatrix}$ **2.** $\begin{bmatrix} 4 & 5 & 2 \\ 1 & 2 & 2 \\ 7 & 8 & 2 \end{bmatrix}$

3. (1) $\begin{bmatrix} \frac{7}{6} & \frac{2}{3} & -\frac{3}{2} \\ -1 & -1 & 2 \\ -\frac{1}{2} & 0 & \frac{1}{2} \end{bmatrix}$ (2) $\begin{bmatrix} 1 & 1 & -2 & -4 \\ 0 & 1 & 0 & -1 \\ -1 & -1 & 3 & 6 \\ 2 & 1 & -6 & -10 \end{bmatrix}$

4. (1) $\begin{bmatrix} 10 & 2 \\ -15 & -3 \\ 12 & 4 \end{bmatrix}$ (2) $\begin{bmatrix} 2 & -1 & -1 \\ -4 & 7 & 4 \end{bmatrix}$ **5.** $\begin{bmatrix} 0 & 1 & -1 \\ -1 & 0 & 1 \\ 1 & -1 & 0 \end{bmatrix}$

6. 都有可能 **7.** $\begin{bmatrix} 1 & 0 & 1 & 0 & 0 \\ 1 & -1 & 0 & 0 & 0 \\ 0 & 0 & 1 & 0 & 0 \\ 0 & 0 & 0 & 1 & 0 \\ 0 & 0 & 0 & 0 & 0 \end{bmatrix}$

8. (1) $r=2$, $\begin{vmatrix} 3 & 1 \\ 1 & -1 \end{vmatrix} \neq 0$ (2) $r=3$, $\begin{vmatrix} 3 & 2 & -1 \\ 2 & -1 & -3 \\ 7 & 0 & -8 \end{vmatrix} \neq 0$

(3) $r=3$, $\begin{vmatrix} 2 & 1 & 7 \\ 2 & -3 & -5 \\ 1 & 0 & 0 \end{vmatrix} \neq 0$

9. (1) $k=1$ (2) $k=-2$ (3) $k\neq 1$ 且 $k\neq -2$ **10.** $x=2$

11. (1) $\begin{bmatrix} x_1 \\ x_2 \\ x_3 \\ x_4 \end{bmatrix} = c\begin{bmatrix} \frac{4}{3} \\ -3 \\ \frac{4}{3} \\ 1 \end{bmatrix}$ (2) $\begin{bmatrix} x_1 \\ x_2 \\ x_3 \\ x_4 \end{bmatrix} = c_1\begin{bmatrix} -2 \\ 1 \\ 0 \\ 0 \end{bmatrix} + c_2\begin{bmatrix} 1 \\ 0 \\ 0 \\ 1 \end{bmatrix}$ (3) 只有零解

(4) $\begin{bmatrix} x_1 \\ x_2 \\ x_3 \\ x_4 \end{bmatrix} = c_1\begin{bmatrix} \frac{3}{17} \\ \frac{19}{17} \\ 1 \\ 0 \end{bmatrix} + c_2\begin{bmatrix} -\frac{13}{17} \\ -\frac{20}{17} \\ 0 \\ 1 \end{bmatrix}$

12. (1) 无解 (2) $\begin{bmatrix} x \\ y \\ z \end{bmatrix} = c\begin{bmatrix} -2 \\ 1 \\ 1 \end{bmatrix} + \begin{bmatrix} -1 \\ 2 \\ 0 \end{bmatrix}$ (3) $\begin{bmatrix} x \\ y \\ z \\ w \end{bmatrix} = c_1\begin{bmatrix} 1 \\ -2 \\ 0 \\ 0 \end{bmatrix} + c_2\begin{bmatrix} 0 \\ 1 \\ 1 \\ 0 \end{bmatrix} + \begin{bmatrix} 0 \\ 1 \\ 0 \\ 0 \end{bmatrix}$

(4) $\begin{bmatrix} x \\ y \\ z \\ w \end{bmatrix} = c_1 \begin{bmatrix} \frac{1}{7} \\ \frac{5}{7} \\ 1 \\ 0 \end{bmatrix} + c_2 \begin{bmatrix} \frac{1}{7} \\ -\frac{9}{7} \\ 0 \\ 1 \end{bmatrix} + \begin{bmatrix} \frac{6}{7} \\ -\frac{5}{7} \\ 0 \\ 0 \end{bmatrix}$

13. $\begin{cases} x_1 - 2x_3 + 2x_4 = 0 \\ x_2 + 3x_3 - 4x_4 = 0 \end{cases}$　**14.** (1) $\lambda \neq 1, \lambda \neq -2$　(2) $\lambda = -2$　(3) $\lambda = 1$

15. $\lambda=1$ 时有解 $\begin{bmatrix} x_1 \\ x_2 \\ x_3 \end{bmatrix} = c \begin{bmatrix} 1 \\ 1 \\ 1 \end{bmatrix} + \begin{bmatrix} 1 \\ 0 \\ 0 \end{bmatrix}$；　$\lambda=-2$ 时有解 $\begin{bmatrix} x_1 \\ x_2 \\ x_3 \end{bmatrix} = c \begin{bmatrix} 1 \\ 1 \\ 1 \end{bmatrix} + \begin{bmatrix} 2 \\ 2 \\ 0 \end{bmatrix}$

16. $\lambda \neq 1$，且 $\lambda \neq 10$ 时有唯一解；$\lambda=10$ 时无解；$\lambda=1$ 时有无穷多解，通解为

$$\begin{bmatrix} x_1 \\ x_2 \\ x_3 \end{bmatrix} = c_1 \begin{bmatrix} -2 \\ 1 \\ 0 \end{bmatrix} + c_2 \begin{bmatrix} 2 \\ 0 \\ 1 \end{bmatrix} + \begin{bmatrix} 1 \\ 0 \\ 0 \end{bmatrix}$$

17. (1) 当 $a \neq 2$ 时有唯一解　(2) 当 $a=2$ 且 $b \neq 1$ 时无解

(3) 当 $a=2$ 且 $b=1$ 时有无穷多解，通解为 $\begin{bmatrix} x_1 \\ x_2 \\ x_3 \\ x_4 \end{bmatrix} = c \begin{bmatrix} 0 \\ -2 \\ 1 \\ 0 \end{bmatrix} + \begin{bmatrix} -8 \\ 3 \\ 0 \\ 2 \end{bmatrix}$

18. (1) $\lambda=17, \mu \neq 2$　(2) $\lambda \neq 17$　(3) $\lambda=17, \mu=2$

习题三(B)

1. $k=-2$　**2.** 当 $a+b=0$ 时为 1；当 $a+b \neq 0$ 时为 2　**3.** $m+n$

4. 提示：将 $\boldsymbol{A}_{m\times n}\boldsymbol{B}_{n\times l}=\boldsymbol{O}$ 写成 $\boldsymbol{A}(\boldsymbol{b}_1, \boldsymbol{b}_2, \cdots, \boldsymbol{b}_l) = (\boldsymbol{0}, \boldsymbol{0}, \cdots, \boldsymbol{0})$，考察 $\boldsymbol{A}\boldsymbol{b}_i = \boldsymbol{O}$ 的解集.

复习题三

1. (1) 相容的　(2) 互换两个方程的位置　用一非零常数乘某一方程　把一个方程的倍数加到另一个方程上去　(3) 系数矩阵的秩　增广矩阵的秩　自变量的个数　方程个数

2. (1) 当 $\lambda=3$ 时无解　(2) 当 $\lambda \neq 1$ 且 $\lambda \neq 3$ 时有唯一解：$x_1=-1, x_2=\frac{4-\lambda}{3-\lambda}, x_3=\frac{1}{3-\lambda}$

(3) 当 $\lambda=1$ 时有无穷多解，通解为 $x_1=-x_2-x_3+1$

3. 提示：有效方程个数 $r=n-(n-r)=3-2=1$，$x_1+2x_2-3x_3=0$

5. $\lambda=1$ 时，$r(\bar{\boldsymbol{A}})=r(\boldsymbol{A})=2<4$. $\begin{bmatrix} x_1 \\ x_2 \\ x_3 \\ x_4 \end{bmatrix} = \begin{bmatrix} 1 \\ 1 \\ 1 \\ 1 \end{bmatrix} + k_1 \begin{bmatrix} 0 \\ 1 \\ 0 \\ 1 \end{bmatrix} + k_2 \begin{bmatrix} 3 \\ 1 \\ 5 \\ 0 \end{bmatrix}$，$k_1$、$k_2$ 为任意常数

习题四(A)

1. $\boldsymbol{\beta}=\frac{5}{4}\boldsymbol{\alpha}_1+\frac{1}{4}\boldsymbol{\alpha}_2-\frac{1}{4}\boldsymbol{\alpha}_3-\frac{1}{4}\boldsymbol{\alpha}_4$.

2. 当 $a\neq1$ 时，$\boldsymbol{\beta}=\frac{b-a+2}{a-1}\boldsymbol{\alpha}_1+\frac{a-2b-3}{a-1}\boldsymbol{\alpha}_2+\frac{b+1}{a-1}\boldsymbol{\alpha}_3$；当 $a=1$ 且 $b\neq-1$ 时，$\boldsymbol{\beta}$ 不能由 $\boldsymbol{\alpha}_1$，$\boldsymbol{\alpha}_2$，$\boldsymbol{\alpha}_3$ 线性表示；当 $a=1$ 且 $b=-1$ 时，$\boldsymbol{\beta}=(-1+c)\boldsymbol{\alpha}_1+(1-2c)\boldsymbol{\alpha}_2+c\boldsymbol{\alpha}_3$（$c$ 为任意常数）.

3. (1)、(2) 不正确；(3)、(4) 正确.　　**4.** $\lambda=1$ 或 $\lambda=-\frac{1}{2}$.

5. (1) 线性无关；(2) 线性相关；(3) 当 $a=-1$ 时线性相关，当 $a\neq-1$ 时线性无关.

6. (1) 线性无关；(2) 线性相关.　　**7.** (1) 能；(2) 不能.　　**8.** 利用定义.

9. 利用定义及 $\boldsymbol{A}\boldsymbol{\alpha}_j=\boldsymbol{0}(j=1,\cdots,t)$，$\boldsymbol{A}\boldsymbol{\beta}\neq\boldsymbol{0}$.

10. 可利用定义及反证法.　　**12.** $a=2,b=5$.

13. (1) $\boldsymbol{\alpha}_1,\boldsymbol{\alpha}_2,\boldsymbol{\alpha}_4$；秩为 3；且有 $\boldsymbol{\alpha}_3=3\boldsymbol{\alpha}_1+\boldsymbol{\alpha}_2$，$\boldsymbol{\alpha}_5=2\boldsymbol{\alpha}_1+\boldsymbol{\alpha}_2$；

(2) $\boldsymbol{\alpha}_1,\boldsymbol{\alpha}_2,\boldsymbol{\alpha}_3$；秩为 3；且有 $\boldsymbol{\alpha}_4=\boldsymbol{\alpha}_1-\boldsymbol{\alpha}_2+\boldsymbol{\alpha}_3$，$\boldsymbol{\alpha}_5=2\boldsymbol{\alpha}_1-2\boldsymbol{\alpha}_2+\boldsymbol{\alpha}_3$.

14. (1) $p\neq2$，$\boldsymbol{\beta}=2\boldsymbol{\alpha}_1+\frac{3p-4}{p-2}\boldsymbol{\alpha}_2+\boldsymbol{\alpha}_3+\frac{1-p}{p-2}\boldsymbol{\alpha}_4$；

(2) $p=2$，秩为 3，$\boldsymbol{\alpha}_1,\boldsymbol{\alpha}_2,\boldsymbol{\alpha}_3$ 是一个极大无关组.

16. (1) $\boldsymbol{\xi}_1=(-2,3,0,0,0)^{\mathrm{T}}$，$\boldsymbol{\xi}_2=(-4,0,3,3,0)^{\mathrm{T}}$，$\boldsymbol{\xi}_3=(-8,0,9,0,3)^{\mathrm{T}}$，$\boldsymbol{x}=c_1\boldsymbol{\xi}_1+c_2\boldsymbol{\xi}_2+c_3\boldsymbol{\xi}_3$；　(2) 当 $a=-8$ 时，$\boldsymbol{\xi}_1=(4,-2,1,0)^{\mathrm{T}}$，$\boldsymbol{\xi}_2=(-1,-2,0,1)^{\mathrm{T}}$，$\boldsymbol{x}=c_1\boldsymbol{\xi}_1+c_2\boldsymbol{\xi}_2$；当 $a\neq-8$ 时，$\boldsymbol{\xi}=(-1,-2,0,1)^{\mathrm{T}}$，$\boldsymbol{x}=c\boldsymbol{\xi}$.

17. $a=1$，$\boldsymbol{x}=c_1(1,-1,1,0)^{\mathrm{T}}+c_2(0,-1,0,1)^{\mathrm{T}}$　　**18.** $\begin{bmatrix}1&0&-3&2\\2&-3&0&1\end{bmatrix}$

19. 只要证明 $\boldsymbol{\beta}_1,\boldsymbol{\beta}_2,\boldsymbol{\beta}_3$ 是 $\boldsymbol{A}\boldsymbol{x}=\boldsymbol{0}$的 3 个线性无关解向量即可.

20. 即证 $\boldsymbol{\xi}=(1,1,\cdots,1)^{\mathrm{T}}$ 是 $\boldsymbol{A}\boldsymbol{x}=\boldsymbol{0}$的基础解系.

21. (1) $\boldsymbol{x}=(\frac{5}{4},-\frac{1}{4},0,0)^{\mathrm{T}}+c_1(3,3,2,0)^{\mathrm{T}}+c_2(-3,7,0,4)^{\mathrm{T}}$；

(2) $\boldsymbol{x}=(0,0,13,19,-34)^{\mathrm{T}}+c_1(1,0,0,-3,0)^{\mathrm{T}}+c_2(0,1,0,-2,0)^{\mathrm{T}}$.

22. 当 $a\neq-4$ 时，$\boldsymbol{\beta}=(5b+1)\boldsymbol{\alpha}_1-\frac{4ab+10b+a+4}{a+4}\boldsymbol{\alpha}_2-\frac{3b}{a+4}\boldsymbol{\alpha}_3$；当 $a=-4$ 且 $b\neq0$ 时，$\boldsymbol{\beta}$ 不能由 $\boldsymbol{\alpha}_1,\boldsymbol{\alpha}_2,\boldsymbol{\alpha}_3$ 线性表示；当 $a=-4$ 且 $b=0$ 时，$\boldsymbol{\beta}=\boldsymbol{\alpha}_1+(-1-2c)\boldsymbol{\alpha}_2+c\boldsymbol{\alpha}_3$（$c$ 为任意常数）

23. $x_1=c+\sum_{i=1}^{4}a_i$，$x_2=c+\sum_{i=2}^{4}a_i$，$x_3=c+a_3+a_4$，$x_4=c+a_4$，$x_5=c$（c 为任意常数）.

24. (1) $b\neq-2$ 时无解；$b=-2$ 且 $a\neq-8$ 时，通解为 $\boldsymbol{x}=(-1,1,0,0)^{\mathrm{T}}+c(-1,-2,0,1)^{\mathrm{T}}$；$b=-2$ 且 $a=-8$ 时，通解为 $\boldsymbol{x}=(-1,1,0,0)^{\mathrm{T}}+c_1(4,-2,1,0)^{\mathrm{T}}+c_2(-1,-2,0,1)^{\mathrm{T}}$；

(2) 当 $a\neq1$ 且 $b\neq0$ 时有唯一解 $\boldsymbol{x}=\left(\frac{1-2b}{b(1-a)},\frac{1}{b},\frac{4b-2ab-1}{b(1-a)}\right)^{\mathrm{T}}$；当 $a=1$ 且 $b\neq\frac{1}{2}$ 时无解；当 $a=1$ 且 $b=\frac{1}{2}$ 时通解为 $\boldsymbol{x}=(2,2,0)^{\mathrm{T}}+c(-1,0,1)^{\mathrm{T}}$；当 $b=0$ 时无解.

25. $\boldsymbol{x}=(1,2,3,4)^{\mathrm{T}}+c(0,1,2,3)^{\mathrm{T}}$ **26.** $(1,2,0)^{\mathrm{T}},(0,0,3)^{\mathrm{T}}$ **27.** V_1 是，V_2 不是.

28. $(2,-1,3)^{\mathrm{T}}$ **29.** 只要证明向量组$\{\boldsymbol{\alpha}_1,\boldsymbol{\alpha}_2\}$与$\{\boldsymbol{\beta}_1,\boldsymbol{\beta}_2\}$等价.

30. $\begin{bmatrix} 1 & 0 & 0 \\ -2 & -2 & 0 \\ 4 & 4 & 4 \end{bmatrix}$

习题四(B)

1. (Ⅰ)的极大无关组可由(Ⅱ)的极大无关组线性表示，以及方程个数小于未知量个数的齐次线性方程组必有非零解.

2. 利用线性相关的定义及 $\boldsymbol{A}^m\boldsymbol{\alpha}=\boldsymbol{0}(m=k,k+1,\cdots)$

3. 利用(B)组第 1 题的结论及 $r(\boldsymbol{\alpha}_1,\cdots,\boldsymbol{\alpha}_n)\leqslant n$

4. 充分性利用上题，必要性利用 $n+1$ 个 n 维向量必线性相关.

5. (1) 利用定义；(2) 利用 $\boldsymbol{B}^{\mathrm{T}}\boldsymbol{A}^{\mathrm{T}}=\boldsymbol{I}_n$ 及本题(1)的结论.

6. 利用 $\boldsymbol{AB}$ 的列(行)向量组可由 $\boldsymbol{A}$ 的列($\boldsymbol{B}$ 的行)向量组线性表示，及(B)组第 1 题的结论.

7. 利用基础解系所含向量个数为 $n-r(\boldsymbol{A})=n-r(\boldsymbol{B})$.

8. 先证明方程组 $\boldsymbol{ABx}=\boldsymbol{0}$与 $\boldsymbol{Bx}=\boldsymbol{0}$同解，再利用上题.

10. $t_1\neq -t_2$.

复习题四

1. (1) 8 (2) -2 (3) 1 (4) 1 (5) 2 **2.** (1) C (2) D (3) B (4) B (5) C

3. 秩为 3，$\boldsymbol{\alpha}_1,\boldsymbol{\alpha}_2,\boldsymbol{\alpha}_3$ 为一个极大无关组，$\boldsymbol{\alpha}_4=\boldsymbol{\alpha}_1-\boldsymbol{\alpha}_2+2\boldsymbol{\alpha}_3$.

4. $\boldsymbol{\xi}_1=(-1,2,1,0)^{\mathrm{T}},\boldsymbol{\xi}_2=(1,-1,0,1)^{\mathrm{T}},\boldsymbol{x}=c_1\boldsymbol{\xi}_1+c_2\boldsymbol{\xi}_2$.

5. 当 $a\neq 4$ 时有唯一解；当 $a=4$ 且 $b\neq 1$ 时无解；当 $a=4$ 且 $b=1$ 时，通解 $\boldsymbol{x}=(-1,1,0,0)^{\mathrm{T}}+c_1(1,-2,1,0)^{\mathrm{T}}+c_2(1,-2,0,1)^{\mathrm{T}}$.

7. $\boldsymbol{x}=(1,2,3,4)^{\mathrm{T}}+c(0,2,-1,1)^{\mathrm{T}}$.

习题五(A)

2. $\frac{1}{\sqrt{3}}(1,1,1)^{\mathrm{T}},\frac{1}{\sqrt{2}}(-1,0,1)^{\mathrm{T}},\ \frac{1}{\sqrt{6}}(1,-2,1)^{\mathrm{T}}$.

4. (1) $\lambda_1=7$, $(1,1)^{\mathrm{T}}$; $\lambda_2=-2$, $(4,-5)^{\mathrm{T}}$; (2) $\lambda_1=\lambda_2=2$, $(1,0,0)^{\mathrm{T}}$, $(0,-2,1)^{\mathrm{T}}$; $\lambda_3=3$, $(1,1,0)^{\mathrm{T}}$; (3) $\lambda_1=1$, $(1,1,1)^{\mathrm{T}}$; $\lambda_2=2$, $(2,3,3)^{\mathrm{T}}$; $\lambda_3=3$, $(1,3,4)^{\mathrm{T}}$; (4) $\lambda_1=\lambda_2=2$, $(1,1,0)^{\mathrm{T}}$, $(1,0,1)^{\mathrm{T}}$; $\lambda_3=6$, $(1,3,2)^{\mathrm{T}}$.

5. $k=-2,\lambda=1$；或 $k=1,\lambda=\frac{1}{4}$ **7.** $\frac{3}{4}$ **9.** -3

10. $\frac{1}{2},k_1\boldsymbol{x}_1$; $\frac{1}{6}$, $k_2\boldsymbol{x}_2$; $\frac{1}{3}$, $k_3\boldsymbol{x}_3(k_i\neq 0,i=1,2,3)$ **13.** $\boldsymbol{P}^{-1}\boldsymbol{x}$ **14.** 6.

15. (1) $\lambda_1=\lambda_2-1$, $(1,-1,0)^T$; $\lambda_3=3$, $(1,1,0)^T$;

(2) $\begin{bmatrix}1&1&0\\0&-3&-2\\1&1&1\end{bmatrix}$, $\begin{bmatrix}-1&&\\&2&\\&&3\end{bmatrix}$; (3) $\begin{bmatrix}3&1&1\\-1&-1&2\\7&2&2\end{bmatrix}$, $\begin{bmatrix}1&&\\&2&\\&&-1\end{bmatrix}$;

(4) $\begin{bmatrix}1&-2&0\\0&0&1\\0&1&0\end{bmatrix}$, $\begin{bmatrix}2&&\\&3&\\&&3\end{bmatrix}$; (5) $\begin{bmatrix}1&3&7\\1&2&3\\1&1&1\end{bmatrix}$, $\begin{bmatrix}0&&\\&1&\\&&2\end{bmatrix}$;

(6) $\lambda_1=\lambda_2=\lambda_3=-1$, $(1,0,1)^T$,不能对角化;

(7) $\begin{bmatrix}1&-1&1\\1&0&1\\0&1&2\end{bmatrix}$, $\begin{bmatrix}-2&&\\&-2&\\&&4\end{bmatrix}$;

(8) $\lambda_1=\lambda_2=0$, $(1,3,2)^T$; $\lambda_3=1$, $(1,1,1)^T$,不能对角化.

17. (1) $a=0$, $\begin{bmatrix}1&0&1\\2&0&-2\\0&1&0\end{bmatrix}$, $\begin{bmatrix}6&&\\&6&\\&&-2\end{bmatrix}$;

(2) 特征值为 $a,1,2$;当 $a\neq1$ 且 $a\neq2$ 时, $\begin{bmatrix}-2&-2&-3\\1&1&1\\a-1&0&0\end{bmatrix}$, $\begin{bmatrix}a&&\\&1&\\&&2\end{bmatrix}$;

当 $a=2$ 时, $\begin{bmatrix}-3&1&-2\\1&0&1\\0&1&0\end{bmatrix}$, $\begin{bmatrix}2&&\\&2&\\&&1\end{bmatrix}$;当 $a=1$ 时不能对角化.

18. $\frac{1}{3}\begin{bmatrix}7&0&-2\\0&5&-2\\-2&-2&6\end{bmatrix}$;

19. (1) $x=0, y=1$, $\boldsymbol{A}$ 的特征值为 $2,y,-1$,可利用性质 5.2; (2) $\begin{bmatrix}1&0&0\\0&1&1\\0&1&-1\end{bmatrix}$

20. (1) $\frac{1}{\sqrt5}\begin{bmatrix}1&2\\2&-1\end{bmatrix}$, $\begin{bmatrix}5&\\&10\end{bmatrix}$; (2) $\begin{bmatrix}\frac{1}{\sqrt3}&\frac{1}{\sqrt2}&\frac{1}{\sqrt6}\\-\frac{1}{\sqrt3}&0&\frac{2}{\sqrt6}\\\frac{1}{\sqrt3}&-\frac{1}{\sqrt2}&\frac{1}{\sqrt6}\end{bmatrix}$, $\begin{bmatrix}1&&\\&2&\\&&4\end{bmatrix}$;

(3) $\begin{bmatrix} -\frac{1}{\sqrt{2}} & \frac{1}{\sqrt{6}} & \frac{1}{\sqrt{3}} \\ \frac{1}{\sqrt{2}} & \frac{1}{\sqrt{6}} & \frac{1}{\sqrt{3}} \\ 0 & -\frac{2}{\sqrt{6}} & \frac{1}{\sqrt{3}} \end{bmatrix}$，$\begin{bmatrix} -1 & & \\ & -1 & \\ & & 5 \end{bmatrix}$； (4) $\frac{1}{\sqrt{2}}\begin{bmatrix} \sqrt{2} & 0 & 0 \\ 0 & 1 & 1 \\ 0 & 1 & -1 \end{bmatrix}$，$\begin{bmatrix} 2 & & \\ & 2 & \\ & & -4 \end{bmatrix}$

21. $\boldsymbol{A}$ 的另一特征值为 0，利用例 5.13 的方法，得 $\boldsymbol{A}=\begin{bmatrix} 4 & 2 & 2 \\ 2 & 4 & -2 \\ 2 & -2 & 4 \end{bmatrix}$

22. $\begin{bmatrix} 6 & -2 & 2 \\ -2 & 5 & 0 \\ 2 & 0 & 7 \end{bmatrix}$，秩为 3.

23. (1) $2y_1^2+2y_2^2$，$\begin{bmatrix} 1 & 0 & 0 \\ 0 & \frac{1}{\sqrt{2}} & \frac{1}{\sqrt{2}} \\ 0 & -\frac{1}{\sqrt{2}} & \frac{1}{\sqrt{2}} \end{bmatrix}$ (2) $4y_1^2-y_2^2+y_3^2$，$\begin{bmatrix} \frac{1}{\sqrt{3}} & \frac{1}{\sqrt{2}} & \frac{1}{\sqrt{6}} \\ \frac{1}{\sqrt{3}} & -\frac{1}{\sqrt{2}} & \frac{1}{\sqrt{6}} \\ \frac{1}{\sqrt{3}} & 0 & -\frac{2}{\sqrt{6}} \end{bmatrix}$

(3) $9y_1^2+9y_2^2$，$\frac{1}{3}\begin{bmatrix} 1 & 2 & 2 \\ 2 & 1 & -2 \\ 2 & -2 & 1 \end{bmatrix}$ (4) $9y_1^2+9y_2^2-9y_3^2$，$\begin{bmatrix} \frac{2}{3} & \frac{1}{\sqrt{2}} & \frac{1}{3\sqrt{2}} \\ \frac{1}{3} & 0 & -\frac{4}{3\sqrt{2}} \\ \frac{2}{3} & -\frac{1}{\sqrt{2}} & \frac{1}{3\sqrt{2}} \end{bmatrix}$

24. 用正交变换化成的标准型为 $f=y_1^2+2y_2^2+5y_3^2$；用配方法化成的标准型为 $f=2z_1^2+3z_2^2+\frac{5}{3}z_3^2$.

25. (1) $2y_1^2-y_2^2-3y_3^2$，$\boldsymbol{x}=\boldsymbol{C}\boldsymbol{y}$，$\boldsymbol{C}=\begin{bmatrix} 1 & 1 & -1 \\ 0 & 1 & -1 \\ 0 & 0 & 1 \end{bmatrix}$；

(2) $y_1^2-y_2^2-4y_3^2$，$\boldsymbol{x}=\boldsymbol{C}\boldsymbol{y}$，$\boldsymbol{C}=\begin{bmatrix} 1 & 1 & -1 \\ 1 & -1 & -4 \\ 0 & 0 & 1 \end{bmatrix}$

26. $\alpha=\beta=0$

27. (1) $a=3,b=1$；(2) $\boldsymbol{P}=\begin{bmatrix} \frac{1}{\sqrt{2}} & \frac{1}{\sqrt{3}} & \frac{1}{\sqrt{6}} \\ 0 & -\frac{1}{\sqrt{3}} & \frac{2}{\sqrt{6}} \\ -\frac{1}{\sqrt{2}} & \frac{1}{\sqrt{3}} & \frac{1}{\sqrt{6}} \end{bmatrix}$.

28. (1) 不是，(2)、(3)及(4)是.　　**29.** $\lambda>2$

习题五(B)

1. $\lambda_1=\lambda_2=1,\lambda_3=-1$；$x+y=0$

2. (1) $\boldsymbol{O}$；(2) 不妨设 $a_1b_1\neq0$，$\boldsymbol{A}$ 的特征值全为 0，对应的全部特征向量为

$$c_1\left(-\frac{b_2}{b_1},1,0,\cdots,0\right)^{\mathrm{T}}+c_2\left(-\frac{b_3}{b_1},0,1,\cdots,0\right)^{\mathrm{T}}+\cdots+c_{n-1}\left(-\frac{b_n}{b_1},0,0,\cdots,1\right)^{\mathrm{T}}$$

其中 $c_1,\cdots,c_{n-1}$ 为不全为零的任意常数.

3. (1) 利用 $3-r(2\boldsymbol{I}-\boldsymbol{A})=2$，或 $r(2\boldsymbol{I}-\boldsymbol{A})=1$，得 $x=2,y=-2$；

(2) $\boldsymbol{P}=\begin{bmatrix} 1 & 1 & 1 \\ -1 & 0 & -2 \\ 0 & 1 & 3 \end{bmatrix}$，$\boldsymbol{P}^{-1}\boldsymbol{AP}=\begin{bmatrix} 2 & & \\ & 2 & \\ & & 6 \end{bmatrix}$.

4. $\boldsymbol{P}=\frac{1}{\sqrt{2}}\begin{bmatrix} 1 & 1 \\ 1 & -1 \end{bmatrix}$，$\boldsymbol{P}^{-1}\boldsymbol{AP}=\boldsymbol{P}^{\mathrm{T}}\boldsymbol{AP}=\begin{bmatrix} 1 & \\ & 5 \end{bmatrix}$，$\varphi(\boldsymbol{A})=-2\begin{bmatrix} 1 & 1 \\ 1 & 1 \end{bmatrix}$

5. $1+a_1a_2a_3\neq0$

6. 只要证明对于 $\mathbf{R}^n$ 中任意非零向量 $\boldsymbol{x}$，都有 $\boldsymbol{x}^{\mathrm{T}}(\lambda\boldsymbol{I}+\boldsymbol{A}^{\mathrm{T}}\boldsymbol{A})\boldsymbol{x}>0$，并利用 $\boldsymbol{x}^{\mathrm{T}}\boldsymbol{A}^{\mathrm{T}}\boldsymbol{Ax}=\|\boldsymbol{Ax}\|^2\geqslant0$

7. 对于任意 $\boldsymbol{x}=(x_1,x_2,\cdots,x_k,0,\cdots,0)^{\mathrm{T}}\neq\boldsymbol{0}$，由 $\boldsymbol{A}$ 正定，恒有 $\boldsymbol{x}^{\mathrm{T}}\boldsymbol{Ax}>0$，即 $\sum\limits_{i=1}^{k}\sum\limits_{j=1}^{k}a_{ij}x_ix_j>0$，这表明矩阵 $(a_{ij})_{k\times k}$ 为正定矩阵，再利用推论 6.1，知 $\det(a_{ij})_{k\times k}=\Delta_k>0(k=1,2,\cdots,n)$.

8. $\boldsymbol{A}$ 的所有特征值都小于零；$\boldsymbol{A}$ 的奇数阶顺序主子式都小于零，而偶数阶顺序主子式都大于零.

复习题五

1. (1) 1　(2) 3　(3) -3　(4) $a=-1,b=2$　(5) -3　(6) 2　(7) 1　(8) 2

(9) $a\neq2$　(10) $\mathrm{diag}(-1,-1,-1,0)$　(11) $\begin{bmatrix} 1 & -1 & 1 \\ -1 & 3 & 4 \\ 1 & 4 & 5 \end{bmatrix}$　(12) $a=5$

(13) $y_1^2+3y_2^2$　(14) $a>4$　(15) 0.

2. (1) B　(2) A　(3) B　(4) C　(5) D　(6) B　(7) D　(8) A　(9) A.

3. $\lambda_1=1$，$(1,0,0)^{\mathrm{T}}$；$\lambda_2=5$，$(0,-1,1)^{\mathrm{T}}$；$\lambda_3=10$，$(0,4,1)^{\mathrm{T}}$

4. -25

5. $\begin{bmatrix} 2 & -1 & 3 \\ 1 & 0 & 5 \\ 0 & 1 & 6 \end{bmatrix}$

6. (1) $a=-3, b=0, \lambda=-1$；(2) 不与对角矩阵相似，因为 $\boldsymbol{A}$ 的特征值为 $\lambda_1=\lambda_2=\lambda_3=-1$，但矩阵 $-\boldsymbol{I}-\boldsymbol{A}$ 的秩为 2，或用反证法可说明 $\boldsymbol{A}$ 不相似于对角矩阵.

7. $\begin{bmatrix} \frac{1}{\sqrt{3}} & -\frac{1}{\sqrt{2}} & \frac{1}{\sqrt{6}} \\ \frac{1}{\sqrt{3}} & \frac{1}{\sqrt{2}} & \frac{1}{\sqrt{6}} \\ \frac{1}{\sqrt{3}} & 0 & -\frac{2}{\sqrt{6}} \end{bmatrix}$，$\begin{bmatrix} 3 & & \\ & 0 & \\ & & 0 \end{bmatrix}$

8. $2y_1^2+y_2^2+5y_3^2$，$\boldsymbol{x}=\boldsymbol{P}\boldsymbol{y}$，$\boldsymbol{P}=\frac{1}{\sqrt{2}}\begin{bmatrix} \sqrt{2} & 0 & 0 \\ 0 & -1 & 1 \\ 0 & 1 & 1 \end{bmatrix}$

9. $a=2$，$b=3$，$\boldsymbol{P}=\frac{1}{\sqrt{2}}\begin{bmatrix} 1 & -1 \\ 1 & 1 \end{bmatrix}$

参考文献

[1]许以超.线性代数与矩阵论[M].北京:高等教育出版社,2008.

[2]屠伯埙.线性代数:方法导引[M].上海:复旦大学出版社,1986.

[3]张贤达.信号处理中的线性代数[M].北京:科学出版社,1997.

[4]谢国瑞.线性代数及应用[M].西安:西安电子科技大学出版社,1999.

[5]陈怀琛,高淑萍,杨威.工程线性代数[M].北京:电子工业出版社,2007.

[6]刘二根,谢霖铨.线性代数 [M].3 版.南昌:江西高校出版社,1999.

[7]俞正光.线性代数与解析几何[M].北京:清华大学出版社,1998.

[8]张贤达.矩阵分析与应用[M].北京:清华大学出版社,2013.

[9]张巍,阚海斌,倪卫明.线性代数[M].北京:科学出版社,2016.

[10]同济大学数学系.线性代数 [M]. 6 版.北京:高等教育出版社,2014.

[11]胡觉亮.线性代数[M]. 北京:高等教育出版社,2013.

[12]钱椿林.线性代数 [M]. 5 版.北京:高等教育出版社,2020.

[13]孙晓娟.线性代数[M]. 北京:北京邮电大学出版社,2018.